石油和化工行业"十四五"规划教材

应用型人才培养教材

# 工程造价基础与预算

第二版

叶晓容　郭晓松　主编　　贾莲英　审

化学工业出版社

·北京·

## 内容简介

本书是基于校企“双元”合作编写的工学结合教材。它是对原有的同类教材的理论传承与创新，适应“信息化+ 现代职业教育”以及建筑业转型升级发展的需求，融入建筑装配式结构新技术的消耗量定额等内容。本书采用灵活多样的形式，通过文字、图表、案例、视频等立体化资源，以理论与实际结合、动与静结合、图文并茂等方式介绍建筑工程造价的基础知识。

本书主要内容有工程造价概论、工程造价的构成、工程定额编制原理、工程计价定额、工程其他定额、工程造价计量。

为贯彻落实党的二十大精神，推进教育数字化，建设全民终身学习的学习型社会、学习型大国，本书开发了配套的微课视频等资源，可通过扫描书中二维码获取。

本书可作为应用型本科高校、高等职业院校工程造价等建设工程管理类相关专业、建筑工程技术等土建施工类相关专业的教材和教学参考书，也可作为造价岗位从业人员的培训教材，还可供一级造价师、二级造价师职业资格考试人员学习参考。

**图书在版编目（CIP）数据**

工程造价基础与预算 / 叶晓容，郭晓松主编. 2版. -- 北京 : 化学工业出版社，2025. 6. --（应用型人才培养教材）. -- ISBN 978-7-122-47855-9

Ⅰ. TU723. 3

中国国家版本馆 CIP 数据核字第 2025VH9000 号

责任编辑：李仙华　　装帧设计：史利平

责任校对：王　静　　文字编辑：郝　悦

出版发行：化学工业出版社（北京市东城区青年湖南街 13 号　邮政编码 100011）

印　　装：三河市君旺印务有限公司

787mm×1092mm　1/16　印张 12　字数 302 千字　　2025 年 9 月北京第 2 版第 1 次印刷

购书咨询：010-64518888　　售后服务：010-64518899

网　　址：http://www.cip.com.cn

凡购买本书，如有缺损质量问题，本社销售中心负责调换。

**定　　价：39.80 元**

# 前言

本书自出版以来，获得了广大读者的好评与认可。党的二十大报告中提出“深入实施科教兴国战略、人才强国战略、创新驱动发展战略”，对各行各业从业人员提出了更高的要求。为了进一步提高教材质量，符合工程造价行业发展态势，适应建筑产业优化升级需要，对接建筑产业数字化、网络化、智能化发展新趋势，对接新产业、新业态、新模式下工程造价技术人员等岗位的新要求，在工程造价行业全面步入数字化管理时代，我们结合教学反馈，依据湖北省2024系列定额:《湖北省房屋建筑与装饰工程消耗量定额及全费用基价表》(2024)、《湖北省建设工程公共专业消耗量定额及全费用基价表》(2024)、《湖北省装配式建筑工程消耗量定额及全费用基价表》(2024)、《湖北省建筑安装工程费用定额》(2024)、《湖北省建筑安装工程费用定额》(2024),《民用建筑通用规范》(GB 55031—2022),《建设工程工程量清单计价标准》(GB/T 50500—2024) 等对本书第一版加以全面修订。

首先，对全书内容进行了全面的查漏补缺，修改了个别疏漏、不足之处。

其次，结合教材内容，挖掘中华优秀传统文化、四个自信等课程思政元素，将思政案例融入教材内容和教材资源，发挥课程价值引领作用。

再次，依托工作任务内容及学情特点，调整教材章节顺序，完善教材体例；适应工程造价行业发展，增加智能建造定额、造价数据管理等内容；结合最新的全国及地方的规范标准要求，更新工程造价的构成、建筑面积计算规则等内容。

最后，顺应全场景信息化、混合式教学需求，更新数字教材资源，包括知识点微课视频、电子课件与能力训练题，满足教师教学和学生自学需求。

本书由叶晓容、郭晓松担任主编。其中，单元一、四由湖北城市建设职业技术学院叶晓容编写，单元二由湖北城市建设职业技术学院杜丽丽编写，单元三、五由湖北城市建设职业技术学院郭晓松编写，单元六由湖北城市建设职业技术学院张琛、荆州理工职业学院王佩编写，教材涉及的案例、例题由湖北江源大众工程造价咨询有限公司刘菊花编写。全书由叶晓容、郭晓松统稿和修改，湖北城市建设职业技术学院贾莲英教授担任主审。

在本书的编写过程中我们参考了部分国内外教材、著作、论文资料，在此谨向有关作者及单位表示衷心的感谢！

本书提供了配套的微课视频、能力训练题答案，可通过扫描书中二维码获取。同时，可登录 www. cipedu. com. cn 免费获取电子课件。

由于编者水平有限，不妥之处在所难免，恳请读者批评指正。

**编者**

**2025 年 4 月**

# 第一版前言

目前，各高等职业院校以建设高水平高等职业学校和骨干专业（群）为目标，不断优化专业和课程建设，加大教材建设的投入。工程造价专业已成为土建类高职高专的热门和主干专业之一，着力培养服务区域发展的高素质劳动者和技术技能人才是一项重要的任务。本书围绕高职高专工程造价和工程管理专业的人才培养目标，依据国家和地方最新颁发的有关工程造价管理方面的政策、规范、标准、定额等，实施营改增和减税降费后工程计价依据调整的相关文件和通知等，从基础理论和实践应用入手，完整、系统地介绍了工程造价的概念、构成，以及建设工程定额体系（施工定额、预算定额、概算定额、概算指标、投资估算指标、企业定额、消耗量定额、费用定额）的编制与应用。内容除具备一定的通用性外，更注重地域性、政策性、时效性和实用性。同时还配有一定数量的实例、视频和测试题，以扫描书中二维码的方式提高读者的自主学习和应用能力，为后续核心专业课程的学习夯实基础。本书具有以下特点：

（1）将建筑业装配式结构新技术的消耗量定额内容引入，使教材具有创新性并与时俱进。

（2）理论与实践相结合，教材每单元附有思考与习题，学生学习完内容之后，可进行练习、案例分析等实践性演练，既加深对定额原理的理解，又加深对定额运用、换算等的理解，便于学生掌握基本功，以后活用于造价岗位工作。

（3）原有理论传承与创新相结合，把工程造价基础教材的经典知识传承下来，补充随时代发展而创新的有关理念，如装配式建筑、绿色建筑、BIM 技术等。

（4）教材与学情相结合，文本与视频资源相结合。教材针对高职高专学生特点，把理论知识通俗化、直观形象化。**每章引入案例和微课，扫描二维码看视频，**补充提供更多的拓展材料指引，因学时有限，部分内容可由学生课后自学完成。

本书由湖北城市建设职业技术学院贾莲英担任主编；湖北城市建设职业技术学院叶晓容、郭晓松，武汉市建设工程造价管理站田登琼三人担任副主编；中南建筑设计股份有限公司造价事务所袁党军参编。编写具体分工如下：单元 1 由贾莲英编写；单元 2 由郭晓松编写；单元 3 由田登琼和贾莲英编写；单元 4 由郭晓松、田登琼与贾莲英合编；单元 5 由袁党军和贾莲英合编；单元 6 由郭晓松和贾莲英合编；单元 7 由叶晓容编写。全书由贾莲英完成统稿。

本书在编写过程中，有幸请到聂刚教授级高工（工料测量师）审阅，也得到了武汉天汇诚信工程造价咨询公司董事长张少宾、咸宁职业技术学院叶晓琼的关心与帮助，同时参考了同类专著和教材等文献资料，在此一并表示由衷的感谢！

本书开发了配套的视频微课资源，可通过扫描书中二维码获取。同时可登录 www.cipedu.com.cn免费获取 PPT 电子课件。

由于时间紧迫、编者水平有限，书中难免会存在疏漏和不足之处，敬请读者提出宝贵意见，我们将认真改进，并希望得到读者一如既往的支持。

编者

**2019 年 5 月**

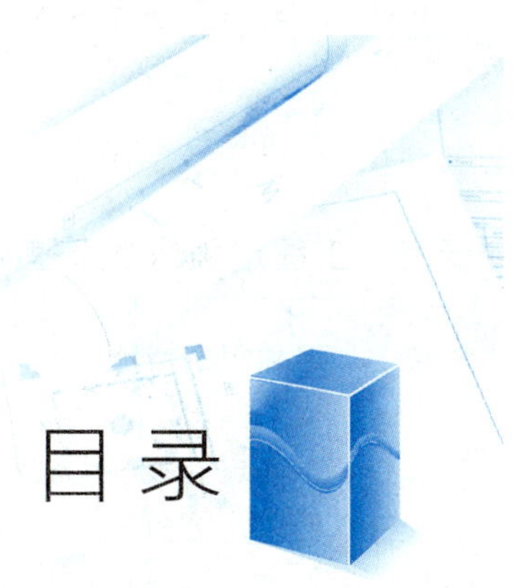

# 目录

## 单元一 工程造价概论 / 1



## 单元二 工程造价的构成 / 23

## 单元三　工程定额编制原理　/ 51



## 单元四　工程计价定额　/ 89



## 单元五　工程其他定额　/ 126

## 单元六 工程造价计量 / 160



## 参考文献 / 180

# 二维码资源目录

# 单元一

# 工程造价概论

## 内容提要

本单元主要介绍四个方面的内容：一是建设工程概述；二是工程造价概述；三是工程造价管理概述；四是工程计价概述。

## 学习目标

通过本单元的学习，了解建设工程和建设项目的概念和分类；掌握建设项目的组成；熟悉建设项目的建设程序；掌握工程造价的概念；熟悉工程造价管理的概念和基本内容；了解我国现行工程造价工程师执业资格制度和工程造价咨询管理的内容；了解工程计价的概念与特点；熟悉工程计价的基本原理与基本程序。

## 素质拓展

中华民族是对工程造价认识最早的民族之一。据我国春秋战国时期科学技术名著《考工记》“匠人为沟洫”一节的记载,早在2000多年前中华民族的先人就已经规定:凡修筑沟渠堤防,一定要先以匠人一天修筑的进度为参照,再以一里工程所需的匠人数和天数来预算这个工程的劳力，然后方可调配人力,进行施工。这是人类最早的工程造价预算与工程施工控制和工程造价控制方法的文字记录之一。在《左传》《书叙指南》等典籍中有关“缮造修建”的记载也有不少，足见中国古代不仅存在工程的计量与计价，且源远流长。

## 任务一　建设工程概述

**引例1**　某商住楼工程，开工日期约定以总监理工程师签发的开工令为准，工期为150天，合同约定进度款按造价的60%三个月支付一次。合同于4月3日签订，施工方4月

15日进场开始施工（已具备开工条件），6月5日工程取得施工许可证，6月15日施工方向总监申请开工令，但总监并未签发，也一直未要求施工方停工，7月17日，施工方要求甲方支付第一期进度款，业主和总监未同意，施工方就于7月23日停工。

根据以上材料,请思考:

① 工程开工日期如何认定?

② 施工方要求甲方支付第一期进度款是否合理?

## 一、建设工程的概念

建设工程是指为人类生活、生产提供物质技术基础的各类建（构）筑物和工程设施的统称。建设工程按照自然属性可分为建筑工程、土木工程和机电工程三类。建设工程是人类有组织、有目的、大规模的经济活动，是固定资产再生产过程中形成综合生产能力或发挥工程效益的工程项目。建设工程是指建造新的或改造原有的固定资产。

## 二、建设工程项目的概念

建设工程项目是指为完成依法立项的新建、扩建、改建工程而进行的、有起止日期的、达到规定要求的一组相互关联的受控活动，包括策划、勘察、设计、采购、施工、试运行、竣工验收和考核评价等阶段，可简称为建设项目或工程项目。在我国，一般以一个企业（或联合企业）、事业单位或独立工程作为一个建设项目。建设项目的实施单位一般称为建设单位（建设方或业主）。

例如：体育建设的奥运场馆建设项目；工业建设的工厂、矿山；农林水利建设的农场、林场、水库工程；交通运输建设的一条铁路线路、一个港口；文教卫生建设的学校、报社、影剧院等。

**特别提示** 同一总体设计内分期进行建设的若干工程项目，均应合并算为一个建设项目；不属于同一总体设计，经济上分别核算，工艺流程没有直接联系的工程，不得作为一个建设项目。

## 三、建设项目的分类

为了满足科学管理的需要，对于具体的建设项目，可以从不同角度进行分类。

### （一）按建设性质划分

建设项目可分为新建项目、扩建项目、改建项目、迁建项目和恢复项目。一个建设项目只能有一种性质，在建设项目按总体设计全部建成以前，其建设性质是始终不变的。

#### 1. 新建项目

新建项目是指根据国民经济和社会发展的近远期规划，按照规定的程序立项，从无到有、“平地起家”建设的工程项目，或对原有项目重新进行总体规划和设计，扩大建设规模后，其新增固定资产价值超过原有固定资产价值三倍的建设项目，也属新建项目。

#### 2. 扩建项目

扩建项目是指现有企业、事业单位在原有场地内或其他地点，为扩大产品生产能力、增加经济效益、扩充工作容量而进行的新增固定资产投资项目。如：工厂增建主要生产车间、独立的生产线，在总厂之下新建分厂；学校增建教学用房；医院增建门诊部；行政机关增建办公楼等。

3. 改建项目

改建项目是指现有企业、事业单位对原有设施进行技术改造或更新的建设项目，包括：企事业单位为适应市场变化需求，而改变企业的主要产品种类的建设项目；为充分发挥原有生产能力但不增加主要产品生产能力而增建的建设项目；用先进的技术、工艺和装备代替落后的技术、工艺和装备的建设项目。例如，军工企业转民用产品、厂房建筑和公共设施的改造、保护环境进行的“三废”治理改造等。

4. 迁建项目

迁建项目是指因生产力布局调整、环境保护和安全生产等需要，将原有企业、事业单位迁移到另一地方重建的建设项目。不论其建设规模是维持原状还是扩大，都属迁建项目。从微观上看，迁建项目一般都会引起较大的损失浪费，应在服从宏观效益的前提下慎重安排此类项目。

如：国家为调整工业布局，将部分企业迁到内地；国家为改善三线地区国防企业和事业单位的科研、生产、经营环境和工作、生活条件，对部分三线企业和事业单位实行调整搬迁和脱险搬迁。

5. 恢复项目

恢复项目是指企业、事业单位因自然灾害、战争等原因，使原有固定资产全部或部分报废，以后又投资按原有规模重新恢复起来的项目。在恢复的同时进行扩建的，应作为扩建项目。

### （二）按投资作用划分

建设项目可分为生产性工程项目和非生产性工程项目。

1. 生产性工程项目

生产性工程项目是指直接用于物质资料生产或直接为物质资料生产服务的工程项目，主要包括工业建设项目、农业建设项目、基础设施建设项目、商业建设项目。

2. 非生产性工程项目

非生产性工程项目是指用于满足人民物质和文化、福利需要的建设和非物质资料生产部门的建设的项目，主要包括办公用房、居住建筑、公共建筑及其他非生产性工程项目。

### （三）按项目规模划分

为适应分级管理需要，工程项目可分为不同等级。不同等级企业可承担不同等级的工程项目。工程项目等级划分标准，根据各个时期经济发展和实际工作需要而有所变化。如基本建设项目分为大、中、小型三类，更新改造项目分为限额以上和限额以下两类。

### （四）按投资效益和市场需求划分

建设项目可分为竞争性项目、基础性项目和公益性项目。

1. 竞争性项目

竞争性项目是指投资效益比较高、竞争性比较强的建设项目。其投资主体一般为企业，由企业自主决策、自担投资风险，包括商务办公楼、酒店、度假村、高档公寓等建设项目。

2. 基础性项目

基础性项目是指具有自然垄断性、建设周期长、投资额大而收益低的基础设施项目和需要政府重点扶持的一部分基础工业项目，以及直接增强国力的符合经济规模的支柱产业项目。政府应集中必要的财力、物力通过经济实体进行投资，同时，还应广泛吸收企业参与投资，有时还可吸收外商直接投资，包括交通、能源、水利、城市公用设施等建设项目。

3. 公益性项目

公益性项目是指为社会发展服务、难以产生直接经济回报的工程项目，公益性项目的投资主要由政府用财政资金安排，包括科技、文教、卫生、体育和环保等设施，公、检、法等政权机关以及政府机关、社会团体办公设施，国防建设等。

### （五）按投资来源划分

建设项目可分为政府投资项目和非政府投资项目。

1. 政府投资项目

政府投资项目在国外也称为公共工程，是指为了适应和推动国民经济或区域经济的发展，满足社会的文化、生活需要，以及出于政治、国防等因素考虑，由政府通过财政投资、发行国债或地方财政债券，以及利用外国政府赠款及国家财政担保的国内外金融组织的贷款等方式独资或合资兴建的建设项目。

按照其营利性不同，政府投资项目又可分为经营性政府投资项目和非经营性政府投资项目。

经营性政府投资项目是指具有营利性质的政府投资项目，政府投资的水利、电力、铁路等项目基本属于经营性项目。经营性政府投资项目应实行项目法人责任制，由项目法人对项目的策划、资金筹措、建设实施、生产经营、债务偿还和资产的保值增值实行全过程负责，使项目的建设与建成后的运营实现一条龙管理。

非经营性政府投资项目一般是指非营利性的、主要追求社会效益最大化的公益性项目。学校、医院以及各行政、司法机关的办公楼等项目都属于非经营性政府投资项目。非经营性政府投资项目应推行“代建制”，即通过招标方式，选择专业化的项目管理单位负责建设实施，严格控制项目投资、质量和工期，待工程竣工验收后再移交给使用单位，从而使项目的“投资、建设、监管、使用”实现四分离。

2. 非政府投资项目

非政府投资项目是指企业、集体单位、外商和私人投资兴建的工程项目。这类项目一般均实行项目法人责任制，使项目的建设与建成后的运营实现一条龙管理。

**特别提示**

① 项目法人责任制，是指国有大中型项目在建设阶段就现代企业制度组建项目法人，由项目法人对项目策划、资金筹措、建设实施、生产经营、债务偿还和资产的保值增值实行全过程负责。其核心内容是：明确由项目法人承担投资风险，项目法人对工程项目的建设及建成后的生产经营实行一条龙管理和全面负责。

② 代建制，是指通过招标等方式，选择专业化的项目管理单位负责建设实施，严格控制项目投资、质量和工期，竣工验收后移交给使用单位。在项目建设期间，工程代建单位不存在经营性亏损或盈利，只收取代理费、咨询费。工程代建单位不参与项目前期的策划决策和建成后的经营管理，也不对投资收益负责，但要承担相应的管理、咨询风险。

## 四、建设项目的组成

建设项目有一个总体规划或总体初步设计，竣工后能独立发挥作用，按其组成内容，从大到小，可以划分为若干个单项工程、单位（子单位）工程、分部（子分部）工程和分项工程等项目。

### （一）单项工程

单项工程是指具有独立的设计文件、建成后可以独立发挥生产能力或效益的一组配套齐全的建设项目。一个建设项目可以由一个或几个单项工程组成。生产性建设项目中的单项工程，一般是指能独立生产的车间，包括厂房建筑、设备安装工程。例如一座工厂中的各个主要车间、辅助车间、办公楼和住宅等。

### （二）单位（子单位）工程

单位工程是指具有独立施工条件并能形成独立使用功能的工程。对于建筑规模较大的单位工程，可根据实际需要划分为若干个子单位工程。单项工程通常都由若干个单位工程组成，例如一个工业车间通常由土建工程、工业管道工程、设备安装工程、电气安装工程等不同单位工程组成。有的建设项目没有单项工程，而是直接由若干单位工程组成。

### （三）分部（子分部）工程

分部工程是指将单位工程按专业性质、工程部位、建筑功能等划分的工程。根据现行国家标准《建筑工程施工质量验收统一标准》（GB 50300），建筑工程包括：地基与基础、主体结构、装饰装修、屋面、给排水及采暖、通风与空调、建筑电气、智能建筑、建筑节能、电梯等分部工程。

当分部工程较大或较复杂时，可按材料种类、工艺特点、施工程序、专业系统及类别等划分为若干子分部工程。例如：地基与基础分部工程可细分为地基、基础、基坑支护、地下水控制、土方、边坡、地下防水等子分部工程；主体结构分部工程可细分为混凝土结构、砌体结构、钢结构、钢管混凝土结构、型钢混凝土结构、铝合金结构、木结构等子分部工程；装饰装修分部工程可细分为建筑地面、抹灰、外墙防水、门窗、吊顶、轻质隔墙、幕墙、涂饰、裱糊与软包、细部等子分部工程。

### （四）分项工程

分项工程是指将分部工程按主要工种、材料、施工工艺、设备类别等划分的工程。分项工程是分部（子分部）工程的组成部分，根据现行国家标准《建筑工程施工质量验收统一标准》（GB 50300），土方子分部工程可细分为土方开挖、土方回填、场地平整等分项工程；混凝土结构子分部工程可细分为模板、钢筋、混凝土、预应力、现浇结构、装配式结构等分项工程；建筑地面子分部工程可细分为基层铺设、整体面层铺设、板块面层铺设、木竹面层铺设等分项工程。

分项工程是建筑施工生产活动的基础，也是计量工程用工用料和机械台班消耗的基本单元，同时又是工程质量形成的直接过程。分项工程既有其作业活动的独立性，又有相互联系、相互制约的整体性。

综上所述，一个建设项目由一个或几个单项工程组成，一个单项工程由几个单位工程组成，一个单位工程又由若干个分部工程组成，一个分部工程还可以划分为若干个分项工程。以某学院藏龙岛校区建设项目为例，其组成划分如图 1.1 所示。

## 五、工程建设程序

二维码 1-1

建设项目是一种特殊的产品，资金量巨大，资金使用贯穿于建设项目实施的全过程，因此必须严格遵循工程建设程序。工程建设程序是指建设工程项目从策划、评估、决策、设计、施工到竣工验收、投入生产或交付使用整个过程中，各项工作必须遵循的先后顺序，也是建设项目必须遵循的法则，这个法则

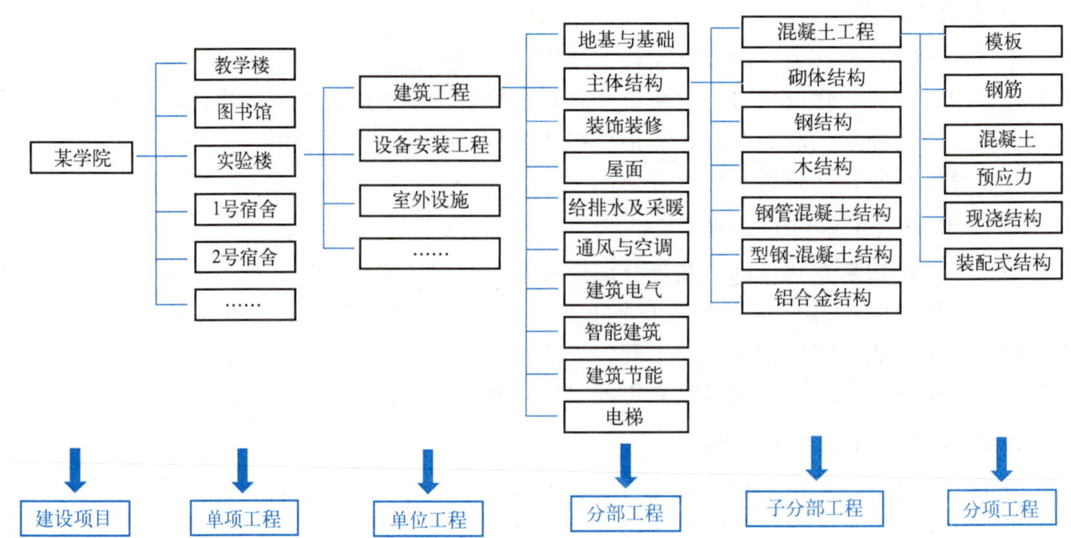


图 1.1 某学院校区建设项目组成划分

是人们在认识客观规律的基础上制定出来的，是建设项目科学决策和顺利进行的重要保证。投资建设一个建设项目需要经过投资决策和建设实施两个进展时期，这两个进展时期又可分为若干阶段，各阶段之间存在着严格的先后次序，可以进行合理交叉，但工作次序不能任意颠倒。

### (一) 决策阶段

项目决策阶段的工作内容主要包括编报项目建议书和编报可行性研究报告。

1. 项目建议书

项目建议书是拟建项目单位向政府投资主管部门提出的要求建设某一建设项目的建议文件，是对建设项目的轮廓设想。项目建议书的主要作用是推荐一个拟建项目，论述其建设必要性、建设条件可行性和获利可能性，供政府投资主管部门选择并确定是否进行下一步工作。

对于政府投资项目，项目建议书按要求编制完成后，应根据建设规模和限额划分报送有关部门审批。项目建议书经批准后，可进行可行性研究工作，但并不表明项目非上不可，经批准的项目建议书不是项目的最终决策。

2. 可行性研究报告

可行性研究是对建设项目在技术上是否可行、经济上是否合理进行科学的分析和论证。可行性研究应完成需求分析和市场研究、设计方案和工艺方案研究、财务和经济分析研究，以明确项目建设必要性、建设规模标准、建设的技术可行性、建设经济合理性等问题。凡经可行性研究未通过的项目，不得进行下一步工作。

根据《国务院关于投资体制改革的决定》（国发〔2004〕20 号），政府投资项目实行审批制，非政府投资项目实行核准制或登记备案制。对于实施核准制或登记备案制的项目，虽然政府不再审批项目建议书和可行性研究报告，但为了保证企业投资决策质量，投资企业也应编制可行性研究报告。

### (二) 建设实施阶段

建设实施阶段的工作内容主要包括工程设计、建设准备、施工安装、生产准备和竣工验收。

1. 工程设计

这个阶段主要工作内容是编制设计文件。设计文件是安排建设项目和组织施工的主要依据，通常由主管部门和建设单位委托设计单位编制。一般建设项目，按初步设计和施工图设计两个阶段进行。重大项目和技术复杂项目，可增加技术设计阶段。

在初步设计阶段需编制项目总概算，当投资概算超过经批准的可行性研究报告提出的投资估算的10%时，项目单位应向投资主管部门或其他有关部门报告，投资主管部门或其他有关部门可要求项目单位重新报送可行性研究报告。根据《房屋建筑和市政基础设施工程施工图设计文件审查管理办法》，建设单位应将施工图送施工图审查机构审查。

2. 建设准备

建设准备阶段主要工作内容包括：征地、拆迁和平整场地；施工用水、电、通信、道路等的接通工作；组织招标选择工程监理单位、施工单位及设备、材料供应商；准备必要的施工图纸；办理工程质量监督手续和施工许可证手续。

根据《建筑工程施工许可管理办法》，建设单位在开工前向工程所在地的县级以上地方人民政府住房城乡建设主管部门申请领取施工许可证。工程投资额在30万元以下或者建筑面积在300$m^2$ 以下的建筑工程，可以不申请办理施工许可证。按照国务院规定的权限和程序批准开工报告的建筑工程，不再领取施工许可证。应当申请领取施工许可证的建筑工程未取得施工许可证的，一律不得开工。

**特别提示** 根据住房和城乡建设部办公厅《关于湖北省调整房屋建筑和市政基础设施工程施工许可证办理限额意见的函》（建办市函〔2020〕645号），工程投资额在100万元以下（含100万元）或者建筑面积在500$m^2$ 以下（含500$m^2$）的房屋建筑和市政基础设施工程，可以不申请办理施工许可证。

3. 施工安装

建设项目经批准新开工建设，项目便进入施工安装阶段。在这个阶段的工作应根据设计图纸、施工合同和施工组织设计，在保证工程质量、工期、成本及安全、环保等目标的前提下进行。施工安装是项目决策的实施、建成投产发挥效益的关键环节。在达到竣工验收标准后，由施工单位移交给建设单位。开工时间是指建设项目设计文件中规定的任何一项永久工程第一次正式破土开槽开始施工的日期。不需要开槽的工程，以正式打桩的日期作为开工日期。临时建筑、施工用临时道路和水、电等开始施工的日期不能算作正式开工日期。分期建设的项目，应分别按各期工程开工的日期计算，如二期工程应根据工程设计文件规定的永久性工程开工的日期计算。

**引例1分析**

① 该工程开工日期的确定，应符合法定和约定的要件，即：一是要取得施工许可证；二是要符合合同约定，以总监理工程师签发的开工令为准。

② 上述实例中，施工方在未取得施工许可证且未经总监签发开工令的情况下擅自开工应不予认定实际开工，即4月15日开工应不予认可。那么7月17日，施工方要求甲方支付第一期进度款，达不到合同约定三个月支付的要求，因此，施工方要求甲方支付第一期进度款是不合理的。

4. 生产准备

对于生产性建设项目，建设单位应适时组成专门机构做好生产准备工作，以保证项目建成后能及时投产。生产准备工作一般包括：招收和培训生产人员、组织准备、技术准备和物资准备。

5. 竣工验收

工程竣工验收是全面考核建设成果、检验设计和施工质量的重要步骤，也是建设项目转入生产和使用的标志。验收合格后，建设单位编制竣工决算，项目正式投入使用。

建设项目完成设计文件规定的内容后，若工业项目经过投料试车合格并形成生产能力，或非工业项目符合设计要求且能够正常使用，都应及时组织竣工验收。竣工验收前应做好整理工程档案资料、绘制竣工图、编制竣工决算等准备工作，由项目主管部门或建设单位向负责验收的单位提出竣工验收申请。根据工程规模及复杂程度组建的验收委员会和验收组，需要听取有关单位工作汇报、审阅工程档案、实地查验工程实体，对工程设计、施工和设备质量等作出全面评价。

### (三) 项目后评价

建设项目后评价就是在项目建成投产或投入使用一段时间后，对项目的运行进行全面评价的一种技术活动，即对投资项目的实际成本和效益进行审计，对项目的预期效果与项目实施后的终期实际结果进行全面对比考核。对建设项目投资的财务、经济、社会和环境等方面的效益与影响进行全面、科学的评价。项目后评价的基本方法是对比法，包括效益后评价和过程后评价。

工程造价与基本建设程序有着极为密切而不可分割的关系，工程项目从筹建到竣工验收整个过程，工程造价不是固定的、唯一的、静止的，它是一个随着工程不断进展而逐步深化、逐步细化和逐渐接近工程实际造价的动态过程。现把它们的对应关系简单概括，见图 1.2。

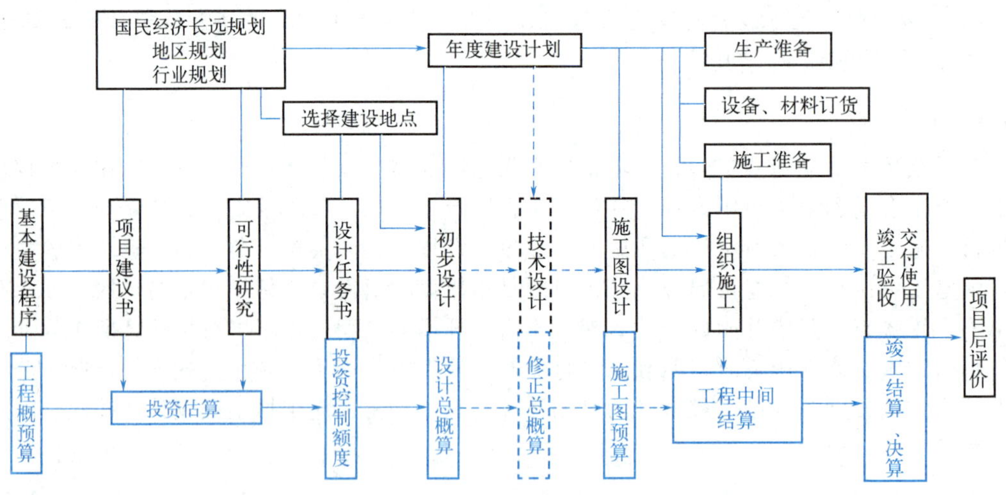


图 1.2 工程造价与项目建设过程的关系

## 任务二 工程造价概述

**引例 2** A房地产开发公司准备在某城投资建设一综合体项目，包括商业中心、办公楼、住宅楼及其配套工程，计划总投资额为 10 亿元。通过公开招标，与 B 建筑公司签订住宅楼的建筑安装工程施工合同，签约合同价为 2.3 亿元。项目建成后，住宅楼的销售收入达到 9.8 亿元。请问，该项目的工程造价是多少?

工程造价就是工程项目在建设期预计或实际支出的建设费用。这里所说的工程，可以是整个建设工程项目，也可以是其中一个或几个单项工程或单位工程，还可以是其中一个或几个分部工程。工程造价本质上属于价格范畴。在市场经济条件下，工程造价有两种含义。

工程造价的第一种含义，是从投资者或业主的角度来定义。工程造价是指进行某项工程建设花费的全部固定资产投资费用。投资者选定一个项目后，就要通过项目评估进行决策，然后进行设计招标、工程招标，直到竣工验收等一系列投资管理活动。在投资活动中所支付的全部费用，就构成了工程造价。从这个意义上说，工程造价就是建设工程固定资产总投资。

工程造价的第二种含义，是从市场交易角度来定义。工程造价是指工程价格，即建筑产品价格。它以建设工程这种特定的商品形式作为交易对象，通过招投标或其他交易方式，在进行多次预估的基础上，最终由市场形成价格。工程承发包价格是一种重要且较为典型的工程造价形式。

上述工程造价的两种含义：一种是从项目投资者角度提出的建设项目工程造价，它是一个广义的概念；另一种是从工程交易或工程承包、设计范围角度提出的建筑安装工程造价，它是一个狭义的概念。工程造价的两种含义是从不同角度把握同一事物的本质。对建设工程的投资者来说，工程造价就是项目投资，是“购买”项目付出的价格，同时也是投资者作为市场供给主体“出售”项目时定价的基础。对于承包商来说，工程造价是他们作为市场供给主体出售商品和劳务的价格的总和，如工程量清单投标报价、工程结算价。

## 一、工程造价的相关概念

1. 静态投资与动态投资

静态投资是以某一基准年、月的建设要素的价格为依据所计算出的建设项目投资的瞬时值。静态投资包括：建筑安装工程费、设备和工器具购置费、工程建设其他费用、基本预备费，以及因工程量误差而引起的工程造价的增减值等。

动态投资是指为完成一个工程项目的建设预计所需投资的总和。它除了包括静态投资所含内容之外，还包括建设期贷款利息、涨价预备费等。

静态投资和动态投资的内容虽然有所区别，但二者有密切联系。动态投资包含静态投资，静态投资是动态投资最主要的组成部分，也是动态投资的计算基础。

2. 建设项目总投资与固定资产投资

建设项目总投资是指投资主体为获取预期收益，在选定的建设项目上所需投入的全部资金。建设项目按用途可分为生产性建设项目和非生产性建设项目。生产性建设项目总投资包括固定资产投资和流动资产投资两部分。而非生产性建设项目总投资只有固定资产投资，不包括流动资产投资。建设项目总造价是指项目总投资中的固定资产投资总额。

固定资产投资是投资主体为达到预期收益的资金垫付行为。建设项目的固定资产投资也就是建设项目的工程造价，二者在量上是等同的。其中，建筑安装工程投资也就是建筑安装工程造价，二者在量上也是等同的。

3. 建筑安装工程造价

建筑安装工程造价亦称建筑安装产品价格。从投资的角度看，它是建设项目投资中的建筑安装工程投资，也是项目工程造价的组成部分。从市场交易的角度看，建筑安装工程造价是投资者和承包商双方共同认可的、由市场形成的价格。

**引例 2 分析**　综合体项目的总投资额中固定资产投资部分属于工程造价，住宅楼的签约合同价属于工程造价，其销售收入并不是工程造价。

二维码 1-2

## 二、工程造价的特点

由于工程建设的特点，工程造价具有以下五个特点。

1. 工程造价的大额性

工程造价之所以具有大额性，是因为任何能够发挥投资效用的工程项目，其实物形体往往非常庞大，造价自然也就十分高昂。从数百万元到数千万元，甚至数亿元、几十亿元人民币不等，特大型工程项目的造价更是可以达到百亿元、千亿元人民币的级别。这种高昂的造价不仅关系到各方的重大经济利益，还会对整个宏观经济产生深远影响。因此，工程造价在整个建设过程中占据特殊地位，也凸显了造价管理的重要性和必要性。

2. 工程造价的个别性、差异性

每一项工程都有其特定的用途、功能和规模，这就决定了每一项工程在结构、造型、空间分割、设备配置以及内外装饰等方面都有其独特的要求。这种独特性导致了工程内容和实物形态都有个别性和差异性，从而使得工程造价也呈现出个别性和差异性。此外，每项工程所处地区、地段的不同，也进一步强化了这种个别性和差异性。

3. 工程造价的动态性

任何一项工程从决策到竣工交付使用，都需要经历一个较长的建设周期。在这个周期内，各种不可控因素的影响，如工程变更、设备材料价格波动、工资标准调整以及费率、利率、汇率的变化等，都会对工程造价产生影响，导致其发生变动。因此，在整个建设期中，工程造价都处于一种不确定状态，只有竣工决算后，才能最终确定工程的实际造价。

4. 工程造价的层次性

工程造价的层次性与工程本身的层次性紧密相关。在一个建设项目中，通常包含多个能够独立发挥设计效能的单项工程（如车间、写字楼、住宅楼等）。每个单项工程又由多个能够各自发挥专业效能的单位工程（如土建工程、电气安装工程等）组成。与此相适应，工程造价的层次可以分为三个主要层次：建设项目总造价、单项工程造价和单位工程造价。如果进一步细分，单位工程（如土建工程）的组成部分，分部分项工程（如大型土方工程、基础工程、装饰工程等），也可以成为独立的交换对象。这样一来，工程造价的层次就增加分部工程和分项工程。无论从造价的计算还是工程管理的角度看，工程造价的层次性都是非常显著的特征。

5. 工程造价的兼容性

工程造价的兼容性主要体现在两个方面：一是它具有两种不同的含义，二是其构成因素的广泛性和复杂性。工程造价不仅包括工程实体所产生的费用，还涉及许多其他复杂成本因素。例如，获得建设用地所需的费用、项目可行性研究和规划设计费用、与政府政策（尤其是产业政策和税收政策）相关的费用，都在工程造价中占有一席之地。盈利的构成也相对复杂，资金成本较高。因此，工程造价不仅包含了项目本身的费用，还受到多种条件的制约，展现出多种特性的兼容性。

# 任务三 工程造价管理概述

**引例 3** 造价工程师的职责关系到国家和社会公众利益，在专业、身体素质和职业道德方面，对造价工程师有什么要求?

## 一、工程造价管理的概念

### （一）工程造价管理

工程造价有两种含义，工程造价管理也有两种管理：一是指宏观层次的工程建设投资管理；二是指微观层次的工程项目费用管理。企事业单位是工程造价的微观管理主体，政府在工程造价管理中既是宏观管理主体，也是微观管理主体。

1. 宏观层面的工程造价管理

从宏观层面看，政府利用法律、经济和行政等多种工具，调控社会经济发展，规范市场参与者的价格行为，并监控工程造价的动态趋势，旨在维护市场的稳定和公平。

2. 微观层面的工程造价管理

从微观层面上，参与工程建设的各方主体，如业主、承包商、供应商等，依据工程计价依据和市场提供的价格信息，来预测、规划、控制和核算工程造价，以实现成本的有效管理和控制。

### （二）建设工程全面造价管理

建设工程全面造价管理包括全寿命期造价管理、全过程造价管理、全要素造价管理和全方位造价管理。

1. 全寿命期造价管理

建设工程全寿命期造价是指建设工程初始建造成本和建成后的日常使用及拆除成本之和，它包括建设前期、建设期、使用期及拆除期各个阶段的成本。由于在实际管理过程中，在工程建设及使用的不同阶段，工程造价存在诸多不确定性，因此，全寿命期造价管理主要作为一种实现建设工程全寿命期造价最低化的指导思想，指导建设工程的投资决策及设计方案的选择。

2. 全过程造价管理

全过程造价管理是指覆盖建设工程策划决策及建设实施各个阶段的造价管理，包括：前期决策阶段的项目策划、投资估算、项目经济评价、项目融资方案分析；设计阶段的限额设计、方案比选、概预算编制；招标投标阶段的标段划分、承包发包模式及合同形式的选择、最高投标限价或标底的编制；施工阶段的工程计量与结算、工程变更控制、索赔管理；竣工验收阶段的竣工结算与决算等。

3. 全要素造价管理

影响建设工程造价的因素有很多。为此，控制建设工程造价不仅仅是控制建设工程本身的建造成本，还应同时考虑工期成本、质量成本、安全与环保成本的控制，从而实现工程成本、工期、质量、安全、环保的集成管理。全要素造价管理的核心是按照优先性的原则，协调和平衡工期、质量、安全、环保与成本之间的对立统一关系。

4. 全方位造价管理

建设工程造价管理不仅仅是业主或承包单位的任务，而应该是政府建设主管部门、行业协会、建设单位、设计单位、施工单位以及有关咨询机构的共同任务。尽管各方的地位、利益、角度等有所不同，但必须建立完善的协同工作机制，才能实现建设工程造价的有效控制。

## 二、工程造价管理的内容与原则

新中国成立后，借鉴苏联经验构建了适应计划经济的定额管理体系，这为国民经济恢复与发展奠定了基石。改革开放以来，工程计价方法不断创新，造价管理日臻完善，咨询行业蓬勃发展。当前，国际化、数字化、专业化和市场化已成为我国工程造价管理的发展新趋势。

1. 工程造价管理的内容

在工程建设的不同阶段，工程造价管理通过优化建设方案、设计方案、施工方案等，达到有效控制建设工程项目的实际费用的目的。

① 在项目策划阶段，按照有关规定编制和审核投资估算，经有关部门批准，为拟建工程提供控制项目工程造价的依据；基于不同投资方案进行经济评价，为工程项目提供决策依据。

② 在设计阶段，在限额设计、优化设计方案的基础上，编制和审核设计概算、施工图预算。作为政府投资工程，其经有关部门批准的设计概算是拟建工程项目造价的最高限额。

③ 在发承包阶段，通过招标策划，编制和审核工程量清单、最高投标限价或标底，确定投标报价及其策略，直至确定承包合同价。

④ 在施工阶段，通过工程计量及工程款支付管理，实施工程费用动态监控，处理工程变更和索赔。

⑤ 在竣工阶段，实施工程结算与竣工决算的编制与审核，处理工程保修费用等事宜。

2. 工程造价管理的原则

有效的工程造价管理，应遵循以下三项原则。

① 以设计阶段为重点的全过程造价管理。建设工程全寿命费用包括工程造价和工程交付使用后的经常开支费用（含经营费用、日常维护修理费用、使用期内大修理和局部更新费用），以及该项目使用期满后的报废拆除费用等。工程造价管理的重点是工程项目策划决策和设计阶段。西方一些国家分析，设计费一般低于建设工程全寿命费用的1%，但其对工程造价的影响度占75%以上，由此可见，控制工程造价的关键就在于设计。

② 主动控制与被动控制相结合。造价工程师基本任务是对建设项目的建设工期、工程造价和工程质量进行有效的控制，为此，应根据业主的要求及建设的客观条件进行综合研究，实事求是地确定一套切合实际的衡量准则，将“控制”立足于事先，主动地采取措施，积极地影响投资决策、设计、发包和施工，主动地控制工程造价。

③ 技术与经济相结合。它是控制工程造价最有效的手段。工程建设过程中把技术与经济有机结合，通过技术比较、经济分析和效果评价，正确处理技术先进与经济合理两者之间的对立统一关系，力求在技术先进条件下的经济合理、在经济合理基础上的技术先进，把控制工程造价观念渗透到各项设计和施工技术措施之中。

## 三、我国工程造价职业资格制度

1996年，人事部、建设部发布《关于印发〈造价工程师执业资格制度暂行规定〉的通知》（人发〔1996〕77号），国家开始实施造价工程师执业资格制度。1998年1月，人事部、建设部下发了《关于实施造价工程师执业资格考试有关问题的通知》（人发〔1998〕8号），并于当年在全国首次举行了造价工程师执业资格考试。

住房和城乡建设部、交通运输部、水利部、人力资源和社会保障部关于印发《造价工程师职业资格制度规定》《造价工程师职业资格考试实施办法》的通知（建人〔2018〕67号），明确规定造价工程师分为一级造价工程师和二级造价工程师。造价工程师制度发生变革，造价工程师纳入国家职业资格目录。

### （一）造价工程师的概念

造价工程师，是指通过职业资格考试取得中华人民共和国造价工程师职业资格证书，并经注册后从事建设工程造价工作的专业技术人员。

造价工程师由国家授予资格并准予注册后执业，专门接受某个部门或某个单位的指定、委托或聘请，负责并协助其进行工程造价的计价、定价及管理业务，以维护其合法权益。国家在工程造价领域实施造价工程师执业资格制度。凡是从事工程建设活动的建设、设计、施工、工程造价咨询、工程造价管理等单位和部门，必须在计价、评估、审查（核）、控制及管理等岗位配备有造价工程师执业资格的专业技术人员。

### （二）造价工程师的权利和义务

1. 注册造价工程师享有的权利

① 使用注册造价工程师名称；

② 依法从事工程造价工作；

③ 在本人执业活动中形成的工程造价成果文件上签字并加盖执业印章；

④ 发起设立工程造价咨询企业；

⑤ 保管和使用本人的注册证书和执业印章；

⑥ 参加继续教育。

2. 注册造价工程师应履行的义务

① 遵守法律、法规、有关管理的规定，恪守职业道德；

② 保证执业活动成果的质量；

③ 接受继续教育，提高执业水平；

④ 执行工程造价计价标准和计价方法；

⑤ 与当事人有利害关系的，应当主动回避；

⑥ 保守在执业中知悉的国家秘密和他人的商业、技术秘密。

### （三）造价工程师职业资格考试报考条件

1. 一级造价工程师

凡遵守《中华人民共和国宪法》、法律、法规，具有良好的业务素质和道德品行，具备下列条件之一者，可以申请参加一级造价工程师职业资格考试：

① 具有工程造价专业大学专科（或高等职业教育）学历，从事工程造价、工程管理业务工作满 4 年；具有土木建筑、水利、装备制造、交通运输、电子信息、财经商贸大类大学专科（或高等职业教育）学历，从事工程造价业务工作满 5 年。

② 具有工程造价、通过工程教育专业评估（认证）的工程管理专业大学本科学历或学位，从事工程造价、工程管理业务工作满 3 年；具有工学、管理学、经济学门类大学本科学历或学位，从事工程造价、工程管理业务工作满 4 年。

③ 具有工学、管理学、经济学门类硕士学位或者第二学士学位，从事工程造价、工程管理业务工作满 2 年。

④ 具有工学、管理学、经济学门类博士学位。

⑤ 具有其他专业相应学历或者学位的人员，从事工程造价、工程管理业务工作年限相应增加 1 年。

2. 二级造价工程师

凡遵守《中华人民共和国宪法》、法律、法规，具有良好的业务素质和道德品行，具备下列条件之一者，可以申请参加二级造价工程师职业资格考试：

① 具有工程造价专业大学专科（或高等职业教育）学历，从事工程造价、工程造价管理业务工作满 1 年；具有土木建筑、水利、装备制造、交通运输、电子信息、财经商贸大类大学专科（或高等职业教育）学历，从事工程造价、工程管理业务工作满 2 年。

② 具有工程造价专业大学本科及以上学历或学位；具有工学、管理学、经济学门类大学本科及以上学历或学位，从事工程造价、工程管理业务工作满 1 年。

③ 具有其他专业相应学历或学位的人员，从事工程造价、工程管理业务工作年限相应增加 1 年。

### （四）造价工程师职业资格考试考试科目

一级造价工程师职业资格考试有“建设工程造价管理”“建设工程计价”“建设工程技术与计量”“建设工程造价案例分析”4 个科目。其中，“建设工程造价管理”和“建设工程计价”为基础科目，“建设工程技术与计量”和“建设工程造价案例分析”为专业科目。

二级造价工程师职业资格考试有“建设工程造价管理基础知识”“建设工程计量与计价实务”2 个科目。其中，“建设工程造价管理基础知识”为基础科目，“建设工程计量与计价实务”为专业科目。

造价工程师职业资格考试专业科目分为土木建筑工程、交通运输工程、水利工程和安装工程 4 个专业类别，考生在报名时可根据实际工作需要选择其一。

### （五）造价工程师的执业范围

1. 一级造价工程师的执业范围

一级造价工程师的执业范围包括建设项目全过程的工程造价管理与咨询等，具体工作内容如下：

① 项目建议书、可行性研究投资估算与审核，项目评价造价分析；

② 建设工程设计概算、施工预算编制和审核；

③ 建设工程招标投标文件工程量和造价的编制与审核；

④ 建设工程合同价款、结算价款、竣工决算价款的编制与管理；

⑤ 建设工程审计、仲裁、诉讼、保险中的造价鉴定，工程造价纠纷调解；

⑥ 建设工程计价依据、造价指标的编制与管理；

⑦ 与工程造价管理有关的其他事项。

2. 二级造价工程师的执业范围

二级造价工程师主要协助一级造价工程师开展相关工作，可独立开展以下具体工作：

① 建设工程工料分析、计划、组织与成本管理，施工图预算、设计概算编制；

② 建设工程量清单、最高投标限价、投标报价的编制；

③ 建设工程合同价款、结算价款和竣工决算价款的编制。

造价工程师应在本人工程造价咨询成果文件上签章，并承担相应责任。工程造价咨询成果文件应由一级造价工程师审核并加盖执业印章。对出具虚假工程造价咨询成果文件或者有重大工作过失的造价工程师，不再予以注册，造成损失的依法追究其责任。

**引例 3 分析** 造价工程师是复合型专业管理人才，应具备业务技术能力、沟通协调能力、组织管理能力，同时具备健康的心理和较好的身体素质。从职业道德上看，造价工程师应遵守国家法律、法规和政策；遵守“诚信、公正、精业、进取”的原则；勤奋工作、尽职尽责、尊重同行、廉洁自律；与委托方有利害关系的应当主动回避，对客户的技术和商务秘密负有保密义务。

二维码 1-3

## 四、工程造价咨询管理

工程造价咨询企业是指接受委托，为建设项目投资、工程造价的确定与控制提供专业咨询服务的企业。1996 年 3 月，建设部发布了《关于印发〈工程造价咨询单位资质管理办法（试行）〉的通知》，随之产生工程造价咨询制度。其后，陆续发布的《工程造价咨询企业管理办法》《关于深化“证照分离”改革进一步激发市场主体发展活力的通知》等文件，促进了工程造价咨询业的快速发展。

### （一）咨询业务的范围

工程造价咨询业务范围如下：

① 建设项目建议书及可行性研究的投资估算、项目经济评价报告的编制和审核。

② 进行建设项目概预算的编制与审核，并配合设计方案比选、优化设计、限额设计等工作进行工程造价分析与控制。

③ 建设项目合同价款的确定，合同价款的签订与调整和工程款的支付，工程结算、竣工结算和决算报告的编制与审核等。

④ 工程造价经济纠纷的鉴定和仲裁的咨询。

⑤ 提供工程造价信息服务等。

### （二）咨询业务的履行

工程造价咨询企业在承接各类工程造价咨询业务时，可参照《建设工程造价咨询合同》（示范文本）（GF—2015—0212）签订书面合同，通过协议书、通用条件和专用条件，明确合同当事人及各自的权利和义务。

工程造价咨询企业从事工程造价咨询业务，应按照相关合同或约定出具工程造价成果文件。工程造价成果文件应当由工程造价咨询企业加盖企业名称、资质等级及证书标号的执业印章，并由执行咨询业务的注册造价工程师签字，加盖个人执业印章。

工程造价咨询企业跨省、自治区、直辖市承接工程造价咨询业务的，应当自承接业务之日起 30 日内到建设工程所在地省、自治区、直辖市人民政府建设主管部门备案。

# 任务四　工程计价概述

## 一、工程计价的概念

工程计价指从项目立项、评估决策起，直到竣工验收、交付使用，对建设项目的造价进行多次预测和估算的行为。具体指工程造价人员在项目实施的各个阶段，根据各个阶段的不同要求，遵循法律法规及标准规范规定的计价原则和程序，采用科学的计价方法，对建设项目各个阶段的工程造价及其构成内容进行预测和估算的行为。工程计价结果反映了工程的货币价值，同时也是项目投资控制和合同价款管理的基础。

## 二、工程计价的特征

工程计价的特征如下。

1. 单件性计价特征

建筑产品的个体差别性决定每项工程都必须单独计算造价。

2. 多次性计价特征

建设工程周期长、规模大、造价高，因此按建设程序要分阶段进行。相应地也要在不同阶段多次计价，以保证工程造价确定与控制的科学性。多次性计价是个逐步深化、逐步细化和逐步接近实际造价的过程。其过程如图 1.3 所示。

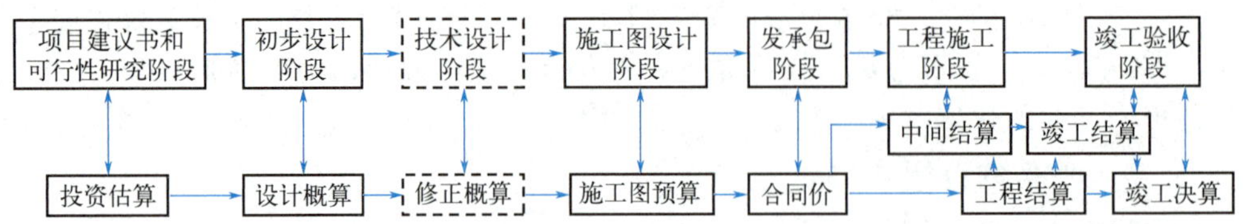


图 1.3 工程多次性计价过程示意图

注：竖向箭头表示对应关系，横向箭头表示多次计价流程及逐步深化过程。

① 投资估算，是指在项目建议书和可行性研究阶段，通过编制估算文件，对拟建项目所需投资预先进行测算的过程。投资估算是决策、筹资和控制造价的主要依据。

② 设计概算，是指在初步设计阶段，根据设计意图，通过编制设计概算文件预先测算的工程造价。和投资估算造价相比较，设计概算造价的准确性有所提高，但它受估算造价的控制。设计概算造价的层次性十分明显，分建设项目概算总造价、各单项工程概算综合造价、各单位工程概算造价。

③ 修正概算，是指在采用三阶段设计的技术设计阶段，根据技术设计的要求，通过编制修正概算文件预先测算的工程造价。它对初步设计概算进行修正调整，比概算造价准确，但受概算造价控制。

④ 施工图预算，是指在施工图设计阶段，以施工图纸为依据，通过编制预算文件预先测算的工程造价。它比设计概算和修正设计概算更为详尽和准确。但同样要受前一阶段所确定的工程造价的控制。

⑤ 合同价，是指在工程发承包阶段通过签订总承包合同、建筑安装工程承包合同、设备材料采购合同，以及技术和咨询服务合同确定的价格。合同价性质上属于市场价格，它是由承发包双方，即商品和劳务买卖双方根据市场行情共同议定和认可的成交价格，但它并不等同于实际工程造价。按计价方法不同，建设工程合同有许多类型。不同类型合同的合同价内涵也有所不同。按现行有关规定，三种合同价形式是：固定合同价、单价合同价和工程成本加酬金合同价。

⑥ 工程结算，是指按实际完成的合同范围内合格工程量、合同调价范围和调价方法，对实际发生的工程量增减、设备和材料价差等进行调整后确定的结算价格，包括施工过程中的中间结算和竣工验收阶段的竣工结算。工程结算反映了工程项目实际造价。工程结算文件一般由承包单位编制，由发包单位审查，也可委托工程造价咨询机构进行审查。

⑦ 竣工决算，是指竣工决算阶段，在竣工验收后，建设项目从筹建到建成投产（或使用）全过程发生的全部实际成本。竣工决算文件一般由建设单位编制，上报相关主管部门审查。

3. 组合性计价特征

工程造价的计算是分部组合而成的，这一特征和建设项目的组合性有关。一个建设项目是一个工程综合体。这个综合体可以分解为许多有内在联系的独立和不能独立的工程。建设项目的这种组合性决定了计价的过程是一个逐步组合的过程。其计算过程和计算顺序是：分项工程造价→分部工程造价→单位工程造价→单项工程造价→建设项目总造价。建设项目划分与计价组合示意图如图 1.4 所示。

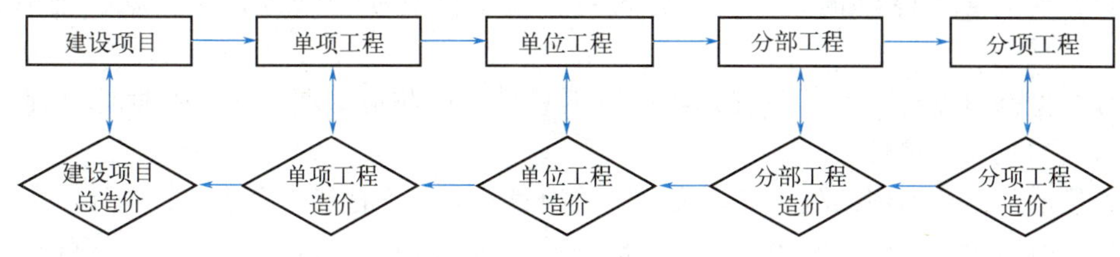


图 1.4 建设项目划分与计价组合示意图

4. 多样性计价特征

多次计价有各自的计价依据，对造价的精确度要求也不相同，这就决定了计价方法有多样性特征。计算和确定概预算造价的方法有单价法、概算指标法和类似工程预算法等；计算和确定投资估算的方法有设备系数法、生产能力指数估算法等。不同方法的适用条件不同，计价时根据具体情况要加以选择。

5. 复杂性计价特征

由于影响造价的因素较多，故计价依据复杂，种类繁多，主要可分为六类。

① 计算设备和工程量的依据，包括项目建议书、可行性研究报告、设计文件等。

② 计算人工、材料、机械等实物消耗量的依据，包括投资估算指标、概算定额、预算定额等。

③ 计算工程单价的价格依据，包括人工单价、材料价格、机械台班费等。

④ 计算设备单价的依据，包括设备原价、设备运杂费、进口设备关税等。

⑤ 计算相关费用的费用定额和指标。

⑥ 政府规定的税、费。

## 三、工程计价的原理

### （一）分部组合计价原理

当建设项目的设计图纸已经确定或设计深度足够时，可采用分部组合计价法。其基本思路是将建设项目细分至最基本的构造单元，采用适当的单位，以及当时当地的工程单价，进行分项分部组合汇总，再对费用按照类别进行组合汇总，计算出相应的工程造价，其基本过程可用下列公式表达。

分部分项工程费(或单价措施项目费)＝∑[基本构造单元(定额项目或清单项目)工程量×相应单价] (1.1)

工程计价可分为工程计量和工程组价两个环节。

1. 工程计量

工程计量工作包括建设项目的划分和工程量的计算。建设项目的划分，是为了确定单位工程基本构造单元。在编制工程概预算时，主要是按工程定额进行项目的划分；编制工程量清单时主要是按照清单工程量计算规范规定的清单项目进行划分。工程量的计算是计价的基础，是对工程实物量的确定。一般是根据设计文件，按照工程定额或工程量清单计量规范附录中规定的计算规则进行计算。

2. 工程组价

工程组价包括工程单价的确定和工程总价的计算。

工程单价是指完成单位工程基本构造单元的工程量所需要的基本费用。工程单价包括工料单价和综合单价。工料单价也称直接工程费单价，包括人工费、材料费、施工机具使用费。综合单价除包括人工费、材料费、施工机具使用费外，还包括企业管理费、利润等。

工程总价是指按规定的程序或办法逐级汇总形成的相应工程造价。根据计算程序的不同，分为实物量法和单价法。

实物量法，是依据图纸和相应计价定额的项目划分及工程量计算规则，先计算出分部分项工程量，然后套用消耗量定额计算人材机等要素的消耗量，再根据各要素的实际价格及各项费率汇总形成相应工程造价的方法。

单价法包括综合单价法和工料单价法。综合单价法，依据工程量计算规范规定的工程量计算规则计算工程量，并依据相应的计价依据确定综合单价，汇总得出分部分项工程费及单价措施项目费，之后再按相应的办法计算总价措施项目费、其他项目费，汇总后形成相应工程造价。工料单价法，依据相应计价定额的工程量计算规则计算工程量；再依据定额计算工料单价；汇总得出分部分项工程人材机费合计；再按照相应的取费程序计算其他各项费用，汇总后形成相应工程造价。

### （二）类比估算计价原理

当建设项目的前期设计深度不足或项目资料不齐全，无法采用分部组合计价时，可采用类比估算计价。

1. 利用函数关系对拟建项目的造价进行类比估算

当一个建设项目还没有具体的图样和工程量清单时，需要利用产出函数对建设项目投资进行匡算。在微观经济学中把过程的产出和资源的消耗这两者之间的关系称为产出函数。在建筑工程中，房屋建筑面积的大小和消耗的人工之间的关系就是产出函数的一个例子。需要注意的是，项目的造价并不总是和规模大小呈线性关系的，典型的规模经济或规模不经济都会出现。因此要慎重选择合适的产出函数，寻找与规模和经济有关的经验数据。例如生产能力指数法就是利用生产能力与投资额间的关系函数来进行投资估算。

2. 利用单位成本估算法进行类比估算

当建设项目的设计方案已经确定，可采用单位成本估算法。首先将项目分解为多个工作，再将某工作分解成若干个任务，在估算各任务的工作量后，得出每项任务的成本，最后汇总得出工作和建设项目的成本。

3. 利用混合成本分配估算法进行类比估算

在建设项目中，有时难以在一个要素和其相关成本之间建立一种因果联系，如建设单位管理费、土地征用费等混合成本，通常按比例进行分配。

## 四、工程计价的程序

### （一）工程概预算的编制程序

工程概预算的编制主要采用定额计价方法，是应用计价定额或指标对建筑产品价格进行计价的活动。如果采用工料单价法，则应按概算定额或预算定额的定额子目，逐项计算工程量，套用概预算定额（或单位估价表）的单价确定直接费（包括人工费、材料费、施工机具使用费），然后按规定的取费标准确定间接费（包括企业管理费、规费），再计算利润，加上材料价差后计算税金，经汇总后即为工程概预算价格。工程概预算价格的形成过程，就是依据概预算定额所确定的消耗量乘以定额单价或市场价，经过不同层次的计算形成相应造价的过程。

### （二）工程量清单计价的编制程序

工程量清单计价的过程主要包括两个环节，即工程量清单的编制和工程量清单的应用。工程量清单的编制程序如图 1.5 所示，工程量清单的应用程序如图 1.6 所示。

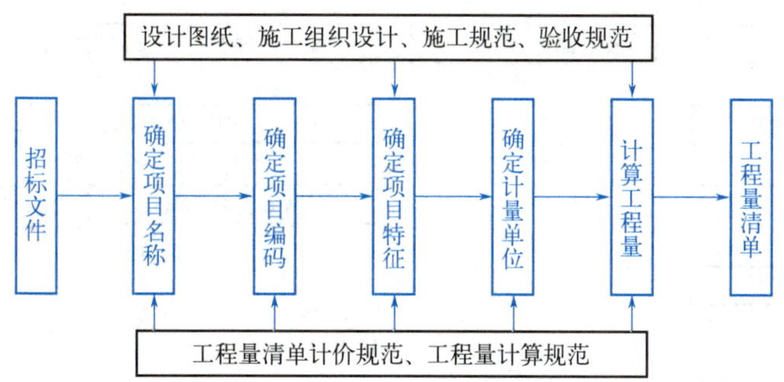


图 1.5　工程量清单的编制程序

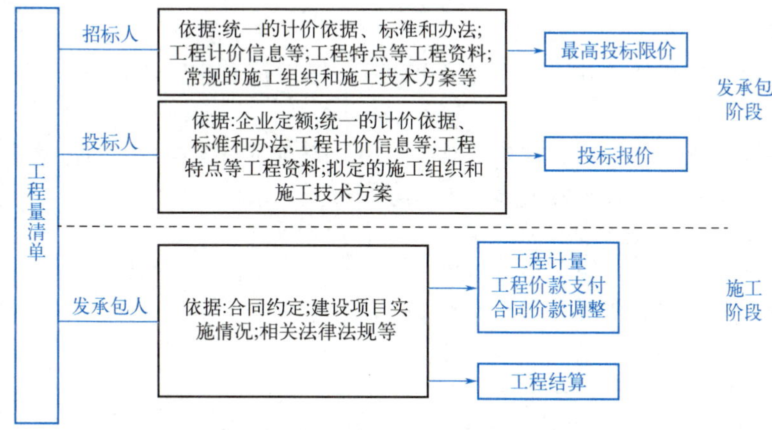


图 1.6　工程量清单的应用程序

工程量清单计价的编制过程可由下列公式进一步说明。

$$\text{分部分项工程费}=\sum(\text{分部分项工程量}\times\text{相应综合单价}) \tag{1.2}$$

$$\text{措施项目费}=\sum\text{各措施项目费} \tag{1.3}$$

$$\text{其他项目费}=\text{暂列金额}+\text{暂估价}+\text{计日工}+\text{总成本服务费} \tag{1.4}$$

$$\text{单位工程造价}=\text{分部分项工程费}+\text{措施项目费}+\text{其他项目费}+\text{规费}+\text{税金} \tag{1.5}$$

$$\text{单项工程造价}=\sum\text{单位工程造价} \tag{1.6}$$

$$\text{建设项目总造价}=\sum\text{单项工程造价} \tag{1.7}$$

工程量清单计价主要应用在工程的发承包和实施阶段，涵盖施工招标、合同管理及竣工交付全过程，主要包括：编制招标工程量清单、最高投标限价、投标报价，确定合同价，工程计量与价款支付，合同价款的调整，工程结算和工程计价纠纷处理等活动。

## 小结

本单元的学习目标是掌握建设项目的组成、工程造价的概念，理解工程造价管理的内容、工程计价的原理与程序，从而明确工程造价岗位工作内容、要求和职业发展路径。

本单元思维导图如下：

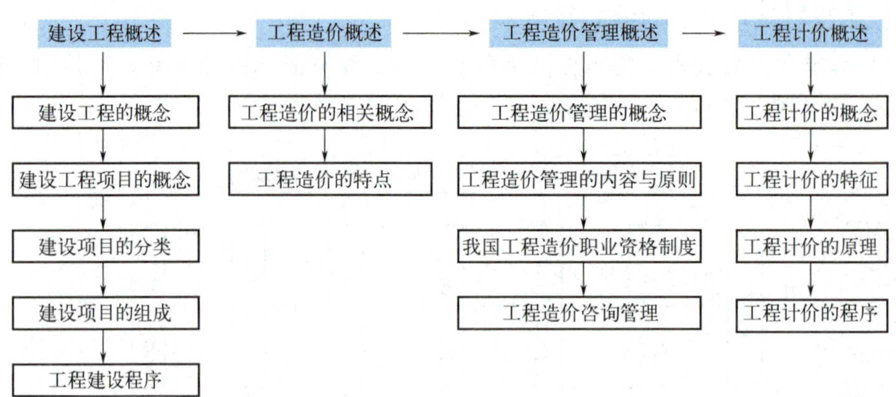

二维码 1-4

## 能力训练题

### 一、单选题

1. 根据《建筑工程施工质量验收统一标准》，下列工程中，不属于分部工程的是（　　）。

A. 装饰装修工程　B. 智能建筑工程　C. 建筑节能工程　D. 土方回填工程

2. 以下关于工程建设程序的说法中，正确的是（　　）。

A. 工程建设程序必须严格按次序完成，不得颠倒交叉

B. 批准的项目建议书是项目的最终决策

C. 在初步设计阶段，需编制项目总概算

D. 所有项目必须申领施工许可证，否则不得开工

3. 建设项目应以（　　）作为开工日期。

A. 正式打桩日期　B. 地质踏勘日期

C. 场地平整施工日期　D. 施工用水用电施工日期

4. 从投资者（业主）角度分析，工程造价是指建设一项工程预计或实际开支的（　　）。

A. 全部建筑安装工程费用　B. 建设工程总费用

C. 全部固定资产投资费用　D. 建设工程动态投资费用

5. 建设工程计价是一个逐步组合的过程，正确的造价组合过程是（　　）。

A. 单位工程造价→分部分项工程造价→单项工程造价

B. 单位工程造价→单项工程造价→分部分项工程造价

C. 分部分项工程造价→单位工程造价→单项工程造价

D. 分部分项工程造价→单项工程造价→单位工程造价

6. 全面造价管理是指有效利用专业知识和技术，对（　　）进行筹划和控制。

A. 资源、成本、盈利和风险　B. 工期、质量、成本和风险

C. 质量、安全、成本和盈利　D. 工期成本、质量成本、安全成本和环境成本

7. 以下不属于二级造价师执业范围的是（　　）。

A. 施工图预算的编制　B. 招标文件的审核

C. 工程量清单的编制　D. 结算价款的编制

8. 在工程计价中，完成单位工程基本构造单元的工程量所需要的基本费用称为（　　）。

A. 直接工程费　B. 综合单价　C. 工程单价　D. 定额基价

9. 工程计价的基本原理可以用（　　）公式表示。

A. 分部分项工程费＝∑（基本构造单元工程量×工料单价）

B. 分部分项工程费＝∑（定额项目工程量×工料单价）

C. 分部分项工程费＝∑（清单项目工程量×综合单价）

D. 分部分项工程费＝∑（基本构造单元工程量×相应单价）

10. （　　）涵盖施工招标、合同管理及竣工交付全过程。

A. 工程量清单计价　B. 定额计价　C. 实物量法计价　D. 单价法计价

## 二、多选题

1. 关于工程造价基本概念的理解，正确的有（　　）。

A. 从业主角度看，工程造价就是工程的发包价格

B. 静态投资包含动态投资

C. 动态投资包含静态投资

D. 静态投资就是建设项目总投资

E. 非生产性工程项目的总投资就是固定资产投资

2. 根据《建筑工程施工质量验收统一标准》，下列工程中属于分部工程的有（　　）。

A. 砌体结构工程　B. 智能建筑工程　C. 建筑节能工程　D. 土方回填工程

E. 装饰装修工程

3. 工程造价管理的基本原则为（　　）。

A. 以设计阶段为重点　B. 主动控制与被动控制相结合

C. 以全寿命造价最小化为目标　D. 技术与经济相结合

E. 开源与节流相结合

4. 下列工程造价管理工作中，属于工程施工阶段造价管理工作内容的有（　　）。

A. 编制施工图预算　B. 审核投资估算　C. 进行工程计量　D. 处理工程变更

E. 编制工程量清单

5. 根据《国务院关于投资体制改革的决定》，对不使用政府资金的企业投资建设项目，政府实行（　　）。

A. 审批制　B. 核准制　C. 承诺制　D. 登记备案制

E. 审查制

6. 注册造价工程师的义务有（　　）。

A. 执行工程计价标准　B. 接受继续教育

C. 依法独立从事工程造价业务工作　D. 发起设立工程造价咨询企业

E. 保守职业中知悉的技术秘密

7. 关于建设工程计价特征的说法，正确的有（　　）。

A. 建设项目的组合性决定了工程计价的单件性

B. 工程多次计价，是一个逐步深入和不断细化的过程

C. 工程合同价并非等同于最终结算的实际工程价

D. 工程多次计价均有其各不相同的计价依据

E. 工程造价按单位工程造价→分部分项工程造价组合

8. 项目施工阶段工程结算的类型有（　　）。

A. 预付款担保结算　B. 施工中间结算　C. 竣工结算　D. 竣工决算

E. 缺陷责任期满后结算

9. 关于工程计价原理与依据，下列说法正确的有（　　）。

A. 项目的造价与建设规模大小呈线性关系

B. 工程计价的基本原理是项目的分解和价格的组合

C. 工程计价可分为工程计量和套用单价两个环节

D. 工程计量包括建设项目的划分和工程量的计算

E. 工程组价包括工程单价的确定和工程总价的计算

10. 关于工程量清单计价的基本程序和方法，下列说法正确的有（　　）。

A. 单位工程造价通过直接费、间接费、利润汇总

B. 计价过程包括工程量的编制和应用两个阶段

C. 工程量清单计价活动伴随竣工结算结束

D. 工程概预算编制主要采用工程量清单计价方法

E. 工程量清单计价主要应用在工程的发承包和实施阶段

## 三、简答题

1. 请简述建设工程建设程序。

2. 什么是工程造价？工程造价的特点是什么？

3. 什么是工程计价？工程计价的特征是什么？

4. 请简述工程量清单计价流程。

5. 请简述定额计价与清单计价的区别。

# 单元二

# 工程造价的构成

## 内容提要

本单元主要介绍五个方面的内容：一是建设项目总投资及工程造价的构成；二是设备及工器具购置费的构成；三是建筑安装工程费用的构成；四是工程建设其他费用的构成；五是预备费和建设期贷款利息的构成。

## 学习目标

通过本单元的学习，了解国内外建设项目总投资及工程造价的构成，掌握我国工程造价费用的构成、按建筑安装工程费用要素划分和按造价形成划分的两种划分类型,熟悉设备及工器具购置费的内容及计算方式,了解预备费的含义及作用，能合理运用建设期贷款利息的公式得出项目建设期贷款利息。

## 素质拓展

早在商周时期，我国便开始出现一些较为系统的建筑活动，涵盖了宫殿、寺庙、城墙及基础设施等多个方面。 随着社会的进步和经济的发展，古代工程造价逐渐形成了以人工、材料、设备与工期等几个主要要素为基础的构成体系。 这种系统性的造价构成，为后世的建筑工程发展奠定了基础，在历史的长河中逐步演变并影响了后来工程造价的构成。

## 任务一　建设项目总投资及工程造价的构成

**引例 1**　某建设项目建筑安装工程费 2700 万元，设备购置费 1100 万元，工程建设其他费 450 万元，预备费 180 万元，建设期贷款利息 120 万元，流动资金 500 万元，则该项目的工程造价是多少?

## 一、我国建设项目总投资及工程造价的构成

按照我国现行规定，建设项目总投资是为完成工程项目建设并达到使用要求或生产条件，在建设期内预计或实际投入的全部费用总和。生产性建设项目总投资包括建设投资、建设期利息和流动资金三部分；非生产性建设项目总投资包括建设投资和建设期利息两部分。其中建设投资和建设期利息之和对应于固定资产投资，固定资产投资与建设项目的工程造价在量上相等。

工程造价包括建筑施工和安装施工所需支出的费用，委托有关单位进行工程勘察设计应支付的费用，获取土地使用权所需的费用，也包括建设单位自身进行项目筹建和项目管理所花费的费用等。总之，工程造价是指在建设期预计或实际支出的建设费用。

根据《建设项目经济评价方法与参数》(第三版)(发改投资〔2006〕1325 号)的规定，建设投资包括工程费用、工程建设其他费用和预备费三部分。

工程费用指建设期内直接用于建造、设备购置及其安装的建设投资，可以分为建筑安装工程费和设备及工器具购置费。

工程建设其他费用指建设期发生的与土地使用权取得、整个工程项目建设以及未来经营有关的构成建设投资但不包括在工程费用中的费用。

预备费指在建设期内为各种不可预见因素的变化而预留的可能增加的费用，包括基本预备费和价差预备费。

我国建设项目总投资构成(以建筑工程专业为例)如图 2.1 所示。

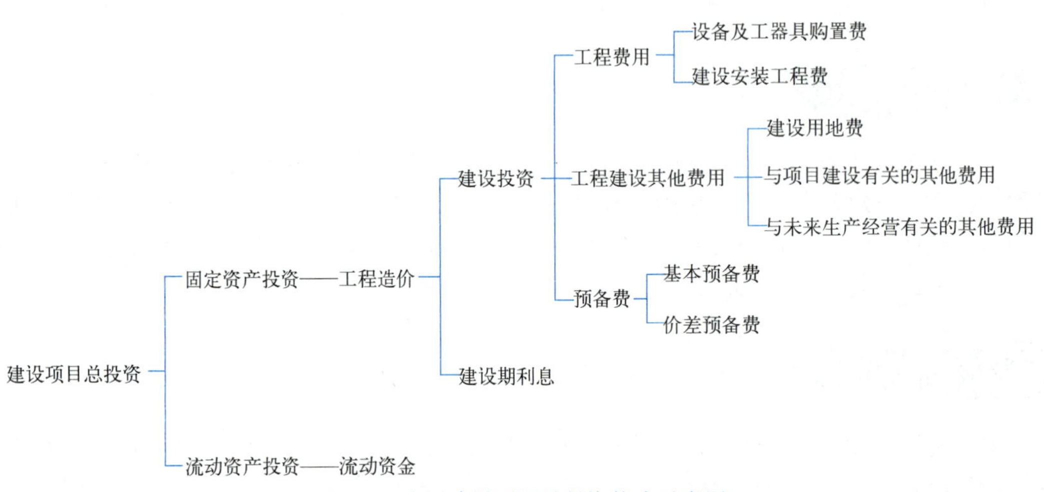


图 2.1 我国建设项目总投资构成示意图

**引例 1 分析** 根据我国建设项目的投资及工程造价的构成可知，工程造价= 建筑安装工程费+ 设备及工器具购置费+ 工程建设其他费用+ 预备费+ 建设期贷款利息= 2700+ 1100+ 450+ 180+ 120= 4550 ( 万元 )。注意，工程造价在量上与固定资产相等，不包括流动资金。

## 二、国外建设工程造价的构成

国外各个国家的建设工程造价的构成各有不同，为统一世界各国家和地区的建设项目的费用分类、定义、构成标准等，2017 年国际建设项目计量标准联盟(ICMSC)，其下辖的独

立标准制定委员会（SSC）发布了国际建设项目计量标准（ICMS），对工程项目的总建设成本（相当于我国的建设项目总投资）做了统一规定。工程项目总建设成本包括项目基本建设成本、项目相关建设成本、场地购置费和业主其他费用三部分。

### （一）项目基本建设成本

项目基本建设成本是指工程建设过程中直接产生的费用，包括人工费、材料费、施工机械使用费、设备费及为工程施工进行的所有施工准备工作、临时设施费用，承包方现场和总部的管理费用、利润、税金。通常为完成建筑物或土木工程项目施工合同内容而支付的总价，包含任何业主需要承包方完成的工作，具体内容如下。

① 拆除和平整场地。

② 下部结构，包括所有地下或水下承重工程，并包括相关土方工程、支护工程和非承重结构及其他相关工程，不包括装饰工程。

③ 结构，包括所有承重工程和非承重结构的主体工程，不包括下部结构和装饰工程。

④ 非承重结构和装饰工程/非结构工程，包括所有非承重结构和装饰工程，不包括服务和设备、地表和地下排水系统。

⑤ 服务和设备，包括所有用于项目竣工投入使用的永久服务和设备，包括机械、水利、管道设施、消防、运输、通信、安全、电气和电子等设备，不包括地表和地下排水系统。

⑥ 地表和地下排水系统，包括服务于项目的地表和地下排水系统。

⑦ 附属工程，包括为主体工程所做的辅助性配套工程，不包含在业主其他费用中。

⑧ 施工准备、承包方现场管理费用、一般要求，包括施工方现场管理、临时设施、服务和开支，以及不直接消耗在工程实体上的工作和费用，与所有成本集相关但不直接划分到某一特定成本集中。

⑨ 风险准备金，包括为预防风险和因项目结果不确定性需要而预留的准备金，风险准备金与项目基本建设成本有关，但不包含在业主其他费用中。风险准备金包括价格水平调整部分，即在一定期限内，允许对通货膨胀、上调或紧缩引起的价格水平波动进行调整。

⑩ 税金，包括国家或政府机构对项目强制征收的税费，以全部或部分建设合同价款作为征税计算基数，由业主或承包方支付。

### （二）项目相关建设成本

项目相关建设成本包括场外设施费用、工器具及生产家具购置费、与项目建设有关的咨询费和监理费以及风险准备金，不包括场地购置费和业主为实现项目发生的其他费用。

① 场外设施费用，包括为实现项目将公共设施接入现场而支付给政府机构和公共设施公司的所有费用。

② 工器具及生产家具购置费，包括在接近竣工时或竣工后为项目正常使用投入的家具、配件和设备的费用。

③ 与项目建设有关的咨询费和监理费，包括支付给除承包方以外的服务提供方的费用。

④ 风险准备金，与项目基本建设成本中的风险准备金类似，包括为预防风险和因项目结果不确定性需要而预留的准备金，此项准备金与项目相关建设成本有关，同样不包含在业主其他费用中。

### （三）场地购置费和业主其他费用

场地购置费和业主其他费用是指从项目开始至项目结束，为获得施工场地支付的费用和为实现项目发生的基本建设成本和相关建设成本以外的所有其他费用，主要包括以下内容：

① 场地购置费，包括为获得施工场地所需要支付的所有费用。

② 行政、财务、法律和经营费用，包括从项目开始到投入使用所有与项目实施有关的不包含在项目基本建设成本和项目相关建设成本中的费用。

## 任务二 设备及工器具购置费的构成

设备及工器具购置费由设备购置费和工具、器具及生产家具购置费组成，它是固定资产投资中的积极部分。在生产性工程建设中，设备及工器具购置费占工程造价比重的增大，意味着生产技术的进步和资本有机构成的提高。

**引例 2** 某公司拟从国外进口一套机电设备，重量 1500t，装运港船上交货价，即离岸价（FOB）为 400 万美元。其他有关费用参数为:国际运费标准为 360 美元/t，海上运输保险费费率为 0.266%，中国银行手续费费率为 0.5%，外贸手续费费率为 1.5%，关税税率为 12%，增值税税率为 13%，美元的银行外汇牌价为 1 美元= 6.6 元人民币，设备的国内运杂费费率为 2.5%。请估算该设备的购置费。

### 一、设备购置费的构成

设备购置费是指为建设工程项目购置或自制的达到固定资产标准的设备、工具、器具的费用。

新建项目和扩建项目的新建车间购置或自制的全部设备、工具、器具，不论是否达到固定资产标准，均计入设备及工器具购置费中。设备购置费包括设备原价和设备运杂费，即

$$设备购置费=设备原价或进口抵岸价+设备运杂费 \tag{2.1}$$

式中，设备原价指国产标准设备、非标准设备的原价；设备运杂费指设备原价中未包括的包装费和包装材料费、运输费、装卸费、采购及仓库保管费、供销部门手续费等，如果设备是由设备成套公司供应的，成套公司的服务费也应计入设备运杂费中。

#### （一）国产设备原价的构成

国产设备原价一般指的是设备制造厂的交货价或订货合同价，也就是常说的出厂价。一般根据生产厂或供应商的询价、报价、合同价确定，或采用一定的方法计算确定。国产设备原价分为国产标准设备原价和国产非标准设备原价。

1. 国产标准设备原价

国产标准设备是指按照主管部门颁布的标准图纸和技术要求，由国内设备生产厂批量生产的，符合国家质量检测标准的设备。国产标准设备一般有完善的设备交易市场，因此可通过查询相关交易市场价格或向设备生产厂家询价，得到国产标准设备原价。

2. 国产非标准设备原价

国产非标准设备是指国家尚无定型标准，各设备生产厂不可能在工艺过程中采用批量生产，只能按订货要求并根据具体的设计图纸制造的设备。国产非标准设备由于单件生产、无定型标准，所以无法获取市场交易价格，只能按其成本构成或相关技术参数估算其价格。非标准设备原价有多种不同的计算方法，但无论采用哪种计算方法都应该使国产非标准设备原价接近实际出厂价，并且计算方法尽量简便。

成本计算估价法是一种比较常用的估算国产非标准设备原价的方法。按成本计算估价

法，国产非标准设备的原价组成见表 2.1。

表 2.1 国产非标准设备的原价组成

| 序号 | 费用项目 | 计算公式 |
|---|---|---|
| 1 | 材料费 | 材料净重×(1+加工损耗系数)×每吨材料综合价 |
| 2 | 加工费 | 设备总重量(吨)×设备每吨加工系数 |
| 3 | 辅助材料费 | 设备总重量×辅助材料费指标 |
| 4 | 专用工具费 | (1+2+3)×专用工具费费率 |
| 5 | 废品损失费 | (1+2+3+4)×废品损失费费率 |
| 6 | 外购配套件费 | 按设备设计图纸所列的外购配套件的名称、型号、规格、数量、重量，根据相应的价格加运杂费计算 |
| 7 | 包装费 | (1+2+3+4+5+6)×包装费费率 |
| 8 | 利润 | (1+2+3+4+5+7)×利润率 |
| 9 | 税金(增值税) | 销项税额=销售额×增值税税率(其中销售额为 1～8 项之和) |
| 10 | 国产非标准设备设计费 | 按国家规定的设计费收费标准计算 |

根据表 2.1，可以得到：

单台国产非标准设备原价={[(材料费+加工费+辅助材料费)×(1+专用工具费费率)×(1+废品损失费费率)+外购配套件费]×(1+包装费费率)−外购配套件费}×(1+利润率)+外购配套件费+销项税额+国产非标准设备设计费 (2.2)

**【例 2.1】** 某单位采购一台国产非标准设备，制造商生产该台设备所用材料费 20 万元，加工费 2 万元，辅助材料费 5000 元。专用工具费费率 1.5%，废品损失费费率 10%，外购配套件费 5 万元，包装费费率为 1%，利润率为 8%，增值税税率为 13%，国产非标准设备设计费 3 万元，求该国产非标准设备的原价。

**【解】** 专用工具费=(20+2+0.5)×1.5%=0.338 (万元)

废品损失费=(20+2+0.5+0.338)×10%=2.284 (万元)

包装费=(20+2+0.5+0.338+2.284+5)×1%=0.301 (万元)

利润=(20+2+0.5+0.338+2.284+0.301)×8%=2.034 (万元)

销项税额=(20+2+0.5+0.338+2.284+5+0.301+2.304)×13%=4.254 (万元)

国产非标准设备原价=20+2+0.5+0.338+2.284+0.301+2.034+4.254+3+5
=39.711 (万元)

### (二) 进口设备原价的构成

进口设备的原价是指进口设备的抵岸价，即设备抵达买方边境、港口或车站，缴纳完各种手续费、税费后形成的价格。

1. 进口设备的交货方式

进口设备的交货方式可分为内陆交货类、目的地交货类和装运港交货类。

内陆交货类即卖方在出口国内陆的某个地点完成交货任务。在交货地点，卖方及时提交合同规定的货物和有关凭证，并承担交货风险前的一切费用和风险；买方按时接受货物，交付货款，承担接货后的一切费用和风险，自行办理出口手续并装运出口。货物的所有权也在交货后由卖方转移给买方。

目的地交货类即卖方要在进口国的港口或内地交货，包括目的港船上交货价、目的港船边交货价（FOS）和目的港码头交货价（关税已付）及完税后交货价（进口国目的地的指定地点）。它们的特点是：买卖双方承担的责任、费用和风险是以目的地约定交货地点为分界线，只有当卖方在交货点将货物置于买方控制下方算交货，方能向买方收取货款。这类交货方式对卖方来说承担的风险较大，在国际贸易中卖方一般不愿意采用这类交货方式。

装运港交货类即卖方在出口国装运港完成交货任务，主要有装运港船上交货价（FOB）（一般称为离岸价），运费在内价（CFR），运费、保险费在内价（CIF）（一般称为到岸价）。它们的特点主要是：卖方按照约定的时间在装运港交货，只要卖方把合同约定的货物装船后提供货运单据便完成交货任务，并可凭单据收回货款。

采用装运港船上交货价（FOB）时卖方的责任是：负责在合同规定的装运港口和规定的期限内，将货物装上买方指定的船只并及时通知买方；负责货物装船前的一切费用和风险；负责办理出口手续；提供出口国政府或有关方签发的证件；负责提供有关装运单据。买方的责任是：负责租船或订舱，支付运费，并将船期、船名通知卖方；承担货物装船后的一切费用和风险；负责办理保险并支付保险费，办理在目的港的进口和收货手续；接受卖方提供的有关装运单据，并按合同规定支付货款。

2. 进口设备抵岸价的构成

$$进口设备抵岸价=进口设备到岸价(CIF)+进口从属费 \tag{2.3}$$

$$进口设备到岸价(CIF)=离岸价(FOB)+国际运费+国外运输保险费 \tag{2.4}$$

$$进口从属费=银行财务费+外贸手续费+进口关税+增值税+消费税+进口车辆购置税 \tag{2.5}$$

① 进口设备的货价。一般指装运港船上交货价（FOB）。设备货价分为原币货价和人民币货价：原币货价一般折算为美元表示，人民币货价按原币货价乘以外汇市场美元兑换人民币汇率中间价确定。进口设备货价按有关厂商、报价、订货合同价等计算。

② 国际运费，即从装运港（站）到达我国目的港（站）的运费。我国进口设备大部分采用海洋运输，小部分采用铁路运输，个别采用航空运输。进口设备国际运费计算公式为

$$国际运费=原币货价(FOB)\times运费费率 \tag{2.6}$$

$$国际运费=单位运价\times运量 \tag{2.7}$$

其中，运费费率或单位运价参照有关部门或进出口公司的规定。计算进口设备抵岸价时，再将国际运费换算为人民币。

③ 国外运输保险费。对外贸易货物运输保险是由保险人（保险公司）与被保险人（出口人或进口人）订立保险契约，在被保险人交付议定的保险费后，保险人根据保险契约的规定对货物在运输过程中发生的承保责任范围内的损失给予经济上的补偿。计算公式为

$$国外运输保险费=\frac{原币货价(FOB)+国际运费}{1-保险费费率}\times保险费费率 \tag{2.8}$$

其中，保险费费率按保险公司规定的进口货物保险费费率计取。

④ 银行财务费。一般指在国际贸易结算中，中国银行为进出口商提供金融结算服务所收取的费用。一般银行财务手续费计算公式为

$$银行财务费=离岸价(FOB)\times人民币外汇汇率\times银行财务费费率 \tag{2.9}$$

银行财务费费率一般为 0.4%～0.5%。

⑤ 外贸手续费。它指按商务部规定的外贸手续费费率计取的费用，外贸手续费费率一般取 1.5%。计算公式为

$$外贸手续费=到岸价(CIF)\times人民币外汇汇率\times外贸手续费费率 \tag{2.10}$$

⑥ 进口关税。由海关对进出国境或关境的货物和物品征收的一种税。计算公式为

$$进口关税=到岸价(CIF)\times人民币外汇汇率\times进口关税税率 \tag{2.11}$$

到岸价作为关税的计征税基数时，通常又可称为关税完税价格。进口关税税率分为优惠

和普通两种。优惠税率适用于与我国签订关税互惠条款的贸易条约或协定的国家的进口设备；普通税率适用于与我国未签订关税互惠条款的贸易条约或协定的国家的进口设备。进口关税税率按我国海关总署发布的进口关税税率计算。

⑦ 增值税。增值税是我国政府对从事进口贸易的单位和个人，在进口商品报关进口后征收的税种。我国增值税条例规定，进口应税产品均按组成计税价格，依税率直接计算应纳税额，不扣除任何项目的金额或已纳税额，即

$$\text{进口产品增值税}=\text{组成计税价格}\times\text{增值税税率} \tag{2.12}$$

$$\text{组成计税价格}=\text{到岸价}\times\text{人民币外汇汇率}+\text{进口关税}+\text{消费税} \tag{2.13}$$

应税销售行为或者进口货物的增值税基本税率为13%。

⑧ 消费税。仅对部分进口设备（如轿车、摩托车等）征收，一般计算公式为

$$\text{消费税额}=\frac{\text{到岸价(CIF)}\times\text{人民币外汇汇率}+\text{进口关税}}{1-\text{消费税税率}}\times\text{消费税税率} \tag{2.14}$$

其中，消费税税率根据规定税率计算。

⑨ 进口车辆购置税。进口车辆需缴纳进口车辆购置税，其公式如下：

$$\text{进口车辆购置税}=(\text{到岸价}+\text{关税}+\text{消费税})\times\text{进口车辆购置税税率} \tag{2.15}$$

### （三）设备运杂费的构成

设备运杂费是指国内设备自来源地、国外采购设备自到岸港运至工地仓库或指定堆放地点发生的采购、运输、运输保险、保管、装卸等费用。通常由下列各项构成。

① 运费和装卸费。国产设备由设备制造厂交货地点起至工地仓库（或施工组织设计指定的需要安装设备的堆放地点）止所发生的运费和装卸费；进口设备由我国到岸港口或边境车站起至工地仓库（或施工组织设计指定的需要安装设备的堆放地点）止所发生的运费和装卸费。

② 包装费。在设备原价中没有包含的、为运输而进行包装所支出的各项费用。

③ 设备供销部门的手续费。按有关部门规定的统一费率计算。

④ 采购与仓库保管费。采购与仓库保管费指采购、验收、保管和收发设备所发生的各种费用，包括设备采购人员、保管人员和管理人员的工资、工资附加费、办公费、差旅交通费，设备供应部门办公和仓库所占固定资产费用、工具用具使用费、劳动保护费、检验试验费等。这些费用可按主管部门规定的采购与保管费费率计算。

设备运杂费按设备原价乘以设备运杂费费率计算，其公式为

$$\text{设备运杂费}=\text{设备原价}\times\text{设备运杂费费率} \tag{2.16}$$

式中，设备运杂费费率按各部门等的规定计取。

**特别提示**　沿海和交通便利的地区，设备运杂费费率相对低一些；内地和交通不便利的地区就要相对高一些，边远省份则要更高一些。对国产非标准设备而言，应尽量就近委托设备制造厂，以大幅降低设备运杂费。

**引例2分析**　根据上述各项费用的计算公式。则有

进口设备货价=400×6.6=2640（万元）

国际运费=360×1500×6.6=3564000（元）=356.4（万元）

国外运输保险费=［（2640+356.4）÷（1−0.266%）］×0.266%=7.99（万元）

进口关税=（2640+356.4+7.99）×12%=360.53（万元）

增值税=（2640+356.4+7.99+360.53）×13%=437.44（万元）

银行财务费=2640×0.5%=13.2（万元）

外贸手续费=（2640+356.4+7.99）×1.5%=45.06（万元）

国内运杂费=（2640+356.4+7.99+360.53+437.44+13.2+45.06）×2.5%
=96.52（万元）

设备购置费=2640+356.4+7.99+360.53+437.44+13.2+45.06+96.52
=3957.14（万元）

## 二、工器具及生产家具购置费的构成

工器具及生产家具购置费，是指新建或扩建项目初步设计规定的，保证初期正常生产必须购置的没有达到固定资产标准的设备、仪器、工卡模具、器具、生产家具和备品备件等的购置费用。一般以设备购置费为计算基数，按照部门或行业规定的工器具及生产家具购置费费率计算。其计算公式为

$$工器具及生产家具购置费=设备购置费\times 定额费率 \quad (2.17)$$

# 任务三 建筑安装工程费用的构成

建设项目工程造价中，最主要也最活跃的是建筑安装工程费用。建筑安装工程费用也称为建筑安装工程造价。按照工程造价的两种含义，建设项目工程造价可以理解为第一种含义的工程造价（从投资者业主的角度来定义），建筑安装工程造价则是第二种含义的工程造价（从市场的角度来定义），即由需求主体投资者和供给主体建筑商共同认可的工程承发包价格。在建设项目管理活动中，主要接触和处理最多的是建筑安装工程造价。在实际工作中，如果没有特别说明，分析讨论的工程造价大多也指的是建筑安装工程造价。

我国住房和城乡建设部、财政部发布的《建筑安装工程费用项目组成》（建标〔2013〕44号）文件规定，我国现行建筑安装工程费用项目按两种不同的方式划分，即按费用构成要素划分和按造价形成划分。

## 一、建筑安装工程费用内容、项目组成

### （一）建筑安装工程费用内容

建筑安装工程费用是指为完成工程项目建造、生产性设备及配套工程安装所需的费用。

1. 建筑工程费用内容

① 各类房屋建筑工程和列入房屋建筑工程预算的供水、供暖、卫生、通风、煤气等设备费用及其装设、油饰工程的费用，列入建筑工程预算的各种管道、电力、电信和电缆导线敷设工程的费用。

② 设备基础、支柱、工作台、烟囱、水塔、水池等建筑工程以及各种炉窑的砌筑工程和金属结构工程的费用。

③ 为施工而进行的场地平整，工程和水文地质勘察，原有建筑物和障碍物的拆除以及施工临时用水、电、气、路、通信和完工后的场地清理，环境绿化、美化等工作的费用。

④ 矿井开凿，井巷延伸，露天矿剥离，石油、天然气钻井，修建铁路、公路、桥梁、水库、堤坝、灌渠及防洪等工程的费用。

2. 安装工程费用内容

① 生产、动力、起重、运输、传动和医疗、实验等各种需要安装的机械设备的装配费用，与设备相连的工作台、梯子、栏杆等设施的工程费用，附属于被安装设备的管线敷设工

程费用，以及被安装设备的绝缘、防腐、保温、油漆等工作的材料费和安装费。

② 为测定安装工程质量，对单台设备进行单机试运转、对系统设备进行联动无负荷试运转的调试费。

### （二）我国现行建筑安装工程费用项目组成

根据《建筑安装工程费用项目组成》（建标〔2013〕44 号），建筑安装工程费用项目构成如图 2.2 所示。

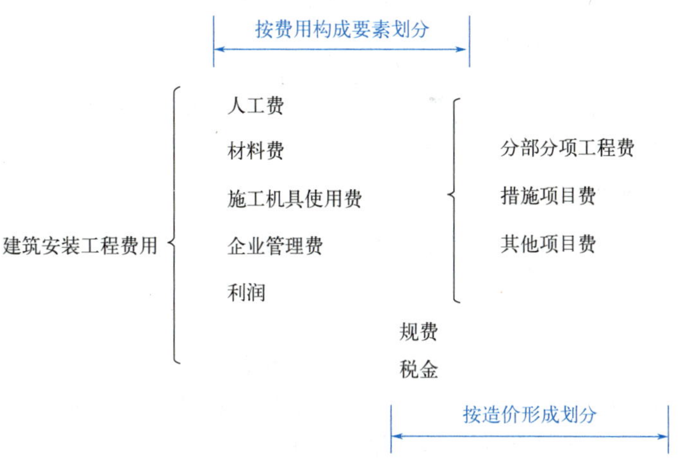


图 2.2 建筑安装工程费用项目构成

## 二、按费用构成要素划分建筑安装工程费用项目

按照费用构成要素划分，建筑安装工程费用包括：人工费、材料费、施工机具使用费、企业管理费、利润、规费和税金。

### （一）人工费

建筑安装工程费用中的人工费，是指支付给直接从事建筑安装工程施工作业的生产工人的各项费用。计算人工费的基本要素有两个，即人工工日消耗量和人工日工资单价。

① 人工工日消耗量，是指在正常施工生产条件下，完成规定计量单位的建筑安装产品所消耗的生产工人的工日数量。它由分项工程所综合的各个工序劳动定额包括的基本用工、其他用工两部分组成。

② 人工日工资单价，是指直接从事建筑安装工程施工作业的生产工人在每个法定工作日的工资、津贴及奖金等。

人工费的基本计算公式为

$$人工费=\sum(工日消耗量\times 日工资单价) \tag{2.18}$$

**特别提示** 住房和城乡建设部发布的《关于加强和改善工程造价监管的意见》（建标〔2017〕209 号）文件中提出人工单价包含工资、津贴、职工福利费、劳动保护费、社会保险费、住房公积金、工会经费、职工教育经费以及特殊情况下的工资性费用。某些省份采用这种人工单价的构成形式。

### （二）材料费

建筑安装工程费用中的材料费，是指工程施工过程中耗费的各种原材料、半成品、构配件、工程设备等的费用，以及周转材料等的摊销、租赁费用。计算材料费的基本要素是材料消耗量和材料单价。

① 材料消耗量，是指在正常施工生产条件下，完成规定计量单位的建筑安装产品所消耗的各类材料的净用量和不可避免的损耗量。

② 材料单价，是指建筑材料从其来源地运到施工工地仓库直至出库形成的综合平均单价。由材料原价、运杂费、运输损耗费、采购及保管费组成。当采用一般计税方法时，材料单价中的材料原价、运杂费等均应扣除增值税进项税额。

材料费的基本计算公式为

$$材料费=\sum(材料消耗量\times材料单价) \tag{2.19}$$

③ 工程设备，是指构成或计划构成永久工程一部分的机电设备、金属结构设备、仪器装置及其他类似的设备和装置。

### (三) 施工机具使用费

建筑安装工程费用中的施工机具使用费，是指施工作业所发生的施工机械、仪器仪表使用费或租赁费。

① 施工机械使用费，是指施工机械作业发生的使用费或租赁费。构成施工机械使用费的基本要素是施工机械台班消耗量和施工机械台班单价。施工机械台班消耗量是指在正常施工生产条件下，完成规定计量单位的建筑安装产品所消耗的施工机械台班的数量。施工机械台班单价是指折合到每台班的施工机械使用费。施工机械使用费的基本计算公式为

$$施工机械使用费=\sum(施工机械台班消耗量\times施工机械台班单价) \tag{2.20}$$

施工机械台班单价通常由折旧费、检修费、维护费、安拆费及场外运费、人工费、燃料动力费和其他费用组成。

② 仪器仪表使用费，是指工程施工所需使用的仪器仪表的摊销及维修费用。与施工机械使用费类似，仪器仪表使用费的基本计算公式为

$$仪器仪表使用费=\sum(仪器仪表台班消耗量\times仪器仪表台班单价) \tag{2.21}$$

仪器仪表台班单价通常由折旧费、维护费、校验费和动力费组成。

当采用一般计税方法时，施工机械台班单价和仪器仪表台班单价中的相关子项均需扣除增值税进项税额。

**特别提示** 湖北省2024年费用定额规定，各专业定额中施工机械台班价格不含燃料动力费，燃料动力费作为可变费用并入各专业定额的材料费中。表示方法例如“电【机械】”，此处的电即为机械用电。

### (四) 企业管理费

企业管理费指施工单位组织生产和经营管理所发生的费用，包括以下内容。

① 管理人员工资，指支付给管理人员的工资、奖金、津贴补贴、加班加点工资及特殊情况下支付的工资等。

② 办公费，指企业管理办公用的文具、纸张、账表、印刷、邮电、书报、办公软件、现场监控、会议、水电、烧水和集体取暖降温（包括现场临时宿舍取暖降温）等费用。

③ 差旅交通费，指职工因公出差、调动工作的差旅费、住勤补助费，市内交通费和误餐补助费，职工探亲路费，劳动力招募费，职工退休、退职一次性路费，工伤人员就医路费，工地转移费以及管理部门使用的交通工具的油料、燃料等费用。

④ 固定资产使用费，指管理和试验部门及附属生产单位使用的属于固定资产的房屋、

设备仪器等的折旧费、大修费、维修费或租赁费。

⑤ 工具用具使用费，指企业施工生产所需的价值低于2000元或管理使用的不属于固定资产的生产工具、器具、家具、交通工具和检验、试验、测绘、消防用具等的购置、维修和摊销费。

⑥ 劳动保险和职工福利费，指由企业支付的职工退职金、按规定支付给离休干部的经费、集体福利费、夏季防暑降温、冬季取暖补贴、上下班交通补贴等。

⑦ 劳动保护费，指企业按规定发放的劳动保护用品的支出。如工作服支出、手套支出以及在有碍身体健康的环境中施工的保健费用等。

⑧ 检验试验费，指企业按照有关标准规定，对建筑以及材料、构件和建筑安装物进行一般鉴定、检查所发生的费用，包括自设试验室进行试验所耗用的材料等费用。

新结构、新材料的试验费，对构件做破坏性试验及其他特殊要求检验试验的费用和按有关规定由发包人委托检测机构进行检测的费用，由发包人在工程建设其他费用中列支。对承包人提供的具有合格证明的材料进行检测，不合格的，检测费用由承包人承担；合格的，检测费用由发包人承担。当采用一般计税方法时，检验试验费中增值税进项税额以现代服务业适用的税率6%扣减。

⑨ 工会经费，指企业按《中华人民共和国工会法》规定的全部职工工资总额比例计提的工会经费。

⑩ 职工教育经费，指按职工工资总额的规定比例计提，企业对职工进行专业技术和职业技能培训，专业技术人员继续教育、职工职业技能鉴定、职业资格认定以及根据需要对职工进行各类文化教育所发生的费用。企业发生的职工教育经费支出，按企业职工工资薪金总额的1.5%～2.5%计提。

⑪ 财产保险费，指施工管理用财产、车辆等的保险费用。

⑫ 财务费，指企业为施工生产筹集资金或提供预付款担保、履约担保、职工工资支付担保等所发生的费用。

⑬ 税金，指企业按规定缴纳的房产税、车船使用税、印花税、城市维护建设税、教育附加以及地方教育附加等。

⑭ 其他，包括技术转让费、技术开发费、投标费、业务招待费、绿化费、广告费、公证费、法律顾问费、审计费、咨询费、保险费等。

**特别提示** 营改增方案实施后，城市维护建设税、教育费附加、地方教育附加的计算基数均为应纳增值税额（即销项税额－进项税额），但由于在工程造价的前期预测时，无法明确可抵扣的进项税额的具体数额，造成这三项附加税无法计算。因此，根据《关于印发〈增值税会计处理规定〉的通知》（财会〔2016〕22号），城市维护建设税、教育费附加、地方教育附加等均作为“税金及附加”，在管理费中核算。

企业管理费一般采用取费基数乘以费率的方法计算，取费基数有三种，分别是以直接费为计算基础、以人工费和施工机具使用费合计为计算基础及以人工费为计算基础。

### （五）利润

利润是指施工单位从事建筑安装工程施工作业所获得的盈利，由施工企业根据企业自身需求并结合建筑市场实际自主确定。工程造价管理机构在确定计价定额中的利润时，应以定额人工费、材料费和施工机具使用费之和或以定额人工费、定额人工费与施工机具使用费之和作为计算基数，其费率根据历年积累的工程造价资料，并结合市场实际、项目竞争情况、项目规模与难易程度等确定，以单位（单项）工程测算，利润在税前建筑安装工程费用中的比重可按不低于5%且不高于7%的费率计算。

### （六）规费

规费是指按国家法律、法规规定，省级政府和省级有关权力部门规定施工单位必须缴纳或计取，应计入建筑安装工程造价的费用，主要包括社会保险费、住房公积金和工程排污费。

1. 社会保险费

① 养老保险费：指企业按规定标准为职工缴纳的基本养老保险费。

② 失业保险费：指企业按照规定标准为职工缴纳的失业保险费。

③ 医疗保险费：指企业按照规定标准为职工缴纳的基本医疗保险费。

④ 工伤保险费：指企业按照规定标准为职工缴纳的工伤保险费。

⑤ 生育保险费：指企业按照规定标准为职工缴纳的生育保险费。

2. 住房公积金

指企业按规定标准为职工缴纳的住房公积金。

### （七）税金

建筑安装工程费用中的税金就是增值税，它按税前造价乘以增值税税率确定。

根据增值税的性质，分为一般计税法和简易计税法。一般计税法下的增值税指国家税法规定的应计入建筑安装工程造价内的增值税销项税。当采用一般计税法时，建筑业增值税税率为9%。税前工程造价为人工费、材料费、施工机具使用费、企业管理费、利润和规费之和，各费用项目均以不包含增值税（可抵扣进项税额）的价格计算。湖北省2018建筑安装工程消耗量定额的增值税是在一般计税法下按规定计算的销项税。

简易计税法下的增值税指国家税法规定的应计入建筑安装工程造价内的应交增值税。当采用简易计税法时，建筑业增值税征收率为3%，税前造价为人工费、材料费、施工机具使用费、企业管理费、利润和规费之和，各费用项目均以包含增值税进项税额的含税价格计算。

## 三、按造价形成划分建筑安装工程费用项目

建筑安装工程费用按照工程造价形成划分，由分部分项工程费、措施项目费、其他项目费、规费、增值税组成。分部分项工程费、措施项目费、其他项目费，包含人工费、材料费、施工机具使用费、企业管理费和利润。具体项目组成见图2.3。

### （一）分部分项工程费

分部分项工程费是指各专业工程的分部分项工程应予列支的各项费用。

1. 专业工程

指按现行国家计量规范划分的房屋建筑与装饰工程、仿古建筑工程、通用安装工程、市政工程、园林绿化工程、矿山工程、构筑物工程、城市轨道交通工程、爆破工程等各类工程。

2. 分部分项工程

指按现行国家计量规范对各专业工程划分的项目。如房屋建筑与装饰工程划分的土石方工程、地基处理与桩基工程、砌筑工程、钢筋及钢筋混凝土工程等。

分部分项工程费通常按分部分项工程量乘以综合单价计算。

$$分部分项工程费=\sum(分部分项工程量\times综合单价) \tag{2.22}$$

综合单价包括人工费、材料费、施工机具使用费、企业管理费和利润，以及一定范围内的风险费用。

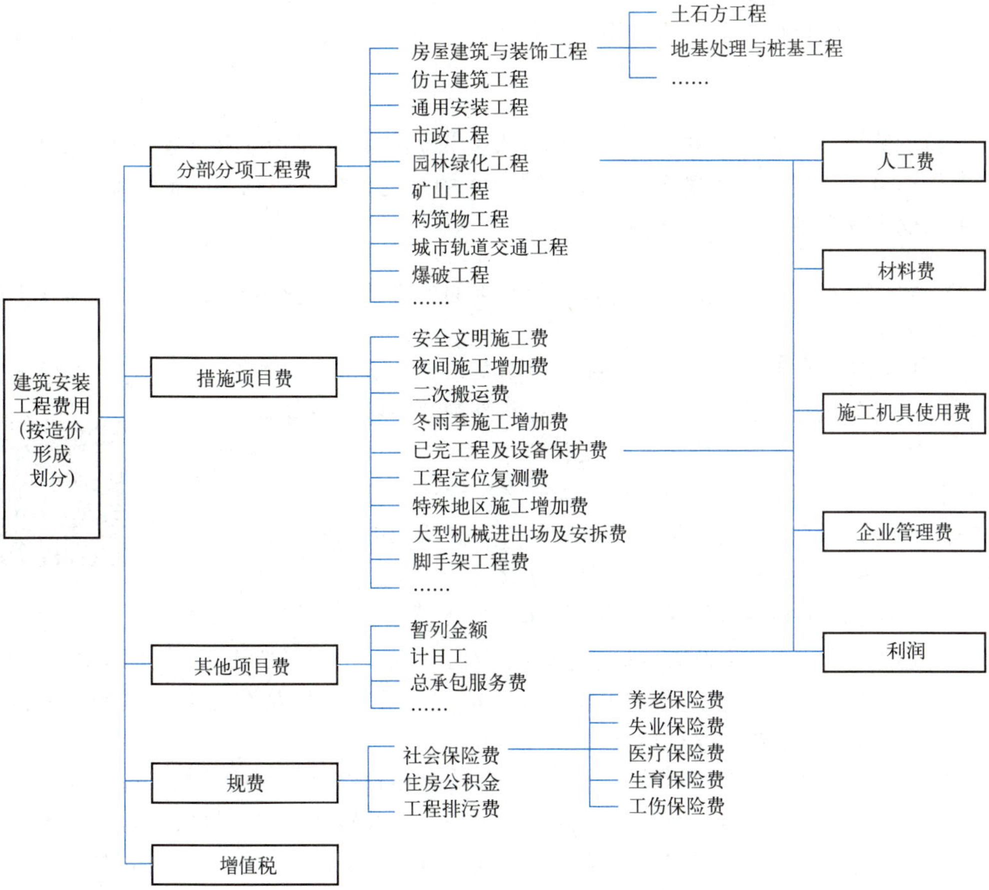

- 建筑安装工程费用（按造价形成划分）
  - 分部分项工程费
    - 房屋建筑与装饰工程
      - 土石方工程
      - 地基处理与桩基工程
      - ……
    - 仿古建筑工程
    - 通用安装工程
    - 市政工程
    - 园林绿化工程
    - 矿山工程
    - 构筑物工程
    - 城市轨道交通工程
    - 爆破工程
    - ……
  - 措施项目费
    - 安全文明施工费
    - 夜间施工增加费
    - 二次搬运费
    - 冬雨季施工增加费
    - 已完工程及设备保护费
    - 工程定位复测费
    - 特殊地区施工增加费
    - 大型机械进出场及安拆费
    - 脚手架工程费
    - ……
  - 其他项目费
    - 暂列金额
    - 计日工
    - 总承包服务费
    - ……
  - 规费
    - 社会保险费
      - 养老保险费
      - 失业保险费
      - 医疗保险费
      - 生育保险费
      - 工伤保险费
    - 住房公积金
    - 工程排污费
  - 增值税

分部分项工程费、措施项目费、其他项目费 → 人工费、材料费、施工机具使用费、企业管理费、利润

图 2.3 建筑安装工程费用项目组成（按造价形成划分）

### （二）措施项目费

1. 措施项目费的构成

措施项目费是指为完成建设工程施工，发生于该工程施工前和施工过程中的技术、生活、安全、环境保护等方面的费用，包括以下内容。

（1）安全文明施工费

① 环境保护费：指施工现场为达到环保部门要求所需要的各项费用，包括现场施工机械设备降低噪声、防扰民措施的费用，水泥和其他易飞扬细颗粒建筑材料密闭存放或采取覆盖措施的费用，工程防扬尘洒水的费用，土石方、建筑弃渣外运车辆的防护措施的费用等。

② 文明施工费：指施工现场文明施工所需要的各项费用，包括制作安全警示标志牌、现场围挡、五牌一图、企业标志的费用，现场生活卫生设施的费用，防煤气中毒、防蚊虫叮咬措施的费用，现场配备医药保健器材、物品的费用和急救人员培训费用、现场绿化费用、治安综合治理费用等。

③ 安全施工费：指施工现场安全施工所需要的各项费用，包括购置和更新施工安全防护用具及设施、改善安全生产条件所需费用，包括楼板、屋面、阳台等临时防护，通道口防护，预留洞口防护，电梯井口防护，楼梯边防护，垂直方向交叉作业防护，高层作业防护等费用。

④ 临时设施费：指施工企业为进行建设工程施工所必须搭设的生活和生产用的临时建筑物、构筑物和其他临时设施的费用，包括临时设施的搭设、维修、拆除、清理或摊销等费用。

**特别提示** 根据住房和城乡建设部、人力资源和社会保障部联合发布的《建筑工人实名制管理办法（试行）》（建市〔2019〕18号）的规定，实施建筑工人实名制管理所需费用可列入安全文明施工费和管理费中。

（2）夜间施工增加费 指因夜间施工所发生的夜班补助、夜间施工降效、夜间施工照明设备摊销及照明用电等费用。

（3）非夜间施工照明费 非夜间施工照明费是指为保证工程施工正常进行，在地下室等特殊施工部位施工所采用的照明设备的安拆、维护及照明用电等费用。

（4）二次搬运费 指因施工场地条件限制材料、构配件、半成品等一次运输不能到达堆放地点，必须进行二次或多次搬运所发生的费用。

（5）冬雨季施工增加费 指在冬季或雨季需要增加的临时设施、防滑、排除雨雪，以及人工及施工机械效率降低等费用。

二维码 2-1

（6）地上、地下设施、建筑物的临时保护设施费 指在工程施工过程中，对已建成的地上、地下设施和建筑物采取遮盖、封闭、隔离等必要保护措施所发生的费用。

（7）已完工程及设备保护费 指竣工验收前，对已完工程及设备采取覆盖、包裹、封闭、隔离等必要保护措施所发生的费用。

（8）大型机械进出场及安拆费 指机械整体或分体自停放场地运至施工现场或由一个施工地点运至另一个施工地点，所发生的机械进出场运输及转移费用及机械在施工现场进行安装、拆卸所需的人工费、材料费、机械费、试运转费和安装所需的辅助设施的费用。内容由安拆费和进出场费组成：

① 安拆费包括施工机械、设备在现场进行安装拆卸所需人工、材料、机具和试运转费用以及机械辅助设施的折旧、搭设、拆除等费用；

② 进出场费包括施工机械、设备整体或分体自停放地点运至施工现场或由一施工地点运至另一施工地点所发生的运输、装卸、辅助材料等费用。

（9）脚手架工程费 指施工需要的各种脚手架搭、拆、运输费用以及脚手架购置费的摊销（或租赁）费用。措施项目及其包含的内容详见各类专业工程的现行国家规范或行业计量规范。

通常包括以下内容：

① 施工时可能发生的场内、场外材料搬运费用；

② 搭、拆脚手架、斜道、上料平台的费用；

③ 安全网的铺设费用；

④ 拆除脚手架后材料的堆放费用。

（10）混凝土模板及支架（撑）费 混凝土施工过程中需要的各种钢模板、木模板、支架等的支拆、运输费用及模板、支架的摊销（或租赁）费用。内容由以下各项组成：

① 混凝土施工过程中需要的各种模板制作费用；

② 模板安装、拆除、整理堆放及场内外运输费用；

③ 清理模板黏结物及模内杂物、刷隔离剂等费用。

（11）垂直运输费 垂直运输费是指现场所用材料、机具从地面运至相应高度以及职工人员上下工作面等所发生的运输费用。内容由以下各项组成：

① 垂直运输机械的固定装置、基础制作费、安装费；

② 行走式垂直运输机械轨道的铺设费、拆除费、摊销费。

(12) 超高施工增加费　当单层建筑物檐口高度超过 20m，多层建筑物超过 6 层时，可计算超高施工增加费，内容由以下各项组成：

① 建筑物超高引起的人工工效降低以及由于人工工效降低引起的机械降效费；

② 高层施工用水加压水泵的安装费、拆除费及工作台班费；

③ 通信联络设备的使用费及摊销费。

(13) 施工排水、降水费　施工排水、降水费是指将施工期间有碍施工作业和影响工程质量的水排到施工场地以外，以及防止在地下水位较高的地区开挖深基坑出现基坑浸水，地基承载力下降，在动水压力作用下还可能引起流砂、管涌和边坡失稳等现象而必须采取有效的降水和排水措施的费用。该项费用由成井和排水、降水两个独立的费用项目组成：

① 成井。成井的费用主要包括：准备钻孔机械、埋设护筒、钻机就位，泥浆制作、固壁，成孔、出渣、清孔等费用；对接上、下井管（滤管），焊接，安防，下滤料，洗井，连接试抽等费用。

② 排水、降水。排水、降水的费用主要包括：管道安装、拆除，场内搬运等费用；抽水、值班、降水设备维修等费用。

(14) 其他　根据项目的专业特点或所在地区不同，可能会出现其他的措施项目。如工程定位复测费和特殊地区施工增加费等。

2. 措施项目费的计算

按照有关专业工程量计算规范规定，措施项目分为应予计量的措施项目和不宜计量的措施项目两类。

(1) 应予计量的措施项目　其计算方法与分部分项工程费的计算方法基本相同，公式为

$$措施项目费=\sum 措施项目工程量综合单价 \tag{2.23}$$

不同的措施项目工程量的计算单位是不同的，例如：

① 脚手架费通常按照建筑面积或垂直投影面积以“$m^2$”计算。

② 混凝土模板及支架（撑）费通常按照模板与现浇混凝土构件的接触面积以“$m^2$”计算。

③ 垂直运输费按照建筑面积以“$m^2$”为单位或按照施工工期日历天数计算。

④ 大型机械设备进出场及安拆费通常按照机械设备的使用数量以“台次”为单位计算。

(2) 不宜计量的措施项目　对于不宜计量的措施项目，通常用计算基数乘以费率的方法予以计算。

① 安全文明施工费。计算公式为

$$安全文明施工费=计算基数\times 安全文明施工费费率(\%) \tag{2.24}$$

计算基数应为定额基价（定额分部分项工程费+定额中可以计量的措施项目费）、定额人工费或定额人工费与施工机具使用费之和，其费率由工程造价管理机构根据各专业工程的特点综合确定。

② 其余不宜计量的措施项目费，包括夜间施工增加费，非夜间施工照明费，二次搬运费，冬雨季施工增加费，地上、地下设施、建筑物的临时保护设施费，已完工程及设备保护费等。计算公式为

$$其余不宜计量的措施项目费=计算基数\times 措施项目费费率(\%) \tag{2.25}$$

式 (2.25) 中的计算基数应为定额人工费或定额人工费与定额施工机具使用费之和，其

费率由工程造价管理机构根据各专业工程特点和调查资料综合分析后确定。

### (三) 其他项目费

1. 暂列金额

指发包人在工程量清单中暂定并包括在工程合同价款中的一笔款项。用于施工合同签订时尚未确定或者不可预见的所需材料、工程设备、服务的采购，施工中可能发生的工程变更、合同约定调整因素出现时的工程价款调整以及发生的索赔、现场签证确认等的费用。

暂列金额由建设单位根据工程特点，按有关计价规定估算，施工过程中由建设单位掌握使用，扣除合同价款调整后如有余额，归建设单位。

2. 暂估价

指招标人在工程量清单中提供的，用于支付在施工过程中必然发生，但在施工合同签订时暂不能确定价格的材料、工程设备的单价和专业工程金额。

暂估价可分为材料暂估价、工程设备暂估价与专业工程暂估价三类。需要指出的是，暂估价是对暂时不能确定价格的材料、工程设备和专业工程的一种估价行为。暂估价中的材料、工程设备暂估单价根据工程造价信息或参照市场价格估算，计入综合单价。专业工程暂估价分不同专业，按有关计价规定估算。暂估价在施工中按照合同约定再加以调整。

3. 计日工

指在施工过程中，施工单位完成建设单位提出的工程合同范围以外的零星项目或工作，按照合同中约定的单价计价形成的费用。

计日工由建设单位和施工单位按施工过程中形成的有效签证来计价。

4. 总承包服务费

指总承包人为配合、协调建设单位进行的专业工程发包，对建设单位自行采购的材料、工程设备等进行保管以及施工现场管理、竣工资料汇总整理等服务所需的费用。

总承包服务费由建设单位在最高投标限价中根据总包范围和有关计价规定编制，施工单位投标时自主报价，施工过程中按签约合同价执行。总承包服务费应依据招标人在招标文件中列出的分包专业工程内容和供应材料、设备情况，按照招标人提出的协调、配合和服务要求和施工现场管理需要自主确定，也可参照下列标准计算。

二维码 2-2

① 招标人仅要求对分包的专业工程进行总承包管理和协调时，按分包的专业工程造价的1.5%计算。

② 招标人要求对分包的专业工程进行总承包管理和协调，并同时要求提供配合服务时，根据招标文件中列出的配合服务内容和提出的要求，按分包的专业工程造价的3%～5%计算。配合服务的费用包括：对分包单位的管理、协调和施工配合等费用；施工现场水电设施、管线敷设的摊销费用；共用脚手架搭拆的摊销费用；共用垂直运输设备的费用；加压设备的使用、折旧、维修费用等。

③ 招标人自行供应材料、工程设备的，按招标人供应材料、工程设备价值的1%计算。

### (四) 规费和税金

规费和税金的构成与按费用构成要素划分建筑安装工程费用项目组成部分是相同的。

# 任务四　工程建设其他费用的构成

工程建设其他费用是指建设期发生的与土地使用权取得、全部工程项目建设以及未来生产经营有关的，除工程费用、预备费、建设期融资费用、流动资金以外的费用。

政府有关部门管理监督建设项目所发生的，并由其部门财政支出的费用，不得列入相应建设项目的工程造价。

工程建设其他费用，按其内容大体分为三类：第一类为用地与工程准备费，由于工程项目固定于一定地点与地面相连接，必须占用一定量的土地，也就必然要发生为获得建设用地而支付的费用；第二类是与项目建设有关的费用；第三类是与未来企业生产和经营活动有关的费用。

## 一、用地与工程准备费

用地与工程准备费是指取得土地与工程建设施工准备所发生的费用，包括土地使用费和补偿费、建设项目场地准备费、建设单位临时设施费等。

### （一）土地使用费和补偿费

建设用地的取得，实质是依法获取国有土地的使用权。获取国有土地使用权的基本方法有两种：一是出让方式，二是划拨方式。建设用地取得的基本方式还可能包括转让和租赁方式。土地使用权出让是指国家以土地所有者的身份将土地使用权在一定年限内让与土地使用者，并由土地使用者向国家支付土地使用权出让金的行为；土地使用权转让是指土地使用者将土地使用权再转移的行为，包括出售、交换和赠予；土地使用权租赁是指国家将国有土地出租给使用者使用，使用者支付租金的行为，是土地使用权出让方式的补充，但对于经营性房地产开发用地，不实行租赁。

建设用地如通过行政划拨方式取得，须承担征地补偿费用或对原用地单位或个人的拆迁补偿费用；若通过市场机制取得，则不但承担以上费用，还须向土地所有者支付有偿使用费，即土地出让金。

1. 征地补偿费

（1）土地补偿费　土地补偿费是对农村集体经济组织因土地被征用而造成的经济损失的一种补偿。征收农用地的土地补偿费标准由省、自治区、直辖市通过制定公布区片综合地价确定，并至少每三年调整或者重新公布一次。土地补偿费归农村集体经济组织所有。

（2）青苗补偿费和地上附着物补偿费　青苗补偿费是对征地时正在生长的农作物受到损害而做出的一种赔偿。在农村实行承包责任制后，农民自行承包土地的青苗补偿费应付给本人，属于集体种植的青苗补偿费可纳入当年集体收益。凡在协商征地方案后抢种的农作物、树木等，一律不予补偿。地上附着物指房屋、水井、树木、涵洞、桥梁、公路、水利设施等地面建筑物、构筑物、附着物等。

（3）安置补助费　安置补助费应支付给被征地单位和安置劳动力单位，作为劳动力安置与培训的支出，以及作为不能就业人员的生活补助。征收农用地的安置补助费标准由省、自治区、直辖市通过制定公布区片综合地价确定，并至少每三年调整或者重新公布一次。

（4）耕地开垦费和森林植被恢复费　国家实行占用耕地补偿制度。非农业建设经批准占用耕地的，按照“占多少，垦多少”的原则，由占用耕地的单位负责开垦与所占用耕地的数量和质量相当的耕地；没有条件开垦或者开垦的耕地不符合要求的，应当按照省、自治区、直辖市的规定缴纳耕地开垦费，专款用于开垦新的耕地。涉及占用森林草原的还应列支森林植被恢复费用。

(5) 生态补偿费与压覆矿产资源补偿费　生态补偿费是指建设项目对水土保持等生态造成影响所发生的除工程费用之外的补救或补偿费用；压覆矿产资源补偿费是指项目工程对被其压覆的矿产资源利用造成影响所发生的补偿费用。

(6) 其他补偿费　其他补偿费是指建设项目涉及的对房屋、市政、铁路、公路、管道、通信、电力、河道、水利、厂区、林区、保护区、矿区等不附属于建设用地但与建设项目相关的建筑物、构筑物或设施的拆除补偿、迁建补偿、搬迁运输补偿等费用。

2. 拆迁补偿费

在城镇规划区内国有土地上实施房屋拆迁，拆迁人应当对被拆迁人给予补偿、安置。

① 拆迁补偿金，补偿方式可以实行货币补偿，也可以实行房屋产权调换。

货币补偿的金额，根据被拆迁房屋的区位、用途、建筑面积等因素，以房地产市场评估价格确定。具体办法由省、自治区、直辖市人民政府制定。

实行房屋产权调换的，拆迁人与被拆迁人按照计算得到的被拆迁房屋的补偿金额和所调换房屋的价格，结清产权调换的差价。

② 迁移补偿费，包括：征用土地上的房屋及附属构筑物、城市公共设施等的拆除、迁建补偿费，搬迁运输费；企业单位因搬迁造成的减产、停工损失补贴费，拆迁管理费等。

拆迁人应当向被拆迁人或者房屋承租人支付搬迁补助费，对于在规定的搬迁期限届满前搬迁的，拆迁人可以付给被拆迁人或者房屋承租人提前搬家奖励费；在过渡期限内，被拆迁人或者房屋承租人自行安排住处的，拆迁人应当支付临时安置补助费；被拆迁人或者房屋承租人使用拆迁人提供的周转房的，拆迁人不支付临时安置补助费。

迁移补偿费的标准，由省、自治区、直辖市人民政府规定。

3. 土地出让金

以出让等有偿使用方式取得国有土地使用权的建设单位，按照国务院规定的标准和办法缴纳土地使用权出让金等土地有偿使用费和其他费用后，方可使用土地。有偿出让和转让使用权，要向土地受让者征收契税；转让土地如有增值，要向转让者征收土地增值税；土地使用者每年应按规定的标准缴纳土地使用费。土地使用权出让或转让，应先由地价评估机构进行价格评估，然后再签订土地使用权出让和转让合同。

土地使用权出让合同约定的使用年限届满，土地使用者需要继续使用土地的，应当至迟于届满前一年申请续期，除根据社会公共利益需要收回该幅土地的，应当予以批准。经批准准予续期的，应当重新签订土地使用权出让合同，依照规定支付土地使用权出让金。

**特别提示**　根据《中华人民共和国土地管理法》《中华人民共和国土地管理法实施条例》《中华人民共和国城市房地产管理法》规定，获取国有土地使用权的基本方式有两种：一是出让方式，二是划拨方式。 建设土地取得的基本方式还包括租赁和转让。

土地使用权出让最高年限按下列用途确定:

① 居住用地 70 年;

② 工业用地 50 年;

③ 教育、科技、文化、卫生、体育用地 50 年;

④ 商业、旅游、娱乐用地 40 年;

⑤ 综合或者其他用地 50 年。

以下建设用地，经县级以上人民政府依法批准,可以以划拨方式取得土地使用权:

① 国家机关和军事用地;
② 城市基础设施用地和公益事业用地;
③ 国家重点扶持能源、交通、水利等基础设施建设用地;
④ 法律、行政法规规定的其他用地。

### (二) 建设项目场地准备费及建设单位临时设施费

1. 建设项目场地准备费

建设项目场地准备费是指为使工程项目的建设场地达到开工条件，由建设单位组织进行场地平整和地上余留设施拆除清理等准备工作而发生的费用。场地准备及临时设施应尽量与永久性工程统一考虑。建设场地的大型土石方工程应计入工程费用中的总图运输费用中。

2. 建设单位临时设施费

建设单位临时设施费是指建设单位为满足施工建设需要而提供的未列入工程费用的临时水、电、路、信、气、热等工程和临时仓库等建（构）筑物的建设、维修、拆除、摊销费用或租赁费用，以及货场、码头租赁等费用。此项费用不包括已列入建筑安装工程费用中的施工单位临时设施费用（在安全文明施工费中）。

## 二、项目建设管理费

项目建设管理费是指项目建设单位从项目筹建之日起至办理竣工财务决算之日止发生的管理性质的支出，包括工作人员薪酬（由原单位支付薪酬的除外）及相关费用、办公费、办公场地租用费、差旅交通费、劳动保护费、工具用具使用费、固定资产使用费、招募生产工人费、技术图书资料费（含软件）、业务招待费、竣工验收费和其他管理性质的开支。

**特别提示** 委托第三方行使部分管理职能的，相应费用列入工程咨询服务费项目。

## 三 、配套设施费

1. 城市基础设施配套费

城市基础设施配套费是指建设单位向政府有关部门缴纳的、用于城市基础设施和城市公用设施建设的专项费用。

2. 人防易地建设费

人防易地建设费是指建设单位因地质、地形、施工等客观条件限制，无法修建防空地下室，按照规定标准向人民防空主管部门缴纳的人民防空工程易地建设费。

## 四 、工程咨询服务费

工程咨询服务费是指建设单位在项目建设全过程中委托咨询机构提供经济、技术、法律等服务所需的费用。按照国家发展和改革委员会《关于进一步放开建设项目专业服务价格的通知》（发改价格〔2015〕299 号）的规定，工程咨询服务费应实行市场调节价。

### (一) 可行性研究费

可行性研究费是指在工程项目投资决策阶段，对有关建设方案、技术方案或生产经营方案进行技术经济论证，以及编制、评审可行性研究报告等所需的费用。

### （二）专项评价费

专项评价费是指建设单位按照国家规定委托相关单位开展专项评价及有关验收工作发生的费用。

1. 环境影响评价费

环境影响评价费是指在工程项目投资决策过程中，对其进行环境污染或影响评价所需的费用，包括编制环境影响报告书（含大纲）、环境影响报告表和评估等所需的费用，以及建设项目竣工验收阶段环境保护验收调查和环境监测、编制环境保护验收报告的费用。

2. 安全预评价费

安全预评价费是指为预测和分析建设项目存在的危害因素种类和危险危害程度，提出先进、科学、合理、可行的安全技术和管理对策，而编制评价大纲、编写安全评价报告书和评估等所需的费用。

3. 职业病危害预评价费

职业病危害预评价费是指建设项目因可能产生职业病危害，而编制职业病危害预评价书、职业病危害控制效果评价书和评估所需的费用。

4. 地质灾害危险性评价费

地质灾害危险性评价费是指在灾害易发区对建设项目可能诱发的地质灾害和建设项目本身可能遭受的地质灾害危险程度的预测评价，编制评价报告书和评估所需的费用。

5. 水土保持评价费

水土保持评价费是指对建设项目在生产建设过程中可能造成的水土流失进行预测，编制水土保持方案和评估所需的费用。

6. 压覆矿产资源评价费

压覆矿产资源评价费是指对需要压覆重要矿产资源的建设项目，编制压覆重要矿床评价和评估所需的费用。

7. 节能评估费

节能评估费是指对建设项目的能源利用是否科学合理进行分析评估，并编制节能评估报告以及评估所发生的费用。

8. 危险与可操作性分析及安全完整性评价费

危险与可操作性分析及安全完整性评价费是指对应用于生产的具有流程性工艺特征的新建、改建、扩建项目进行工艺危害分析和对安全仪表系统的设置水平及可靠性进行定量评估所发生的费用。

9. 其他专项评价费

其他专项评价费是指根据国家法律法规，建设项目所在省、自治区、直辖市人民政府有关规定，以及行业规定进行其他专项评价、评估、咨询所需的费用。如重大投资项目社会稳定风险评估费、防洪评价费、交通影响评价费等。

### （三）勘察费和设计费

1. 勘察费

勘察费是指勘察人根据发包人的委托，收集已有资料、现场踏勘、制定勘察纲要、进行勘察作业，以及编制工程勘察文件和岩土工程设计文件等收取的费用。

2. 设计费

设计费是指设计人根据发包人的委托，提供编制建设项目初步设计文件、施工图设计文件、非标准设备设计文件等服务所收取的费用。

### （四）监理费

监理费是指建设单位委托监理机构开展工程建设监理工作或者对建设工程施工阶段或设备制造过程提供专业化监督管理服务所需的费用。

### （五）研究试验费

研究试验费是指为建设项目提供或验证设计参数、数据、资料等进行必要的研究试验，以及设计规定在建设过程中必须进行的试验、验证所需的费用，包括自行或委托其他部门的专题研究、试验所需人工费、材料费、试验设备及仪器使用费等。这项费用按照设计单位根据本工程项目的需要提出的研究试验内容和要求计算。在计算时要注意不应包括以下项目：

① 应由科技三项费用（即新产品试制费、中间试验费和重要科学研究补助费）开支的项目。

② 应在建筑安装费用中列支的施工企业对建筑材料、构件和建筑物进行一般鉴定、检查所发生的费用及技术革新的研究试验费。

③ 应由勘察设计费或工程费用开支的项目。

### （六）特殊设备安全监督检验费

特殊设备安全监督检验费是指对在施工现场安装的列入国家特种设备范围内的设备（设施）进行检验检测和监督检查所发生的应列入项目开支的费用。

特种设备包括锅炉、压力容器、压力管道、消防设备、燃气设备、起重设备、电梯、安全阀等特殊设备和设施。

### （七）招标代理费

招标代理费是指建设单位委托招标代理机构进行招标服务工作所需的费用。

### （八）设计评审费

设计评审费是指建设单位委托相关机构对设计文件进行评审所需的费用，包括初步设计文件和施工图设计文件等的评审费用。

### （九）技术经济标准使用费

技术经济标准使用费是指建设项目投资确定与计价、在费用控制过程中使用相关技术经济标准所发生的费用。

### （十）工程造价咨询费

工程造价咨询费是指建设单位委托工程造价咨询机构开展造价咨询工作所需的费用。

### （十一）竣工图编制费

竣工图编制费是指建设单位委托相关机构编制竣工图所需的费用。

## 五、建设期计列的生产经营费

建设期计列的生产经营费是指为达到生产经营条件在建设期发生或将要发生的费用，包括专利及专有技术使用费、联合试运转费、生产准备费等。

### （一）专利及专有技术使用费

专利及专有技术使用费是指在建设期内为取得专利、专有技术、商标权、商誉、特许经营权等发生的费用。

1. 专利及专有技术使用费的主要内容

① 工艺包费、设计及技术资料费、有效专利及专有技术使用费、技术保密费和技术服务费等。

② 商标权、商誉和特许经营权费。

③ 软件费等。

2. 专利及专有技术使用费的计算

在计算专利及专有技术使用费时，应注意以下问题：

① 按专利使用许可协议和专有技术使用合同的规定计列。

② 专有技术的界定应以省部级鉴定的批准为依据。

③ 项目投资中只计需在建设期支付的专利及专有技术使用费。协议或合同规定在生产期支付的使用费应在生产成本中核算。

④ 一次性支付的商标权、商誉及特许经营权费按协议或合同规定计列。协议或合同规定在生产期支付的商标权费或特许经营权费应在生产成本中核算。

### （二）联合试运转费

联合试运转费是指新建或新增加生产能力的工程项目，在交付生产前按照设计文件规定的工程质量标准和技术要求，对整个生产线或装置进行负荷联合试运转所发生的费用净支出（试运转支出大于收入的差额部分费用）。试运转支出包括试运转所需工具用具使用费、机械使用费、联合试运转人员工资、施工单位参加试运转人员工资、专家指导费，以及必要的工业炉烘炉费等；试运转收入包括试运转期间的产品销售收入和其他收入。联合试运转费不包括应由设备安装工程费开支的调试及试车费用，以及在试运转中暴露出来的因施工原因或设备缺陷等发生的处理费用。

### （三）生产准备费

1. 生产准备费的内容

生产准备费是指在建设期内，建设单位为保证项目正常生产进行提前准备工作所发生的费用，包括人员培训及提前进场费，以及投产使用必备的办公、生活家具用具及工器具等的购置费用。

① 人员培训及提前进场费，包括自行组织培训或委托其他单位培训的人员工资、工资性补贴、职工福利费、差旅交通费、劳动保护费、学习资料费等。

② 为保证初期正常生产（或营业、使用）所必需的生产办公、生活家具用具购置费。

2. 生产准备费的计算

① 新建项目以设计定员为基数计算，改扩建项目以新增设计定员为基数计算：

$$生产准备费=设计定员\times生产准备费指标(元/人) \quad (2.26)$$

② 可采用综合的生产准备费指标进行计算，也可以按费用内容的分类指标计算。

## 六、工程保险费

工程保险费是为转移工程项目建设的意外风险而发生的费用，是指在建设期内对建筑工程、安装工程和设备，以及工程质量潜在保险等进行投保所需的费用，包括建筑安装工程一切险、进口设备财产险和工程质量潜在缺陷险等。不同的建设项目可根据工程特点选择投保险种。

根据不同的工程类别，分别以其建筑、安装工程费乘以建筑、安装工程保险费费率计算。民用建筑（住宅楼、综合性大楼、商场、旅馆、医院、学校）工程保险费占建筑工程费的0.2%～0.4%；其他建筑（工业厂房、仓库、道路、码头、水坝、隧道、桥梁、管道等）工程保险费占建筑工程费的0.3%～0.6%；安装工程（农业、工业、机械、电子、电器、纺织、矿山、石油、化学及钢铁工业、钢结构桥梁）工程保险费占建筑工程费的0.3%～0.6%。

## 七、税金

税金是指按财政部《基本建设项目建设成本管理规定》（财建〔2016〕504号），统一归纳计列的城镇土地使用税、耕地占用税、契税、车船税、印花税等除增值税外的税金。

# 任务五　预备费和建设期贷款利息的构成

**引例3**　某新建项目，建设期为3年，共向银行贷款1300万元，具体贷款时间及金额为第1年300万元，第2年600万元，第3年400万元，假设贷款年利率为6%，试计算该项目的建设期贷款利息。

## 一、预备费

预备费是指在建设期内因各种不可预见因素的变化而预留的可能增加的费用，包括基本预备费和价差预备费。

### （一）基本预备费

1. 基本预备费的内容

基本预备费是指投资估算或工程概算阶段预留的，由于工程实施中不可预见的工程变更及洽商、一般自然灾害的处理、地下障碍物的处理、超规超限设备运输等而可能增加的费用，亦可称为工程建设不可预见费。基本预备费一般由以下四部分构成：

① 工程变更及洽商的费用。在批准的初步设计范围内，技术设计、施工图设计及施工过程中增加的工程费用；设计变更、工程变更、材料代用、局部地基处理等增加的费用。

② 一般自然灾害的处理的费用。一般自然灾害造成的损失和预防自然灾害所采取的措施费用。实行工程保险的工程项目，该费用应适当降低。

③ 不可预见的地下障碍物的处理的费用。

④ 超规超限设备运输增加的费用。

2. 基本预备费的计算

基本预备费以工程费用和工程建设其他费用二者之和为计取基数，乘以基本预备费费率进行计算。

$$基本预备费=(工程费用+工程建设其他费用)\times 基本预备费费率 \tag{2.27}$$

基本预备费费率的取值应执行国家级部门的有关规定。

**特别提示**　市政公用工程项目规定费率为8%～10%；
石油建设项目规定费率为8%～10%；

林业建设项目规定费率小于 5%；
土地整理项目暂定费率为 2%；
公路工程项目费率为 9%；
铁路工程项目费率为 10%；
民航工程项目概算阶段费率为 3%～6%；
港口工程项目费率为 7%；
电力工程项目费率为 10%；
风电建设项目规定费率为 1%～3%；
水利工程项目规定费率为 10%～12%；
水土保持项目费率为 3%；
安全防范工程规定费率为 4%～6%；
化工建设项目费率为 10%～12%；
机械工程项目费率为 10%～15%，初步设计阶段费率为 7%～10%；
农业项目概算费率为 3%～5%。

### （二）价差预备费

1. 价差预备费的内容

价差预备费是指为在建设期内利率、汇率或价格等因素的变化而预留的可能增加的费用，亦称为涨价预备费。价差预备费的内容包括：人工、设备、材料、施工机具的价差费，建筑安装工程费及工程建设其他费用调整，利率、汇率调整等增加的费用。

2. 价差预备费的计算

价差预备费一般根据国家规定的投资价格指数，以估算年份价格水平的投资额为基数，采用复利方法计算。计算公式为

$$PF=\sum_{t=1}^{n} I_t[(1+f)^m(1+f)^{0.5}(1+f)^{t-1}-1] \tag{2.28}$$

式中 $PF$——价差预备费；
$n$——建设期年数；
$I_t$——建设期中第 $t$ 年的静态投资计划额，包括工程费用、工程建设其他费用及基本预备费；
$f$——年涨价率；
$t$——建设期第 $t$ 年；
$m$——建设前期年限（从编制估算到开工建设的年数）。

价差预备费中的投资价格指数按国家颁布的计取，当前暂时为零，式（2.28）中$(1+f)^{0.5}$表示建设期第 $t$ 年当年投资分期均匀投入考虑涨价的幅度，对设计建设周期较短的项目的价差预备费计算公式可简化处理。特殊项目或必要时可以进行项目未来价差分析预测，确定各时期投资价格指数。

年涨价率，政府部门有规定的按规定执行，没有规定的由可行性研究人员预测。

**【例 2.2】** 某建设项目建筑安装工程费 10000 万元，设备购置费 6000 万元，工程建设其他费 4000 万元，已知基本预备费费率 5%，项目建设前期年限为 1 年，建设期为 3 年，各年投资计划额为：第一年完成投资 20%，第二年完成投资 60%，第三年完成投资余下的 20%。年均投资价格上涨率为 6%，试求项目建设期价差预备费。

**【解】** 基本预备费＝(10000＋6000＋4000)×5%＝1000（万元）

静态投资=10000+6000+4000+1000=21000（万元）

建设期第一年完成投资=21000×20%=4200（万元）

第一年价差预备费$=I_1[(1+f)(1+f)^{0.5}-1]=383.6$（万元）

建设期第二年完成投资=21000×60%=12600(万元）

第二年价差预备费$=I_2[(1+f)(1+f)^{0.5}(1+f)-1]=1975.8$（万元）

建设期第三年完成投资=21000×20%=4200（万元）

第三年价差预备费$=I_3[(1+f)(1+f)^{0.5}(1+f)^2-1]=950.2$（万元）

建设期价差预备费总额=383.6+1975.8+950.2=3309.6（万元）

## 二、建设期贷款利息

建设期贷款利息主要是指在建设期内发生的为工程项目筹措资金的融资费用及债务资金利息。

建设期贷款利息的计算，根据建设期资金用款计划，在总贷款分年均衡发放的前提下，可按当年借款在年中支用考虑，即当年借款按半年计息，上年借款按全年计息。计算公式为

$$q_j=(P_{j-1}+\frac{1}{2}A_j)i \tag{2.29}$$

式中 $q_j$——建设期第 $j$ 年应计利息；

$P_{j-1}$——建设期第（$j-1$）年末累计贷款本金与利息之和；

$A_j$——建设期第 $j$ 年贷款金额；

$i$——年利率。

国外贷款的利息计算中，年利率应综合考虑贷款协议中向贷款方加收的手续费、管理费、承诺费以及国内代理机构向贷款方收取的转贷费、担保费和管理费等。

**引例3分析** 在建设期，各年利息计算如下。

二维码 2-3

第1年应计利息$=\frac{1}{2}\times300\times6\%=9$（万元）

第2年应计利息$=(300+9+\frac{1}{2}\times600)\times6\%=36.54$（万元）

第3年应计利息$=(300+9+600+36.54+\frac{1}{2}\times400)\times6\%=68.73$（万元）

建设期贷款利息=9+36.54+68.73=114.27（万元）

## 小结

本单元的学习目标是：通过对建设项目工程造价构成的学习，分清和理解两种工程造价构成的划分；掌握按费用构成要素划分和按造价形成划分两种划分方式之间的关系；熟悉设备购置费的构成及计算、工程建设其他费用的构成、预备费及建设期贷款利息等内容。

本单元思维导图如下：

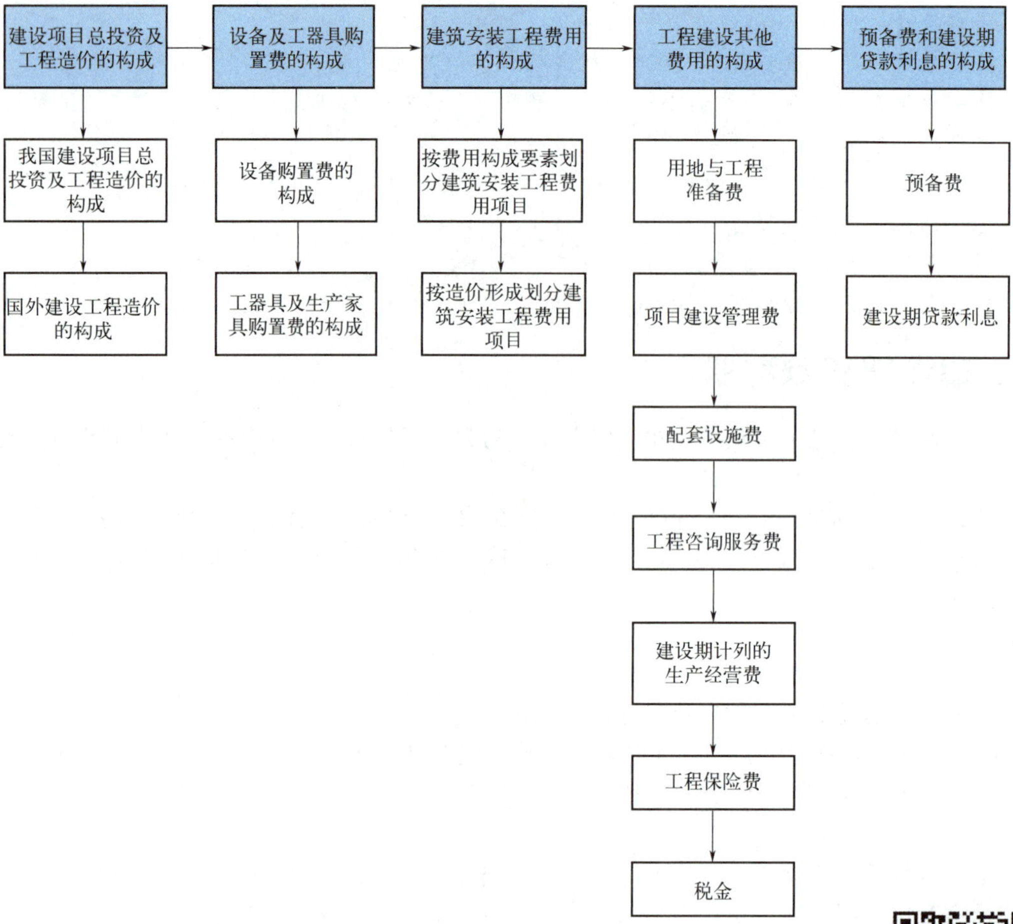

- 建设项目总投资及工程造价的构成
  - 我国建设项目总投资及工程造价的构成
  - 国外建设工程造价的构成
- 设备及工器具购置费的构成
  - 设备购置费的构成
  - 工器具及生产家具购置费的构成
- 建筑安装工程费用的构成
  - 按费用构成要素划分建筑安装工程费用项目
  - 按造价形成划分建筑安装工程费用项目
- 工程建设其他费用的构成
  - 用地与工程准备费
  - 项目建设管理费
  - 配套设施费
  - 工程咨询服务费
  - 建设期计列的生产经营费
  - 工程保险费
  - 税金
- 预备费和建设期贷款利息的构成
  - 预备费
  - 建设期贷款利息

二维码 2-4

## 能力训练题

### 一、单选题

1. 某生产性建设项目工程费用为 16000 万元，设备费用为 5000 万元，工程建设其他费为 2500 万元，预备费为 1000 万元，建设期利息为 900 万元，铺底流动资金为 600 万元，则该项目的工程造价为（　　）万元。

A. 20400　　B. 21000　　C. 26000　　D. 19100

2. 材料运杂费是指国内采购材料自来源地、国外采购材料自到岸港运至工地仓库或指定堆放地点发生的费用，并（　　）。

A. 包括调车和驳船费，不包括装卸费、运输费及附加工作费

B. 包括调车和驳船费、装卸费、运输费及附加工作费

C. 包括装卸费，不包括调车和驳船费、运输费及附加工作费

D. 包括调车和驳船费、装卸费，不包括运输费及附加工作费

3. 材料单价中的采购及保管费是指组织材料采购、检验、供应和保管过程中发生的费用，包含（　　）。

A. 采购费、仓储费、工地管理费和运输费

B. 工地管理费、仓储费和仓储损耗

C. 采购费、仓储费和工地管理费

D. 采购费、仓储费、工地管理费和仓储损耗

4. 在人工费的组成内容中，生产工人探亲、休假期间的工资属于（ ）。

A. 基本工资 B. 职工福利费

C. 特殊情况下支付的工资 D. 工资性津贴

5. 现浇混凝土模板的计算方法（ ）。

A. 可按照运输高度以“m”为单位计算

B. 可按照模板与现浇混凝土构件的接触面积以“$m^2$”为单位计算

C. 可按照建筑体积以“$m^3$”为单位计算

D. 可按照施工工期日历天数以“天”为单位计算

6. 根据《湖北省建筑安装工程费用定额》，通用安装工程中的企业管理费的计费基数是（ ）。

A. 人工费 B. 机械费

C. 材料费 D. 人工费＋施工机具使用费

7. 下列关于暂列金额的说法，正确的是（ ）。

A. 暂列金额不包含在合同价款中

B. 承包商有权自主使用

C. 暂列金额是措施项目的内容

D. 用于施工合同签订时尚未确定或者不可预见的所需材料、设备、服务的采购费用

8. 关于暂估价，下列说法正确的是（ ）。

A. 材料暂估价是投标人在工程量清单中提供的用于支付必然发生但暂时不能确定价格的材料的单价

B. 专业工程暂估价由招标人提供

C. 纳入分部分项工程项目清单综合单价中的材料暂估价包括暂估单价

D. 材料暂估价是招标人在工程量清单中提供的用于支付尚未确定或不可预见的材料的单价

9. 土地补偿费归（ ）所有。

A. 国家 B. 地方政府 C. 农村集体经济组织 D. 农民个人

10. 工业用地土地使用权出让的最高年限为（ ）年。

A. 40 B. 50 C. 70 D. 100

11. 下列费用，属于工程建设其他费用中研究试验费的是（ ）。

A. 设计规定在建设过程中必须进行的试验验证所需费用

B. 新产品试制费

C. 施工单位对建筑物进行一般鉴定的费用

D. 施工单位技术革新的研究试验费

12. 关于土地出让或转让中涉及的税、费，下列说法正确的是（ ）。

A. 转让土地使用权，要向转让者征收契税

B. 土地使用者每年应缴纳土地使用费

C. 转让土地如有增值，要向受让者征收土地增值税

D. 土地使用权年限届满，需重新签订使用权出让合同，但不必再支付土地出让金

## 二、多选题

1. 关于设备原价，下列说法正确的有（ ）。

A. 国产设备原价一般指设备制造厂交货价或订货合同价

B. 进口设备原价是指采购设备的到岸价
C. 进口设备原价通常包含备品备件费
D. 国产非标准设备原价包含该设备设计费
E. 国产非标设备原价中的增值税是指销项税与进项税的差额

2. 设备购置费由（　　）构成。
A. 设备运杂费　　B. 劳务费　　C. 设备维修费　　D. 机械设备安装费
E. 设备原价

3. 根据我国现行建筑安装工程费用项目组成规定，下列施工企业发生的费用中，应计入企业管理费的是（　　）。
A. 职工教育经费　　B. 工具用具使用费　　C. 材料采购与保管费　　D. 检验试验费
E. 仪器仪表使用费

4. 下列各项费用中，构成施工机械使用费的有（　　）。
A. 折旧费　　B. 检修费
C. 安拆费及场外运费　　D. 司机及配合机械施工人员的人工费
E. 燃料动力费

5. 下列各项费用中属于施工现场文明施工费的有（　　）。
A. 制作安全警示标志牌、现场围挡、五牌一图、企业标志的费用
B. 搭设临时宿舍、食堂的费用
C. 物品费用和急救人员培训费用、现场绿化费用、治安综合治理费用
D. 现场施工机械设备降低噪声的费用
E. 现场生活卫生设施费用，防煤气中毒、防蚊虫叮咬措施费用

6. 我国现行建筑安装工程费用包括（　　）。
A. 分部分项工程费　　B. 措施项目费
C. 其他项目费　　D. 工程建设其他费用
E. 规费和增值税

7. 分部分项工程费包括（　　）。
A. 人工费　　B. 材料费
C. 施工机具使用费　　D. 企业管理费和利润
E. 增值税

## 三、简答题

1. 我国工程造价由哪些费用构成？
2. 按费用构成要素划分的建筑安装工程费用项目由哪些费用组成？
3. 按造价形成划分的建筑安装工程费用项目由哪些费用组成？
4. 工程建设其他费用包括哪些？

## 四、计算题

1. 已知某进口设备到岸价为 80 万美元，进口关税税率为 12%，增值税税率为 13%，银行外汇牌价为 1 美元=7.1 元人民币，求进口环节增值税的税额。

2. 某新建项目，建设期 3 年，第一年贷款 300 万元，第二年贷款 600 万元，第三年没有贷款。贷款在年度内均衡发放，年利率 6%，贷款本息均在项目投产后偿还，则该项目一共需要偿还多少贷款利息？

# 单元三

# 工程定额编制原理

## 内容提要

本单元主要介绍三个方面的内容：一是工程定额概述；二是人工、材料和施工机具台班定额消耗量的确定；三是人工、材料和施工机具台班单价的确定。

## 学习目标

通过本单元的学习，熟悉工程定额的概念；了解工程定额的产生与发展；掌握工程定额的分类和特点；了解建筑工程作业研究；掌握工作时间的分类；掌握人工、材料和施工机具台班定额消耗量的确定方法；掌握人工单价、材料单价和施工机具台班单价的确定方法。

## 素质拓展

《天圣营缮令》和《营造法式》是唐宋时期的两部关于建造施工的法典性文献，为今天了解国家工程营造制度及其财务运作提供了宝贵资料。不同历史时期的文献，建造用词不同，比如《营造法式》中的“功限”“料例”两名词，分别是指施工人工消耗、时间标准的规定以及施工用料的标准定额。此外，匠人的技术等级划分从唐至宋也更趋于细化。

## 任务一　工程定额概述

### 一、相关概念

#### （一）定额

“定”就是规定，“额”就是额度（数量）或尺度。从广义上讲，定额就是规定在生产中各种社会必要劳动的消耗量（活劳动和物化劳动）的标准尺度。

生产任何一种合格产品都必须消耗一定数量的人工、材料、机械台班，而生产同一产品所消耗的劳动量常随着生产因素和生产条件的变化而不同。一般来说，在生产同一产品时，所消耗的劳动量越大，则产品的成本越高，企业盈利就会越少；反之，所消耗的劳动量小，产品的成本越低，企业盈利就会越多。但是企业所消耗的劳动量不可能无限地降低或增加，它在一定的生产因素和生产条件下，在相同的质量与安全要求下，必须有一个合理的数额，作为其衡量标准，这种数额会受社会制度、生产技术水平和生产力组织水平等因素的制约，所以它只能反映一定时期的生产力水平。

因此，定额的定义可以表述为：在一定的社会制度、生产技术和组织条件下规定完成单位合格产品所需的人工、材料、机械台班的消耗标准。

#### （二）工程定额

工程定额是指在正常的施工条件下和合理的劳动组织、合理使用材料及机械的条件下，完成单位合格建设产品所必需的人工、材料、机械台班的数量标准。它反映了在一定的社会生产力水平条件下的建设产品与生产消费的数量关系。

在工程定额中，产品是一个广义的概念，它可以是建设项目，也可以是单项工程、单位工程，还可以是分部工程或分项工程。工程定额中产品概念的范围之所以广泛，是因为工程建设产品具有构造复杂、产品形体庞大、种类繁多、生产周期长等技术特点。

#### （三）定额水平

定额水平是指完成单位合格产品所需的人工、材料、机械台班消耗标准的高低程度，是在一定施工组织和生产技术条件下规定的施工生产活动中的活劳动和物化劳动的消耗水平。

定额水平的高低，反映了一定时期社会生产力水平的高低，与操作人员技术水平，机械化程度，新材料、新工艺、新技术的发展与应用有关，且与企业的管理水平和社会成员的劳动积极性有关。所谓定额水平高是指单位产量提高，活劳动和物化劳动消耗降低，反映为单位产品的造价低；反之，定额水平低是指单位产量降低，消耗提高，反映为单位产品的造价高。

## 二、工程定额的产生与发展

#### （一）工程定额的产生

工程定额的产生和发展与管理科学的产生与发展有着密切关系。在我国古代工程建设中，已十分重视工料消耗计算。例如北宋李诫编著的《营造法式》共有三十四卷。全书分为总释总例、各作制度、功限、料例、图样五大部分，共 357 篇、3355 条。第一、二卷《总释》和《总例》，考证了建筑术语在古代文献中的不同名称和当时通用的名称以及书中所用的正式名称；第三至十五卷是壕寨、石作、大木作、小木作、雕作、旋作、锯作、竹作、瓦作、泥作、彩画作、砖作和窑作等 13 项工种的制度；第十六至二十五卷按照各工种制度的内容，规定了各工种的劳动定额和计算方法。它既是土木建筑工程技术的巨著，也是工料计算的巨著。而清朝工部的《工程做法则例》中，也有许多内容是说明工料计算方法的，可以说它是一部主要的手工算料的著作，也是中国古代定额的雏形。

18 世纪末到 19 世纪初的工业革命推动了现代工业的形成与发展，也促进了工业生产管理理论的产生和发展。工程定额的产生就是与管理科学的形成和发展紧密联系在一起的。有着“管理学之父”之称的美国工程师泰勒开始了对企业管理的研究，他进行了多种试验，努力地把当时科学技术的最新成果应用于企业管理，他通过科学试验，对工作时间、操作方法、工作时间的组成部分等进行了细致的研究，制定出最节约工作时间的标准操作方法。同时，在此基础上，要求工人取消那些不必要的操作程序，制定出水平较高的工时定额，用工时来评价工人工作好坏。如果工人能完成或超额完成工时定额，就能得到远高于基础工资的工资报酬；如果工人达不到工时定额的标准，就只能拿到较低的工资报酬。

泰勒制的核心可以归纳为两个方面：第一，实行标准的操作方法，制定出科学的工时定额；第二，完善严格的管理制度，实行有差别的计件工资制。

### （二）工程定额的发展

新中国成立以来，我国工程定额经历了开始建立和日趋完善的发展过程。最初是吸收劳动定额工作经验并结合我国建筑工程施工实际情况，编制了适合我国国情并切实可行的定额。1951 年制定了东北地区统一劳动定额，1955 年劳动部和建筑工程部联合编制了全国统一的劳动定额，1956 年在此基础上颁发了全国统一施工定额。自此之后，我国工程定额经历了一个由分散到集中，由集中到分散，又由分散到集中的统一领导与分级管理相结合的发展过程。

十一届三中全会后，我国工程定额管理得到了更进一步的发展。1981 年国家颁发了《建筑工程预算定额》（修改稿），1986 年国家计划委员会颁发了《全国统一安装工程预算定额》，1988 年建设部颁发了《仿古建筑及园林工程预算定额》，1992 年建设部颁发了《建筑装饰工程预算定额》，1995 年建设部颁发了《全国统一建筑工程基础定额》（土建部分），之后，又逐步颁发了《全国统一市政工程预算定额》和《全国统一安装工程预算定额》以及《全国统一建筑装饰装修工程消耗量定额》（GYD-901—2002）。各省、自治区、直辖市也在此基础上编制了新的地区建筑工程预算定额。为更好地与国际接轨，建设部在 2003 年颁发了国家标准《建设工程工程量清单计价规范》（GB 50500—2003），2009 年人力资源和社会保障部与住房和城乡建设部联合颁发了国家劳动和劳动安全行业标准《建设工程劳动定额：建筑工程》（LD/T 72.1-11—2008），2013 年住房和城乡建设部颁发了国家标准《建设工程工程量清单计价规范》（GB 50500—2013），2015 年住房和城乡建设部颁布了《房屋建筑与装饰工程消耗量定额》（TY 01-31—2015），2024 年住房和城乡建设部颁发了国家标准《建设工程工程量清单计价标准》（GB/T 50500—2024），使我国的工程定额体系更加完善。

## 三、工程定额的分类和特点

### （一）工程定额的分类

工程定额是一个综合概念，是建设工程造价计价和管理中各类定额的总称，包括许多种类的定额，可以按生产要素对它进行分类，如图 3.1 所示。

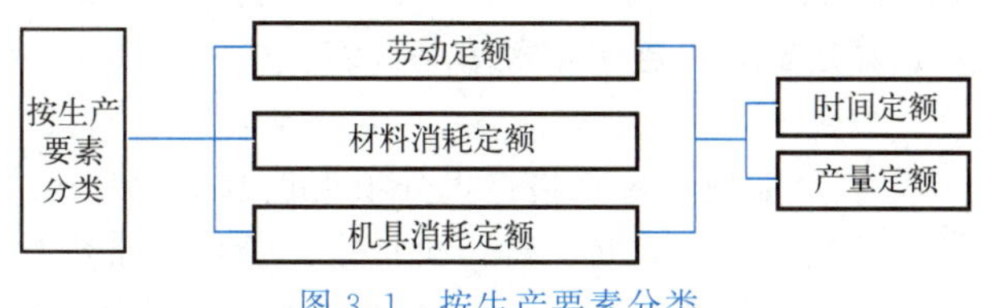


图 3.1 按生产要素分类

1. 按定额反映的生产要素消耗内容分类

可以把工程定额划分为劳动消耗定额、材料消耗定额和机具消耗定额三种。

① 劳动消耗定额。劳动消耗定额简称劳动定额（也称为人工定额），是在正常的施工技术和组织条件下，完成规定计量单位合格的建筑安装产品所消耗的人工工日的数量标准，劳动定额的主要表现形式是时间定额，但同时也表现为产量定额。时间定额与产量定额互为

倒数。

② 材料消耗定额。材料消耗定额简称材料定额，是指在正常的施工技术和组织条件下，完成规定计量单位合格的建筑安装产品所消耗的原材料、成品、半成品、构配件、燃料，以及水、电等动力资源的数量标准。

③ 机具消耗定额。机具消耗定额由机械消耗定额与仪器仪表消耗定额组成。机械消耗定额是以一台机械一个工作台班为计量单位，所以又称为机械台班定额。机械消耗定额是指在正常的施工技术和组织条件下，完成规定计量单位合格的建筑安装产品所消耗的施工机械台班的数量标准。机械消耗定额的主要表现形式是时间定额，同时也以产量定额表现。仪器仪表消耗定额的表现形式与机械消耗定额类似。

2. 按定额的编制程序和用途分类

可以把工程定额分为施工定额、预算定额、概算定额、概算指标、投资估算指标等，如图 3.2 所示。

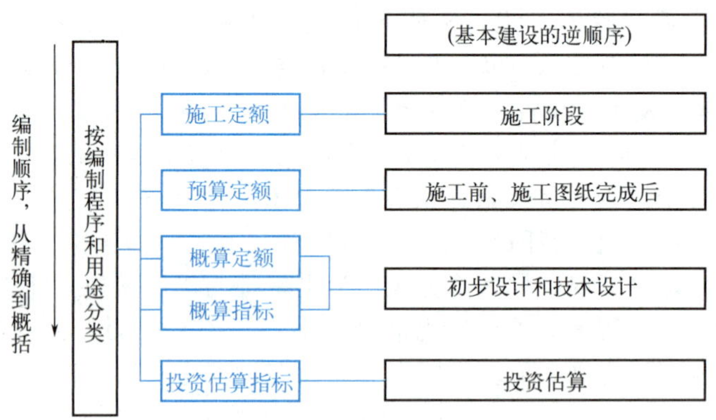


图 3.2 按编制程序和用途分类

① 施工定额。施工定额是完成一定计量单位的某一施工过程或基本工序所需消耗的人工、材料和机械台班的数量标准。施工定额是施工企业（建筑安装企业）组织生产和加强管理时在企业内部使用的一种定额，属于企业定额的性质。施工定额是以某一施工过程或基本工序作为研究对象，表示生产产品数量与生产要素消耗综合关系的定额。为了适应组织生产和管理的需要，施工定额的项目划分得很细，是工程定额中分项最细、定额子目最多的一种定额，也是工程定额中的基础性定额。

② 预算定额。预算定额是在正常的施工条件下，完成一定计量单位合格分项工程或结构构件所需消耗的人工、材料、机械台班的数量及其费用标准。预算定额是一种计价性定额。从编制程序上看，预算定额是以施工定额为基础综合扩大编制的，同时它也是编制概算定额的基础。

③ 概算定额。概算定额是完成单位合格扩大分项工程或扩大结构构件所需消耗的人工、材料和机械台班的数量及其费用标准，是一种计价性定额。概算定额是编制扩大初步设计概算、确定建设项目投资额的依据。概算定额的项目划分粗细，与扩大初步设计的深度相适应，一般是在预算定额的基础上综合扩大而成的，每一扩大分项概算定额都包含了数项预算定额。

④ 概算指标。概算指标是以单位工程为对象，反映完成一个规定计量单位建筑安装产品的消耗的经济指标。概算指标是概算定额的扩大与合并，是以更为扩大的计量单位来编制的。概算指标的内容包括人工、材料、机械台班三个基本部分，同时还列出了分部工程量及

单位工程的造价，是一种计价性定额。

⑤ 投资估算指标。投资估算指标是以建设项目、单项工程、单位工程为对象，反映建设总投资及其各项费用构成的经济指标。它是在项目建议书和可行性研究阶段编制投资估算、计算投资需要量时使用的一种定额，它的概略程度与可行性研究阶段相适应。投资估算指标往往根据历史的预、决算资料和价格变动等资料编制，但其编制基础仍然离不开预算定额、概算定额。上述各种定额的比较可参见表 3.1。

表 3.1　各种定额的比较

| 比较内容 | 施工定额 | 预算定额 | 概算定额 | 概算指标 | 投资估算指标 |
|---|---|---|---|---|---|
| 对象 | 施工过程或基本工序 | 分项工程或结构构件 | 扩大的分项工程或扩大的结构构件 | 单位工程 | 建设项目、单项工程、单位工程 |
| 用途 | 编制施工预算 | 编制施工图预算 | 编制扩大初步设计概算 | 编制初步设计概算 | 编制投资估算 |
| 项目划分 | 最细 | 细 | 较细 | 粗 | 很粗 |
| 定额性质 | 生产性定额 | 计价性定额 | | | |

3. 按专业分类

由于工程建设涉及众多的专业，不同的专业所含的内容也不同，因此就确定人工、材料和机械台班消耗数量标准的工程定额来说，也需按不同的专业分别编制和执行。

① 建筑工程定额按专业对象分为建筑及装饰工程定额、房屋修缮工程定额、市政工程定额、铁路工程定额、公路工程定额、矿山井巷工程定额等。

② 安装工程定额按专业对象分为电气设备安装工程定额、机械设备安装工程定额、热力设备安装工程定额、通信设备安装工程定额、化学工业设备安装工程定额、工业管道安装工程定额、工艺金属结构安装工程定额等。

4. 按编制单位和执行范围分类

工程定额可以分为全国统一定额、行业统一定额、地区统一定额、企业定额、补充定额等，如图 3.3 所示。

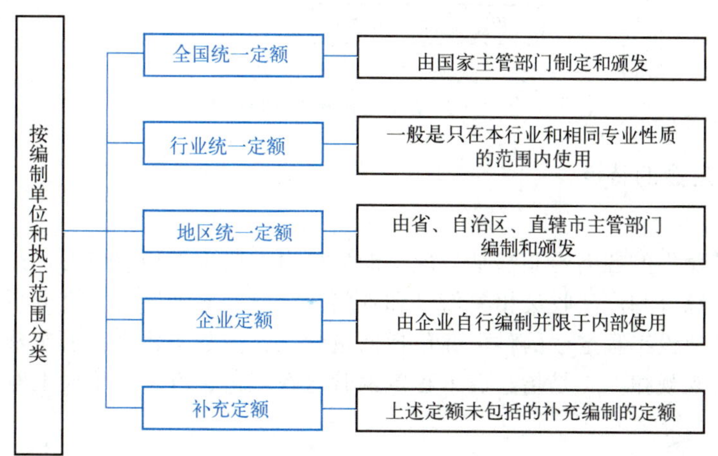


图 3.3　按编制单位和执行范围分类

① 全国统一定额是由国家主管部门综合全国工程建设中技术和施工组织管理的情况编制，并在全国范围内执行的定额。

② 行业统一定额是考虑到各行业专业工程技术特点，以及施工生产和管理水平，一般是只在本行业和相同专业性质的范围内使用的定额。

③ 地区统一定额包括省、自治区、直辖市定额。地区统一定额主要是考虑地区性特点和全国统一定额水平并作适当调整和补充所编制的。

④ 企业定额是施工单位根据本企业的施工技术、机械装备和管理水平编制的人工、材料、机械台班等的消耗标准。企业定额在企业内部使用，是企业综合素质的标志。企业定额水平一般应高于国家现行定额，这样才能满足生产技术发展、企业管理和市场竞争的需要。在工程量清单计价方法下，企业定额是施工企业进行建设工程投标报价的计价依据。

⑤ 补充定额是指随着设计、施工技术的发展，在现行定额不能满足需要的情况下，为了弥补缺陷所编制的定额。补充定额只能在指定的范围内使用，可以作为以后修订定额的基础。

上述各种定额虽然适用于不同的情况和用途，但是它们是一个互相联系的、有机的整体，在实际工作中应配合使用。

5. 按投资的费用性质分类

工程定额按投资的费用性质可分为工程费用定额和工程建设其他费用定额。工程费用定额包括建筑工程定额、安装工程定额、其他工程定额、费用定额、设备购置定额等。工程建设其他费用定额是独立于建筑安装工程、设备和工器具购置之外的其他费用开支的标准（图 3.4）。

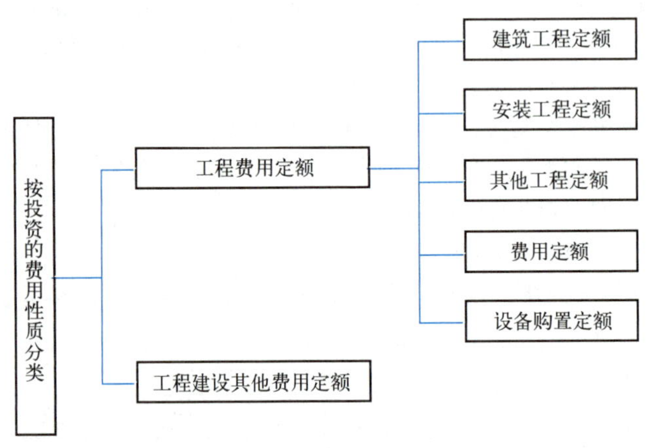


图 3.4 按投资的费用性质分类

### （二）工程定额的特点

1. 科学性

建设工程定额中的各类定额都是与现实的生产力发展水平相适应的，是通过在实际建设中测定、分析、综合和广泛收集相关信息和资料，结合定额理论的研究分析，运用科学方法制定的。因此，建设工程定额的科学性包括两重含义：一是指建设工程定额反映了工程建设中生产消费的客观规律，二是指建设工程定额管理在理论、方法和手段上有科学理论基础和科学技术方法。

2. 系统性

工程定额是定额体系中相对独立的一部分，自成体系。它是由多种定额结合而成的有机的整体，虽然它的结构复杂，但层次鲜明、目标明确。

3. 统一性

工程定额的统一性，主要是由国家对经济发展的宏观调控职能决定的。只有确定了一定范围内的统一定额，才能实现工程建设的统一规划、组织、调节、控制，从而使国民经济可以按照既定的目标发展。

工程定额的统一性按照其影响力和执行范围，可分为全国统一定额、地区统一定额和行业统一定额等。从定额的制定、颁布和贯彻使用来看，定额有统一的程序、统一的原则、统一的要求和统一的用途。

4. 指导性

企业自主报价和市场定价的计价机制不能等同于放任不管，政府宏观调控工程建设中的计价行为同样需要进行规范、指导。依据工程定额，政府可以规范建设市场的交易行为，也可以为具体建设产品的定价起到参考作用，还可以作为政府投资项目定价和控制造价的重要依据。在许多企业的企业定额尚未建立的情况下，统一颁布的工程定额还可以为企业定额的编制起到参考和指导性作用。

5. 稳定性和时效性

工程定额是一定时期技术发展和管理水平的反映，因而在一段时间内表现出稳定的状态。保持定额的稳定性是有效贯彻定额的必要保证。

但是工程定额的稳定性是相对的，当定额不能适应生产力发展水平、不能客观反映建设生产的社会平均水平时，定额原有的作用就会逐步减弱甚至出现消极作用，需要重新编制或修订。

## 任务二 人工、材料和施工机具台班定额消耗量的确定

**引例 1** 砌筑一砖半墙的技术测定资料如下。

① 完成 $1m^3$ 砖砌体需基本工作时间 15.8h，辅助工作时间占工作延续时间的 5%，准备与结束工作时间占工作延续时间的 3%，不可避免的中断时间占工作延续时间的 2%，休息时间占工作延续时间的 15%。

② 砖墙采用 M5 水泥砂浆砌筑，砖和砂浆的损耗率为 1%。

③ 砂浆用容量 200L 的搅拌机现场搅拌，其中搅拌机装料需 60s，搅拌需 85s，卸料需 35s，不可避免的中断时间 10s。搅拌机投料系数为 0.8，机械利用系数为 0.85。

试确定砌筑 $1m^3$ 砖墙的人工、材料、机械台班定额消耗量。

## 一、建筑工程作业研究

### （一）施工过程的含义

施工过程就是为完成某一项施工任务，在施工现场所进行的生产过程。其最终目的是要建造、恢复、改建、移动或拆除工业、民用建筑物和构筑物的全部或一部分。

建筑安装施工过程由劳动者、劳动对象、劳动工具三大要素组成。因此，完成施工过程必须具备以下三个条件：

① 施工过程由不同工种、不同技术等级的建筑安装工人完成；

② 必须有一定的劳动对象——建筑材料、半成品、成品、构配件；

③ 必须有一定的劳动工具——手动工具、小型机具和机械等。

每个施工过程的结束，获得了一定的产品，这种产品或者是改变了劳动对象的外表形态、内部结构或性质（由于制作和加工产生的结果），或者是改变了劳动对象在空间的位置（由于运输和安装产生的结果）。

**（二）施工过程分类**

研究施工过程，首先是对施工过程进行分类。对施工过程进行分类，目的是通过对施工过程的组成部分进行分解，按不同的完成方法、劳动分工、组织复杂程度来区别和认识施工过程的性质和包含的全部内容。

根据施工过程组织上的复杂程度，施工过程可以分为工序、工作过程和综合工作过程。

① 工序。工序是指施工过程中在组织上不可分割、在操作上属于同一类的作业环节。其主要特征是劳动者、劳动对象和使用的劳动工具均不发生变化，如果其中一个因素发生变化，就意味着由一项工序转入了另一项工序。如钢筋制作，它由平直钢筋、钢筋除锈、切断钢筋、弯曲钢筋等工序组成。

从施工的技术操作和组织观点看，工序是工艺方面最简单的施工过程。在编制施工定额时，工序是主要的研究对象。测定定额时只需分解和标定到工序。如果进行某项先进技术或新技术的工时研究，就要分解到操作甚至动作，从中研究可加以改进操作或节约工时。

工序可以由一个人来完成，也可以由小组或施工队内的几名工人协同完成；可以手动完成，也可以由机械操作完成。在机械化的施工工序中，还可以包括由工人自己完成的各项操作和由机器完成的工作两部分。

② 工作过程。工作过程是由同一工人或同一小组所完成的在技术操作上相互有机联系的工序的综合体。其特点是劳动者和劳动对象不发生变化，而使用的劳动工具可以变化。例如，砌墙和勾缝，抹灰和粉刷等。

③ 综合工作过程。综合工作过程是同时进行的，在组织上有直接联系的，为完成一个最终产品结合起来的各个施工过程的总和。例如，砌砖墙这一综合工作过程，由调制砂浆、运砂浆、运砖、砌墙等工作过程构成，它们在不同的空间同时进行，在组织上有直接联系，最终形成的共同产品是一定数量的砖墙。

按照施工工序是否重复循环分类，施工过程可以分为循环施工过程和非循环施工过程两类。如果施工过程的工序或其组成部分以同样的内容和顺序不断循环，并且每重复一次可以生产出同样的产品，则称为循环施工过程；反之，则称为非循环施工过程。

按施工过程的完成方法和手段分类，施工过程可以分为手工操作过程（手动过程）、机械化过程（机动过程）和机手并动过程（半自动化过程）。

按劳动者、劳动工具、劳动对象所处的位置和变化分类，施工过程可分为工艺过程、搬运过程和检验过程。

① 工艺过程。工艺过程是指直接改变劳动对象的性质、形状、位置等，使其成为预期的施工产品的过程。例如房屋建筑中的挖基础、砌砖墙、粉刷墙面、安装门窗等。由于工艺过程是施工过程中最基本的内容，因而是研究工作时间和制定定额的重点。

② 搬运过程。搬运过程是指将原材料、半成品、构件、机具设备等从某处移动到另一处，保证施工作业顺利进行的过程，但操作者在作业中随时拿起存放在工作面上的材料等，是工艺过程的一部分，不应视为搬运过程。如砌筑工将已堆放在砌筑地点的砖块拿起砌在砖墙上，这一操作就属于工艺过程，而不应视为搬运过程。

③ 检验过程。主要包括：对原材料、半成品、构配件等的数量、质量进行检验，判定其是否合格、能否使用；对施工活动的成果进行检测，判别其是否符合质量要求；对混凝土

试块、关键零部件进行测试；作业前对准备工作和安全措施进行检查等。

### （三）施工过程的影响因素

对施工过程的影响因素进行研究，其目的是正确确定单位施工产品所需要的作业时间消耗。施工过程的影响因素包括技术因素、组织因素和自然因素。

① 技术因素，包括产品的种类和质量要求，所用材料、半成品、构配件的类别、规格和性能，所用工具和机械设备的类别、型号、性能及完好情况等。

② 组织因素，包括施工组织与施工方法、劳动组织、工人技术水平、操作方法和劳动态度、工资分配方式等。

③ 自然因素，包括酷暑、大风、雨、雪、冰冻等。

## 二、工作时间的分类

研究施工中的工作时间的主要目的是确定施工的时间定额和产量定额，其前提是对工作时间按其消耗性质进行分类，以便研究工时消耗的数量及特点。

工作时间指的是工作班延续时间，一个工作班按 8 小时计算，午休时间不包括在内。对工作时间消耗的研究，可以分为两个系统进行，即工人工作时间消耗和机械工作时间消耗。

### （一）工人工作时间消耗的分类

工人在工作班内消耗的工作时间，按其消耗的性质，基本可以分为两大类：必需消耗的时间和损失时间。工人工作时间的一般分类如图 3.5 所示。

1. 必需消耗的时间

它是工人在正常施工条件下，完成一定合格产品（工作任务）所消耗的时间，是制定定额的主要依据，包括有效工作时间、休息时间和不可避免的中断所消耗的时间。

① 有效工作时间，是从生产效果来看与产品生产直接有关的时间消耗，包括基本工作时间、辅助工作时间、准备与结束工作时间。

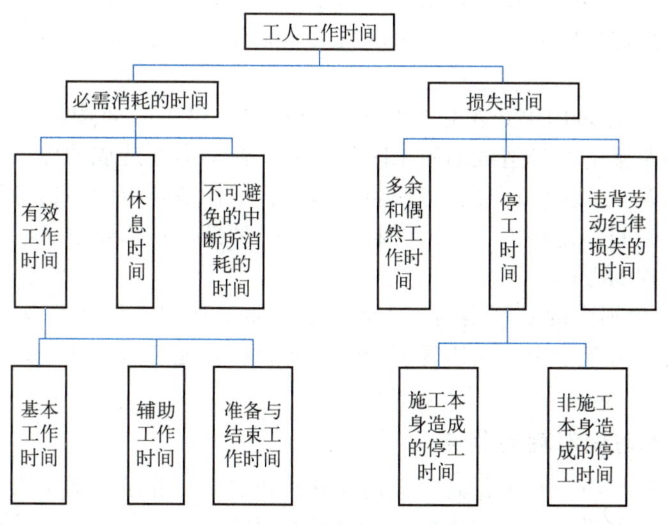


图 3.5　工人工作时间的一般分类

a. 基本工作时间是工人完成能生产一定产品的施工工艺过程所消耗的时间。通过这些工艺过程可以使材料改变外形，如钢筋煨弯等；可以使预制构配件安装组合成型；也可以改变产品外部及表面的性质，如粉刷、油漆等。基本工作时间所包括的内容依工作性质各不相同。基本工作时间的长短和工作量大小成正比例。

b. 辅助工作时间是为保证基本工作能顺利完成所消耗的时间。在辅助工作时间里，不能使产品的形状大小、性质或位置发生变化。辅助工作时间的结束，往往就是基本工作时间的开始。辅助工作一般是手工操作。但如果在机手并动的情况下，辅助工作是在机械运转过程中进行的，为避免重复则不应再计辅助工作时间的消耗。辅助工作时间长短与工作量大小有关。

c. 准备与结束工作时间是执行任务前或任务完成后所消耗的工作时间。如工作地点、劳动工具和劳动对象的准备工作时间，工作结束后的整理工作时间等。准备和结束工作时间的长短与所担负的工作量大小无关，但往往和工作内容有关。这项时间消耗可以分为班内的准备与结束工作时间和任务的准备与结束工作时间。其中任务的准备与结束工作时间是在一批任务的开始与结束时产生的，如熟悉图纸、准备相应的工具、事后清理场地等，通常不反映在每一个工作班里。

② 休息时间是工人在工作过程中为恢复体力所必需的短暂休息和生理需要的时间消耗。这种时间是为了保证工人精力充沛地进行工作，所以在定额时间中必须计算。休息时间的长短与劳动性质、劳动条件、劳动强度和劳动危险性等密切相关。

③ 不可避免的中断所消耗的时间是施工工艺特点引起的工作中断所必需的时间。与施工过程工艺特点有关的工作中断时间，应包括在定额时间内，但应尽量缩短此项时间消耗。

2. 损失时间

损失时间是指与产品生产无关，而与施工组织和技术上的缺点和工人在施工过程中的个人过失或某些偶然因素有关的时间消耗。损失时间中包括多余和偶然工作、停工、违背劳动纪律所引起的工时损失。

① 多余工作就是工人进行了任务以外而又不能增加产品数量的工作。如重新施工质量不合格的工程。多余工作的工时损失，一般都是工程技术人员和工人的差错引起的，因此，不应计入定额时间中。偶然工作也是工人在任务外进行的工作，但能够获得一定产品。如抹灰工不得不补上偶然遗留的墙洞等。由于偶然工作能获得一定产品，拟定定额时要适当考虑其工时损失的影响。

② 停工时间是工作班内停止工作造成的工时损失。停工时间按其性质可分为施工本身造成的停工时间和非施工本身造成的停工时间两种。施工本身造成的停工时间，是施工组织不善、材料供应不及时、工作面准备工作做得不好、工作地点组织不良等情况引起的。非施工本身造成的停工时间，是停电等外因引起的。前一种情况在拟定定额时不应该计算，后一种情况则应给予合理的考虑。

③ 违背劳动纪律损失的时间是指工人迟到、早退、擅自离开工作岗位、工作时间怠工等造成的工时损失。由于个别工人违背劳动纪律而影响其他工人无法工作的时间损失，也包括在内。

### （二）机械工作时间消耗的分类

在机械化施工过程中，对工作时间消耗的分析和研究，除了要对工人工作时间的消耗进行分类研究之外，还需要分类研究机械工作时间的消耗。

机械工作时间，按其性质也分为必需消耗的时间和损失时间两大类，如图 3.6 所示。

1. 必须消耗的时间

包括有效工作、不可避免的无负荷工作和不可避免的中断三项时间消耗。

① 有效工作的时间消耗中包括正常负荷下、有根据地降低负荷下的工时消耗。

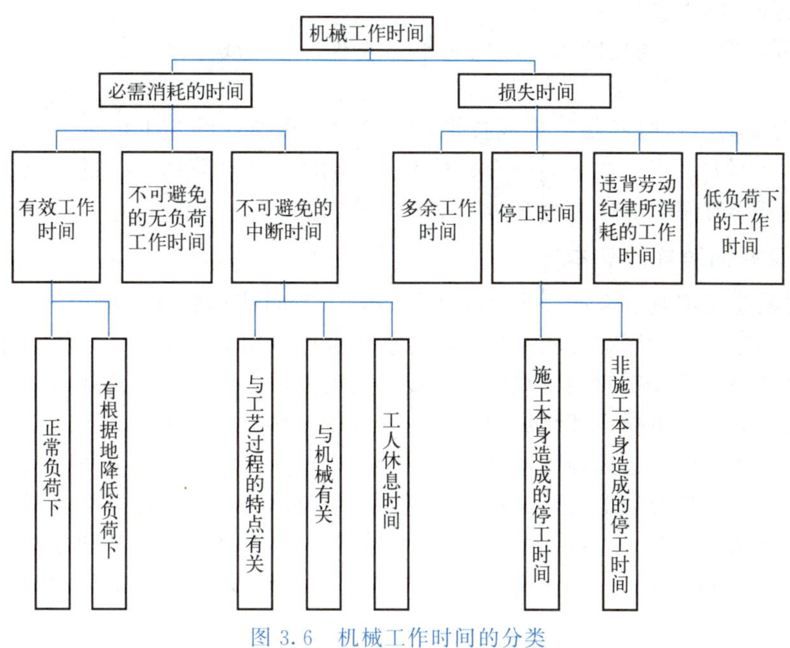

图 3.6　机械工作时间的分类

a. 正常负荷下的工作时间是机械在与机械说明书规定的额定负荷相符的情况下进行工作的时间。

b. 有根据地降低负荷下的工作时间是在个别情况下由于技术上的原因，机械在低于其计算负荷的情况下工作的时间。例如，汽车运输重量轻而体积大的货物时，不能充分利用汽车的载重吨位，因而不得不降低其计算负荷。

② 不可避免的无负荷工作时间是由施工过程的特点和机械结构的特点造成的机械无负荷工作时间。例如，筑路机在工作区末端掉头等，就属于此项工作时间的消耗。

③ 不可避免的中断时间是与工艺过程的特点、机械、工人休息时间有关的中断时间。

a. 与工艺过程的特点有关的不可避免的中断时间，有循环的和定期的两种。循环的不可避免的中断时间，是在机械工作的每一个循环中重复一次。如汽车装货和卸货时的停车。定期的不可避免的中断时间，是经过一定时期重复一次。比如把灰浆泵由一个工作地点转移到另一工作地点时的工作中断。

b. 与机械有关的不可避免的中断时间是工人进行准备与结束工作或辅助工作时，机械停止工作而引起的工作中断时间。它是与机械的使用与保养有关的不可避免的中断时间。

c. 与工人休息时间有关的不可避免的中断时间，前面已经做了说明。这里要注意的是，应尽量利用与工艺过程有关的和与机械有关的不可避免的中断时间进行休息，以充分利用工作时间。

2. 损失时间

包括多余工作、停工、违背劳动纪律所消耗的工作时间和低负荷下的工作时间。

① 机械的多余工作时间：一是机械进行任务内和工艺过程内未包括的工作而延续的时间，如工人没有及时供料而使机械空运转的时间；二是机械在负荷下所做的多余工作消耗的时间，如混凝土搅拌机搅拌混凝土时超过规定的搅拌时间，即属于多余工作时间。

② 机械的停工时间，按其性质也可分为施工本身造成和非施工本身造成的停工时间。施工本身造成的停工是施工组织得不好引起的停工现象，如未及时供给机械燃料引起的停工。非施工本身造成的停工是气候条件所引起的停工现象，如暴雨时压路机的停工。上述停

工中延续的时间，均为机械的停工时间。

③ 违背劳动纪律所消耗的工作时间是指工人迟到早退或擅离岗位等原因引起的机器停工时间。

④ 低负荷下的工作时间是工人或技术人员的过错所造成的施工机械在降低负荷的情况下工作的时间。例如，工人装车的砂石数量不足引起的汽车在降低负荷的情况下工作所延续的时间。此项工作时间不能作为计算时间定额的基础。

### (三) 测定时间消耗的基本方法

时间消耗测定是编制定额的一个主要步骤。测定时间消耗是用科学的方法观察、记录、整理、分析施工过程，为制定工程定额提供可靠依据。测定时间消耗通常使用计时观察法。

计时观察法是研究工作时间消耗的一种技术测定方法。它以工时消耗为研究对象，以观察测时为手段，通过密集抽样和粗放抽样等技术进行直接的时间研究。计时观察法以现场观察为主要技术手段，所以也称为现场观察法。

计时观察法能够把现场工时消耗情况和施工组织技术条件联系起来加以考察，它不仅能为制定定额提供基础数据，而且能为改善施工组织管理、改善工艺过程和操作方法、消除不合理的工时损失和进一步挖掘生产潜力提供技术依据。计时观察法的局限性，是考虑人的因素不够。

对施工过程进行观察、测时，计算实物和劳务产量，记录施工过程所处的施工条件和确定影响工时消耗的因素，是计时观察法的三项主要内容和要求。计时观察法种类很多，主要有测时法、写实记录法和工作日写实法三种，如图 3.7 所示。

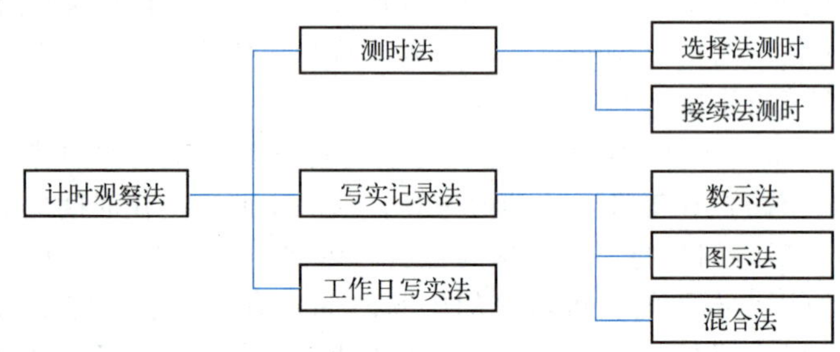


图 3.7 计时观察法的种类

随着信息技术的发展，计时观察法的基本原理不变，但可采用更为先进的技术手段进行观测。例如，通过物联网智能设备实时采集施工现场数据，借助大数据分析技术，形成准确、动态的资源消耗量、实物产量、劳务产量等数据。

## 三、确定人工定额消耗量的基本方法

在全面分析了各种影响因素的基础上，通过计时观察法，可以获得定额的各种必须消耗时间。将这些时间进行归纳，有的是经过换算，有的是根据不同工时规范附加，最后把各种定额时间加以综合和类比就是整个工作过程的人工消耗的时间定额。

### (一) 人工消耗定额的表现形式

人工消耗定额（人工定额或劳动定额）有两种表现形式，分别为时间定额和产量定额。拟定出时间定额，也就可以计算出产量定额。

1. 时间定额

时间定额是指在正常生产技术组织条件和劳动组织条件下，某工种、某技术等级的工人小组或个人完成单位合格产品所必须消耗的工作时间。

时间定额以“工日”为计量单位，每个工日工作时间按现行制度规定为 8 小时。例如，工日/$m^3$、工日/$m^2$、工日/m、工日/t 等，其计算公式如下：

$$单位产品时间定额(工日)=\frac{1}{每工日的产量} \tag{3.1}$$

如果以小组来计算，则为

$$单位产品时间定额(工日)=\frac{小组成员工日数总和}{小组的班产量} \tag{3.2}$$

2. 产量定额

产量定额是指在正常的生产技术组织条件和合理的劳动组织条件下，某工种、某技术等级的工人小组或个人在单位时间内（工日）所应完成合格产品的数量。

产量定额以“产品的单位”为计量单位，如 $m^3$/工日、$m^2$/工日、m/工日、t/工日等，其计算公式如下：

$$每工日产量=\frac{1}{单位产品时间定额(工日)} \tag{3.3}$$

如果以小组来计算，则为

$$小组台班产量=\frac{小组成员工日数总和}{单位产品时间定额(工日)} \tag{3.4}$$

3. 时间定额与产量定额的关系

时间定额和产量定额之间的关系是互为倒数，即

$$时间定额=\frac{1}{产量定额} \tag{3.5}$$

$$时间定额\times产量定额=1 \tag{3.6}$$

### （二）确定工序作业时间

根据计时观察资料的分析和选择，可以获得各种产品的基本工作时间和辅助工作时间，将这两种时间合并，为工序作业时间。它是各种因素的集中反映，决定着整个产品的定额时间。

1. 确定基本工作时间

基本工作时间在必须消耗的工作时间中占的比重最大。在确定基本工作时间时，必须细致、精确。基本工作时间消耗一般应根据计时观察资料来确定。其做法是，首先确定工作过程每一组成部分的工时消耗，然后综合出工作过程的工时消耗。如果组成部分的产品计量单位和工作过程的产品计量单位不符，就需先求出不同计量单位的换算系数，进行产品计量单位的换算，然后相加，求得工作过程的工时消耗。

① 各组成部分与最终产品的单位一致时的基本工作时间计算。此时，单位产品基本工作时间就是施工过程各个组成部分作业时间的总和。计算公式为

$$T_1=\sum_{i=1}^{n}t_i \tag{3.7}$$

式中　$T_1$——单位产品基本工作时间；

$t_i$——各组成部分的基本工作时间；

$n$——各组成部分的个数。

② 各组成部分单位与最终产品单位不一致时的基本工作时间计算。此时，各组成部分基本工作时间应分别乘以相应的换算系数。计算公式为

$$T_1=\sum_{i=1}^{n}(k_i \times t_i) \tag{3.8}$$

式中 $k_i$——对应于 $t_i$ 的换算系数。

【例 3.1】 砌砖墙勾缝的计量单位是“$m^2$”，但若将勾缝作为砌砖墙施工过程的一个组成部分对待，即将勾缝时间按砌体体积计算，设每平方米墙面所需的勾缝时间为 10min，试求一砖墙和一砖半墙每立方米砌体所需的勾缝时间。

【解】①一砖墙的墙体厚度为 0.24m，则每立方米砌体墙面面积的换算系数为 1÷0.24=4.17（$m^2/m^3$），则每立方米砌体所需的勾缝时间为 4.17×10=41.7（min）。

② 一砖半墙的墙体厚度为 0.24+0.115+0.01=0.365（m），则每立方米砌体墙面面积的换算系数为 1÷0.365=2.74（$m^2/m^3$），则每立方米砌体所需的勾缝时间为 2.74×10=27.4（min）。

2. 确定辅助工作时间

辅助工作时间的确定方法与基本工作时间的确定方法相同。如果在计时观察时不能取得足够的资料，也可采用工时规范或经验数据来确定。如具有现行的工时规范，可以直接利用工时规范中规定的辅助工作时间占工序作业时间的百分比来计算，木作工程各类辅助工作时间占工序作业时间的百分比参考表见表 3.2。

表 3.2 木作工程各类辅助工作时间占工序作业时间的百分比参考表

| 工作项目 | 各类辅助工作时间占工序作业时间的百分比/% | 工作项目 | 各类辅助工作时间占工序作业时间的百分比/% |
|---|---|---|---|
| 磨刨刀 | 12.3 | 磨线刨 | 8.3 |
| 磨槽刨 | 5.9 | 锉锯 | 8.2 |
| 磨凿子 | 3.4 | — | — |

## （三）确定规范时间

规范时间包括工序作业时间以外的准备与结束工作时间、不可避免的中断时间以及休息时间。

1. 确定准备与结束工作时间

准备与结束工作时间分为班内和任务两种。任务的准备与结束工作时间通常不能集中在某一个工作日中，而要采取分摊计算的方法，分摊在单位产品的时间定额里。

如果在计时观察资料中不能取得足够的准备与结束工作时间的资料，也可根据工时规范或经验数据来确定。

2. 确定不可避免的中断时间

在确定不可避免的中断时间的定额时，必须注意由工艺特点所引起的不可避免中断才可列入工作过程的时间定额。

不可避免的中断时间也需要根据测时资料通过整理分析获得，也可以根据经验数据或工时规范，以占工作时间的百分比表示此项工时消耗的时间定额。

3. 确定休息时间

休息时间应根据工作班作息制度、经验资料、计时观察资料以及对工作的疲劳程度进行全面分析来确定。同时，应考虑尽可能利用不可避免的中断时间作为休息时间。

规范时间均可利用工时规范或经验数据确定，常用的参考数据如表 3.3 所示。

表 3.3 准备与结束工作时间、休息时间、不可避免的中断时间占工作时间的百分比参考表

| 序号 | 工种 | 准备与结束工作时间占工作时间的百分比/% | 休息时间占工作时间的百分比/% | 不可避免的中断时间占工作时间的百分比/% |
|---|---|---|---|---|
| 1 | 材料运输及材料加工 | 2 | 13～16 | 2 |
| 2 | 人力土方工程 | 3 | 13～16 | 2 |
| 3 | 架子工程 | 4 | 12～15 | 2 |
| 4 | 砖石工程 | 6 | 10～13 | 4 |
| 5 | 抹灰工程 | 6 | 10～13 | 3 |
| 6 | 手工木作工程 | 4 | 7～10 | 3 |
| 7 | 机械木作工程 | 3 | 4～7 | 3 |
| 8 | 模板工程 | 5 | 7～10 | 3 |
| 9 | 钢筋工程 | 4 | 7～10 | 4 |
| 10 | 现浇混凝土工程 | 6 | 10～13 | 3 |
| 11 | 预制混凝土工程 | 4 | 10～13 | 2 |
| 12 | 防水工程 | 5 | 25 | 3 |
| 13 | 油漆玻璃工程 | 3 | 4～7 | 2 |
| 14 | 钢制品制作及安装工程 | 4 | 4～7 | 2 |
| 15 | 机械土方工程 | 2 | 4～7 | 2 |
| 16 | 石方工程 | 4 | 13～16 | 2 |
| 17 | 机械打桩工程 | 6 | 10～13 | 3 |
| 18 | 构件运输及吊装工程 | 6 | 10～13 | 3 |
| 19 | 水暖电气工程 | 5 | 7～10 | 3 |

### (四) 确定定额时间

确定的基本工作时间、辅助工作时间、准备与结束工作时间、不可避免的中断时间与休息时间之和，就是人工消耗定额的时间定额。根据时间定额可计算出产量定额，时间定额和产量定额互成倒数。

利用工时规范，可以计算劳动定额的时间定额。计算公式如下：

$$\text{工序作业时间}=\text{基本工作时间}+\text{辅助工作时间} \tag{3.9}$$

$$\text{规范时间}=\text{准备与结束工作时间}+\text{不可避免的中断时间}+\text{休息时间} \tag{3.10}$$

$$\text{工序作业时间}=\text{基本工作时间}+\text{辅助工作时间}=\frac{\text{基本工作时间}}{1-\text{辅助工作时间占工序作业时间的百分比}} \tag{3.11}$$

$$\text{定额时间}=\frac{\text{工序作业时间}}{1-\text{规范时间占定额时间的百分比}} \tag{3.12}$$

**【例 3.2】** 通过计时观察资料得知，人工挖二类土 $1m^3$ 的基本工作时间为 6h，辅助工作时间占工序作业时间的 2%。准备与结束工作时间、不可避免的中断时间、休息时间分别占定额时间的 3%、2%、18%。试求该人工挖二类土的时间定额。

**【解】** 基本工作时间 $=6h=\frac{6}{8}=0.75$（工日/$m^3$）

工序作业时间 $=0.75/(1-2\%)=0.765$（工日/$m^3$）

定额时间=0.765/(1−3%−2%−18%)=0.994（工日/$m^3$）

## 四、确定材料定额消耗量的基本方法

材料消耗定额是指在合理和节约使用材料的前提下，生产单位合格产品所必须消耗的建筑材料（半成品、配件、燃料、水、电）的数量标准。

建筑材料消耗于建筑产品中的物化劳动，建筑材料的品种繁多，耗用量大，在一般的工业和民用建筑中，材料消耗占工程成本的60%～70%。材料消耗量多少，消耗是否合理，直接关系到资源的有效利用，对建筑工程的造价确定和成本控制有决定性影响。制定合理的材料消耗定额，是组织材料正常供应、保证生产顺利进行、合理利用资源的必要前提，也是反映建筑安装生产技术管理水平的重要依据。

### （一）材料的分类

合理确定材料消耗定额，必须研究和区分材料在施工过程中的类别。

1. 根据材料消耗的性质划分

施工中材料的消耗可分为必须的材料消耗和损失的材料两类。

必须消耗的材料，是指在合理用料的条件下生产合格产品所需消耗的材料，包括直接用于建筑和安装工程的材料、不可避免的施工废料、不可避免的材料损耗。

必须消耗的材料属于施工正常消耗，是确定材料消耗定额的基本数据。其中，直接用于建筑和安装工程的材料，就是材料净用量，用于编制材料净用量定额；不可避免的施工废料和材料损耗，就是材料损耗量，用于编制材料损耗定额。材料净用量与材料损耗量之和称为材料总消耗量，材料损耗量与材料总消耗量之比称为材料损耗率。

2. 根据材料消耗与工程实体的关系划分

施工中的材料可分为实体材料和非实体材料两类。

① 实体材料是指直接构成工程实体的材料。它包括工程直接性材料和辅助性材料。工程直接性材料主要是指一次性消耗、直接用于工程构成建筑物或结构本体的材料，如钢筋混凝土柱中的钢筋、水泥、砂、碎石等；辅助性材料主要是指虽也是施工过程中一次性消耗，却并不构成建筑物或结构本体的材料，如土石方爆破工程中所需的炸药、引信、雷管等。直接性材料用量大，辅助性材料用量少。

② 非实体材料是指在施工中必须使用但又不能构成工程实体的施工措施性材料。非实体材料主要是指周转性材料，如模板、脚手架、支撑等。

### （二）确定材料消耗量的基本方法

实体材料的净用量定额和材料损耗定额的计算数据，是通过现场技术测定、实验室试验、现场统计和理论计算等方法获得的。

1. 现场技术测定法

又称为观测法，是根据对材料消耗过程的观测，通过完成产品数量和材料消耗量的计算，而确定各种材料消耗定额的一种方法。现场技术测定法主要适用于确定材料损耗量，因为该部分数值用统计法或其他方法较难得到。通过现场观测，还可以区别出哪些是可以避免的损耗，哪些是难以避免的损耗，明确定额中不应列入的可以避免的损耗。

二维码 3-1

2. 实验室试验法

主要用于编制材料净用量定额。通过试验，能够对材料的结构、化学成分和物理性能以及按强度等级控制的混凝土、砂浆、沥青、油漆等配比做出科学的结论，给编制材料消耗定额提供有技术依据的、比较精确的计算数据。这种方法的优点是能更深入、更详细地研究各种因素对材料消耗的影响，其缺点在于无法估计到施工现场某些因素对材料消耗的影响。

例如：可测定出混凝土的配合比，然后计算出每 $1m^3$ 混凝土中的水泥、砂、石、水的消耗量。由于实验室内的工作条件比施工现场更好，所以能更深入、详细地研究各种因素对材料消耗的影响，从中得到比较准确的数据。但是，在实验室中无法充分估计到施工现场中某些外界因素对材料消耗的影响。因此，要求实验室条件尽量与施工过程中的正常施工条件一致，同时在测定后用观察法进行审核和修正。

3. 现场统计法

该方法是以施工现场积累的分部分项工程使用材料数量、完成产品数量、完成工作原材料的剩余数量等统计资料为基础，经过整理分析，获得材料消耗的数据。这种方法比较简单易行，不需组织专人观察和试验。但也有缺陷：一是该方法一般只能确定材料总消耗量，不能确定必须的材料消耗量和损失量；二是其准确程度受到统计资料和实际使用材料的影响。因而其不能作为确定材料净用量定额和材料损耗定额的依据，只能作为编制定额的辅助性方法使用。

4. 理论计算法

该方法是根据施工图和建筑构造要求，用理论计算公式计算出产品的材料净用量的方法。这种方法较适合于不易产生损耗，且容易确定废料的材料消耗量的计算。这种方法主要适用于块状、板状和卷筒状产品（如砖、钢材、玻璃、油毡等）的材料消耗定额。

（1）标准砖墙材料用量计算　每立方米砖墙的用砖数和砌筑砂浆的用量可用下列理论计算公式计算。

用砖数：

$$A=\frac{1\times 2}{\text{墙厚}\times(\text{砖长}+\text{灰缝})\times(\text{砖厚}+\text{灰缝})} \tag{3.13}$$

砂浆用量：

$$B=1-\text{砖数}\times\text{每块砖体积} \tag{3.14}$$

材料的损耗一般以损耗率表示。材料损耗率可以通过观察法或统计法确定。材料损耗率及材料消耗量的计算常采用以下公式：

$$\text{材料损耗率}=\frac{\text{损耗量}}{\text{净用量}}\times 100\% \tag{3.15}$$

$$\text{材料消耗量}=\text{净用量}+\text{损耗量}=\text{净用量}\times(1+\text{损耗率}) \tag{3.16}$$

**【例 3.3】** 计算 $1m^3$ 标准砖一砖外墙砌体砖净用量和砂浆的净用量。

**【解】** 砖净用量 $=\dfrac{1}{0.24\times(0.24+0.01)\times(0.053+0.01)}\times 1\times 2=529$（块）

砂浆净用量 $=1-529\times(0.24\times 0.115\times 0.053)=0.226(m^3)$

（2）块料面层的材料用量计算　每 $100m^2$ 面层块料数量、灰缝及结合层材料用量计算公式如下：

$$\text{每 }100m^2\text{ 块料净用量}=\frac{100}{(\text{块料长}+\text{灰缝宽})\times(\text{块料宽}+\text{灰缝宽})} \tag{3.17}$$

$$\text{每 }100m^2\text{ 灰缝材料净用量}=[100-(\text{块料长}\times\text{块料宽}\times 100m^2\text{ 块料用量})]\times\text{灰缝深} \tag{3.18}$$

$$\text{结合层材料用量}=100\times\text{结合层厚度} \tag{3.19}$$

**【例 3.4】** 用 1∶1 水泥砂浆贴 150mm×150mm×5mm 瓷砖墙面，结合层厚度为

10mm，试计算每$100m^2$瓷砖墙面中瓷砖和水泥砂浆的消耗量（灰缝宽为2mm）。假设瓷砖损耗率为1.5%，砂浆损耗率为1%。

【解】$100m^2$瓷砖墙面中瓷砖的净用量$=\dfrac{100}{(0.15+0.002)\times(0.15+0.002)}=4328.25$（块）

每$100m^2$瓷砖墙面中瓷砖的总消耗量$=4328.25\times(1+1.5\%)=4393.17$（块）

每$100m^2$瓷砖墙面中结合层砂浆净用量$=100\times0.01=1$（$m^3$）

每$100m^2$瓷砖墙面中灰缝砂浆净用量$=[100-(4328.25\times0.15\times0.15)]\times0.005=0.013$（$m^3$）

每$100m^2$瓷砖墙面中水泥砂浆总消耗量$=(1+0.013)\times(1+1\%)=1.02(m^3)$

### （三）周转材料消耗定额的编制

周转材料是指在施工中不是一次性消耗的材料，它是随着多次使用而逐渐消耗的材料，并在使用过程中不断补充，多次重复使用。例如，各种模板、脚手架、支撑、活动支架、跳板等。周转材料消耗定额，应当按照多次使用、分期摊销的方式计算。

现以模板工程为例，介绍周转材料摊销量的计算。

1. 现浇钢筋混凝土构件周转材料（木模板）摊销量计算

（1）材料一次使用量　材料一次使用量是指周转材料在不重复使用条件下的一次性用量，通常根据选定的结构设计图纸进行计算。

$$材料一次使用量=混凝土构件模板接触面积\times每平方米接触面积模板使用量\times(1+模板施工损耗率) \quad (3.20)$$

（2）材料周转次数　材料周转次数是指周转材料从第一次开始使用起到报废为止，可以重复使用的次数。其数值一般采用现场观察法或统计分析法来测定。

（3）材料补损量　材料补损量是指周转材料每周转一次的材料损耗，也就是在第二次以后各次周转中为了修补难以避免的损耗所需要的材料消耗，通常用补损率（%）来表示。

补损率的大小主要取决于材料的拆除、运输和堆放的方法，以及施工现场的条件。在一般情况下，补损率要随着周转次数增多而增大，所以一般计算平均补损率。计算公式如下：

$$平均补损率(\%)=\frac{平均每次损耗量}{一次使用量}\times100\% \quad (3.21)$$

根据2015年《房屋建筑与装饰工程消耗量定额》，木模板周转次数、平均补损率及施工损耗率详见表3.4。

表3.4　木模板周转次数、平均补损率及施工损耗率表

| 序号 | 名称 | 周转次数 | 平均补损率/% | 施工损耗率/% |
|---|---|---|---|---|
| 1 | 圆柱 | 3 | 15 | 5 |
| 2 | 异形梁 | 5 | 15 | 5 |
| 3 | 直行楼梯、阳台、栏板 | 4 | 15 | 5 |
| 4 | 平板 | 5 | 15 | 5 |
| 5 | 天沟挑檐 | 3 | 15 | 5 |
| 6 | 小型构件 | 3 | 15 | 5 |

（4）材料周转使用量　材料周转使用量是指周转材料在周转使用和补损的条件下，每周转使用一次平均需要的材料数量。

$$周转使用量=\frac{1+(周转次数-1)\times补损率}{周转次数}\times一次使用量 \quad (3.22)$$

（5）材料回收量 材料回收量是指周转材料每周转使用一次平均可以回收的数量。这部分材料回收量应从摊销量中扣除，通常可以规定一个合理的报价率进行折算。计算公式如下：

$$材料回收量=\frac{一次使用量-(一次使用量\times补损率)}{周转次数}=一次使用量\times\frac{1-补损率}{周转次数} \quad (3.23)$$

（6）材料摊销量 材料摊销量是指周转材料在重复使用的条件下，分摊到每一计量单位结构构件的材料消耗量。这是应纳入定额的实际周转材料消耗的数量。计算公式如下：

材料摊销量＝材料周转使用量－材料回收量

2. 预制构件模板摊销量计算

预制构件模板由于损耗很少，可以不考虑每次的补损率，按多次使用、平均分摊的办法计算，其计算公式如下：

$$模板摊销量=\frac{一次使用量}{周转次数} \quad (3.24)$$

**【例 3.5】** 某模板工程混凝土接触面积为 88m²，每 10m² 模板需支柱大枋 0.22m³，其他板枋材 0.819m³，模板制作损耗率为 5%，其他板枋材周转 6 次，补损率为 15%，支柱大枋按规定周转 20 次，不计回收和补损，求支柱大枋和其他板枋材的一次使用量和摊销量。

**【解】** 支柱大枋一次使用量＝88×0.22÷10×(1＋5%)＝2.033（m³）

其他板枋材一次使用量＝88×0.819÷10×(1＋5%)＝7.568（m³）

其他板枋材周转使用量＝7.568×[1＋(6－1)×15%]÷6＝2.208（m³）

其他板枋材回收量＝7.568×(1－15%)÷6＝1.072(m³)

其他板枋材摊销量＝周转使用量－回收量＝2.208－1.072＝1.136（m³）

支柱大枋摊销量＝2.033÷20＝0.102（m³）

模板总摊销量＝1.136＋0.102＝1.238（m³）

3. 现浇构件周转性材料（组合钢模板、复合木模板）摊销量计算

组合钢模板、复合木模板属于周转使用材料，但其摊销量计算方法与现浇构件木模板摊销量计算方法不同，它不需计算每次周转的损耗，只需根据一次使用量及周转次数，即可计算出其摊销量。计算公式如下：

$$周转材料摊销量=\frac{100m^2\ 一次使用量\times(1+施工损耗率)}{周转次数} \quad (3.25)$$

根据 2015 年《房屋建筑与装饰工程消耗量定额》（TY01-31—2015），组合模板、复合模板材料周转次数及施工损耗率详见表 3.5。

表 3.5 组合模板、复合模板材料周转次数及施工损耗率表

| 序号 | 名称 | 周转次数 | 施工损耗率/% | 备注 |
|---|---|---|---|---|
| 1 | 模板板材 | 50 | 1 | 包括梁卡具、柱箍，损耗率为 2% |
| 2 | 零星卡具 | 20 | 2 | 包括“V”形卡具、“L”形插销、梁形扣件、螺栓 |
| 3 | 钢支撑系统 | 120 | 1 | 包括连杆、钢筋支撑、管扣件 |
| 4 | 木模板 | 5 | 5 | |
| 5 | 木支撑 | 10 | 5 | 包括琵琶撑、支撑、垫板、拉杆 |

续表

| 序号 | 名称 | 周转次数 | 施工损耗率/% | 备注 |
| --- | --- | --- | --- | --- |
| 6 | 圆钉、钢丝 | 1 | 2 | |
| 7 | 木楔 | 2 | 5 | |
| 8 | 尼龙帽 | 1 | 5 | |

## 五、确定施工机具台班定额消耗量的基本方法

施工机具台班定额消耗量包括施工机械台班定额消耗量和仪器仪表台班定额消耗量，二者的确定方法大体相同，本部分主要介绍施工机械台班定额消耗量的确定。

### (一) 机械台班定额的表现形式与拟定机械工作的正常施工条件

1. 机械台班定额的表现形式

机械台班定额的表现形式，有时间定额和产量定额两种。所谓“台班”就是一台机械工作一个工作班，即8h。

(1) 机械台班时间定额　是指在正常的施工条件和合理的劳动组织下，完成单位合格产品所必须消耗的机械台班数量。用公式表示如下：

$$机械台班时间定额=\frac{1}{机械台班产量定额} \tag{3.26}$$

(2) 机械台班产量定额　是指在正常的施工条件和合理的劳动组织下，在一个台班时间内必须完成的单位合格产品的数量。用公式表示如下：

$$机械台班产量定额=\frac{1}{机械台班时间定额} \tag{3.27}$$

机械台班时间定额和机械台班产量定额互为倒数，即

$$机械台班时间定额\times机械台班产量定额=1 \tag{3.28}$$

(3) 机械台班人工配合定额　大部分机械在日常使用过程中必须有人工配合，机械台班人工配合定额是指机械台班配合用工部分，即机械和人工共同工作时的人工定额。用公式表示如下：

$$时间定额=\frac{机械台班内工人的总工日数}{机械台班产量定额} \tag{3.29}$$

$$机械台班产量定额=\frac{机械台班内工人的总工日数}{机械台班时间定额} \tag{3.30}$$

**【例3.6】** 用塔式起重机安装某混凝土构件，由1名塔吊司机、6名安装起重工、3名电焊工组成的小组共同完成。已知机械台班产量定额为50根。试计算吊装每一根构件的机械台班时间定额、人工时间定额和台班产量定额（人工配合）。

**【解】** 吊装每一根混凝土构件的机械台班时间定额$=\frac{1}{机械台班产量定额}=\frac{1}{50}$

$=0.02$（台班/根）

吊装每一根构件的人工时间定额$=\frac{1+6+3}{50}=0.2$（工日/根）

台班产量定额（人工配合）$=1\div0.2=5$（根/工日）

2. 拟定机械工作的正常施工条件

机械操作与人工操作相比，其劳动生产率与其施工条件密切相关，拟定机械施工条件，

主要是拟定工作地点的合理组织和合理的工人编制。

（1）拟定工作地点的合理组织　拟定工作地点的合理组织就是对施工地点机械和材料的放置位置、工作操作场所作出科学合理布置和空间安排，尽可能做到最大限度发挥机械的效能，降低工人的劳动强度并减少时间。

（2）拟定合理的工人编制　拟定合理的工人编制就是根据施工机械的性能和设计能力、工人的专业分工和劳动工效，合理确定能保持机械正常生产率和工人正常的劳动工效的工人的编制人数。

### （二）确定机械 1h 纯工作正常生产率

机械纯工作时间，就是指机械的必需消耗时间。机械 1h 纯工作正常生产率，就是在正常施工组织条件下，具有必需的知识和技能的技术工人操纵机械 1h 的生产率。

根据机械工作特点的不同，机械 1h 纯工作正常生产率的确定方法，也有所不同。

1. 循环动作机械

确定机械纯工作 1h 正常生产率的计算公式如下：

$$\text{机械一次循环的正常延续时间}=\sum(\text{正常循环各组成部分正常延续时间})-\text{交叠时间} \tag{3.31}$$

$$\text{机械纯工作 1h 循环次数}=\frac{60\times60(\text{s})}{\text{一次循环的正常延续时间}} \tag{3.32}$$

$$\text{机械纯工作 1h 正常生产率}=\text{机械纯工作 1h 循环次数}\times\text{一次循环生产的产品数量} \tag{3.33}$$

2. 连续动作机械

确定机械纯工作 1h 正常生产率要根据机械的类型和结构特征，以及工作过程的特点来进行。计算公式如下：

$$\text{连续动作机械纯工作 1h 正常生产率}=\frac{\text{工作时间内生产的产品数量}}{\text{工作时间(h)}} \tag{3.34}$$

工作时间内的产品数量和工作时间的消耗，要通过多次现场观察和查阅机械说明书来取得数据。

### （三）确定施工机械的时间利用系数

施工机械的时间利用系数和机械在工作班内的工作状况有着密切的关系。所以，要确定施工机械的时间利用系数，首先要拟定施工机械工作班的正常工作状况，保证合理利用工时。施工机械时间利用系数的计算公式如下：

$$\text{施工机械时间利用系数}=\frac{\text{机械在一个工作班内纯工作时间}}{\text{一个工作班延续时间(8h)}} \tag{3.35}$$

### （四）计算施工机械台班定额

计算施工机械台班定额是编制机械定额工作的最后一步。在确定了机械工作正常条件、机械 1h 纯工作正常生产率和机械时间利用系数之后，采用下列公式计算施工机械的台班产量定额：

$$\text{施工机械台班产量定额}=\text{机械 1h 纯工作正常生产率}\times\text{工作班纯工作时间} \tag{3.36}$$

或

$$\text{施工机械台班产量定额}=\text{机械 1h 纯工作正常生产率}\times\text{工作班延续时间}\times\text{机械时间利用系数} \tag{3.37}$$

$$\text{施工机械台班时间定额}=\frac{1}{\text{机械台班产量定额}}$$

【例 3.7】 某工程现场采用出料容量500L的混凝土搅拌机，每一次循环中，装料、搅拌、卸料、中断需要的时间分别为1min、3min、1min、1min，机械时间利用系数为0.9，求该机械的台班产量定额。

【解】 该搅拌机一次循环的正常延续时间＝1＋3＋1＋1＝6（min）＝0.1（h）

该搅拌机纯工作1h循环次数＝10（次）

该搅拌机纯工作1h正常生产率＝10×500＝5000（L）＝5（$m^3$）

该搅拌机台班产量定额＝5×8×0.9＝36（$m^3$/台班）

**引例 1 分析**

（1）人工定额消耗量

$$时间定额 = \frac{15.8}{(1-5\%-3\%-2\%-15\%)\times 8} = 2.63（工日/m^3）$$

$$产量定额 = \frac{1}{时间定额} = \frac{1}{2.63} = 0.38（m^3/工日）$$

（2）材料定额消耗量　1$m^3$一砖半墙的净用量：

$$砖净用量 = \frac{1}{0.365\times(0.24+0.01)\times(0.053+0.01)}\times 1\times 2 = 348（块）$$

砖消耗量＝348×（1＋1%）＝352（块）

1$m^3$一砖半墙砂浆净用量＝1－348×0.24×0.115×0.053＝0.491（$m^3$）

砂浆消耗量＝0.491×（1＋1%）＝0.496（$m^3$）

（3）机械台班定额消耗量　首先确定搅拌机循环一次所需时间：

搅拌机一次循环所需时间（即装料时间、搅拌时间、出料时间和不可避免的中断时间之和）＝60＋85＋35＋10＝190（s）

搅拌机净工作1h的生产率＝60×60÷190×0.2×0.8＝3.03（$m^3$）

搅拌机的台班产量定额＝3.03×8×0.85＝20.6（$m^3$/台班）

1$m^3$一砖半墙机械台班消耗量＝1÷20.6＝0.049（台班/$m^3$）

## 任务三　人工、材料和施工机具台班单价的确定

**引例 2**　某工程需要HRB400级钢筋，采购经询价后确定了三家供应商，其中，甲厂供应900t，出厂价格为3800元/t；乙厂供应1200t，出厂价格为3600元/t；丙厂供应400t，出厂价格为4000元/t。试求本工程HRB400级钢筋的材料原价。

## 一、人工单价的组成和确定方法及影响人工单价的因素

人工单价是指施工企业平均技术熟练程度的生产工人在一个工作日（国家法定工作时间内）按规定从事施工作业应得的日工资总额。合理确定人工单价是正确计算人工费和工程造价的前提和基础。

### （一）人工单价的组成

人工单价反映了一定技术等级的建筑安装生产工人在一个工作日中可以得到的报酬。随

着社会发展，薪酬的制度也会随之变化，人工单价组成内容也会发生变化。

按照规定，人工单价由计时工资或计件工资、奖金、津贴补贴、特殊情况下支付的工资组成。人工单价的费用组成如表 3.6 所示。

表 3.6 人工单价费用组成

| 费用名称 | | 费用定义 |
|---|---|---|
| 人工单价 | 计时工资或计件工资 | 是指按计时工资标准和工作时间或对已做工作按计件单价支付给个人的劳动报酬 |
| | 奖金 | 是指对超额劳动和增收节支而支付给个人的劳动报酬。如节约奖、劳动竞赛奖等 |
| | 津贴补贴 | 是指为了补偿职工特殊或额外的劳动消耗和因其他特殊原因支付给个人的津贴，以及为了保证职工工资水平不受物价影响而支付给个人的物价补贴。如流动施工津贴、特殊地区施工津贴、高温(寒)作业临时津贴、高空津贴等 |
| | 特殊情况下支付的工资 | 是指根据国家法律、法规和政策规定，因病、工伤、产假、婚丧假、事假、探亲假、定期休假、停工学习、履行国家或社会义务等原因按计时工资标准或计时工资标准的一定比例支付的工资 |

### (二) 人工单价的确定方法

1. 年平均每月法定工作日

由于人工单价是一个法定工作日的工资总额，因此需要对年平均每月法定工作日进行计算。计算公式如下：

$$\text{年平均每月法定工作日}=\frac{\text{全年日历日}-\text{法定假日}}{12} \tag{3.38}$$

式中，法定假日指双休日和法定节日。

2. 人工单价的计算

确定了年平均每月法定工作日后，将表 3.6 中工资总额分摊，即形成了人工单价。计算公式如下：

$$\text{人工单价}=\frac{\begin{array}{c}\text{生产工人月平均工资(计时、计件)}+\text{月平均奖金}+\text{月平均津贴补贴}+\text{月平均}\\\text{特殊情况下支付的工资}\end{array}}{\text{年平均每月法定工作日}} \tag{3.39}$$

3. 人工单价的管理

虽然企业投标报价时可以自主确定人工费，但由于人工单价在我国具有一定的政策性，因此工程造价管理机构确定人工单价应根据工程项目的技术要求，通过市场调查并参考实物工程量人工单价综合分析确定，发布的最低人工单价不得低于工程所在地人力资源和社会保障部门所发布的最低工资标准。

### (三) 影响人工单价的因素

影响工人人工单价的因素很多，归纳起来有以下几方面。

① 社会平均工资水平。工人人工单价必然和社会平均工资水平趋同。社会平均工资水平取决于经济发展水平。由于经济的增长，社会平均工资也会增长，从而影响人工单价。

② 消费价格指数。消费价格指数的提高会促进人工单价的提高，以减缓生活水平的下降，或维持原来的生活水平。消费价格指数的变动取决于物价的变动，尤其取决于消费品及服务价格水平的变动。

③ 人工单价的组成内容。例如，《建筑安装工程费用项目组成》（建标〔2013〕44 号）规定将职工福利费和劳动保护费从人工单价中删除，这也必然影响人工单价。

④ 劳动力市场供需变化。如果劳动力市场需求大于供给，人工单价就会提高；供给大于需求，市场竞争激烈，人工单价就会下降。

⑤ 政府推行的社会保障和福利政策也会影响人工单价。

**特别提示** 定额人工单价不能与市场人工单价（市场劳务价）画等号。

市场人工单价目前报价 200~ 300 元/天。湖北省 2018 年消耗量定额中人工单价取定：普工 92 元/工日、技工 142 元/工日、高级技工 212 元/工日。根据湖北省住房和城乡建设厅发布的《关于调整我省现行建设工程计价依据定额人工单价的通知》（厅头〔2021〕2263 号），人工单价调整为：普工 104 元/工日、技工 160 元/工日、高级技工 241 元/工日。施工机械台班费用定额中的人工单价按技工标准调整。

## 二、材料单价的编制依据和确定方法及影响材料单价的因素

在建筑工程中，材料费占总造价的 60%～70%，在金属结构工程中所占比重还要大。因此，合理确定材料价格构成，正确计算材料单价，有利于合理确定和有效控制工程造价。材料单价是指建筑材料从其来源地运到施工工地仓库，直至出库形成的综合平均单价。

### （一）材料单价的编制依据

1. 材料原价

材料原价是指国内采购材料的出厂价格，国外采购材料抵达买方边境、港口或车站并缴纳完各种手续费、税费（不含增值税）后形成的价格。在确定原价时，凡同一种材料因来源地、交货地、供货单位、生产厂家不同，而有几种价格（原价）时，根据不同来源地供货数量比例，采取加权平均的方法确定其综合原价。计算公式如下：

$$\text{加权平均原价}=\frac{K_1C_1+K_2C_2+\cdots+K_nC_n}{K_1+K_2+\cdots+K_n} \tag{3.40}$$

式中 $K_1$，$K_2$，…，$K_n$——各不同供应地点的供应量或不同使用地点的需要量；

$C_1$，$C_2$，…，$C_n$——各不同供应地点的原价。

若材料供货价格为含税价，则材料原价应以购进货物适用的税率（13%或 9%）或征收率（3%）扣除增值税进项税额。

**引例 2 分析**

材料用量总和 $W_{总}=900+1200+400=2500(t)$

甲厂材料供应占比 $f_{甲}=900\div2500=36\%$

乙厂材料供应占比 $f_{乙}=1200\div2500=48\%$

丙厂材料供应占比 $f_{丙}=400\div2500=16\%$

该工程 HRB400 级钢筋原价为

$3800\times36\%+3600\times48\%+4000\times16\%=3736$(元/t)

2. 材料运杂费

材料运杂费是指国内采购材料自来源地、国外采购材料自到岸港运至工地仓库或指定堆放地点发生的费用（不含增值税），含外埠中转运输过程中所发生的一切费用和过境过桥费用，包括调车和驳船费、装卸费、运输费及附加工作费等。

同一种材料有若干个来源地，根据不同来源地供货数量的比例，采取加权平均的方法确定材料运杂费。其计算公式为

$$加权平均运杂费=\frac{K_1T_1+K_2T_2+\cdots+K_nT_n}{K_1+K_2+\cdots+K_n} \tag{3.41}$$

式中 $K_1$，$K_2$，…，$K_n$——各不同供应地点的供应量或各不同使用地点的需要量；

$T_1$，$T_2$，…，$T_n$——各不同运距的运费。

若运输费用为含税价格，则需要按“两票制”和“一票制”两种支付方式分别调整。

①“两票制”支付方式。所谓“两票制”，是指材料供应商就收取的货物销售价款和运杂费向建筑业企业分别提供货物销售和交通运输两张发票。在这种方式下，运杂费以交通运输服务税率9%扣减增值税进项税额。

②“一票制”支付方式。所谓“一票制”，是指材料供应商就收取的货物销售价款和运杂费合计金额仅向建筑业企业提供一张货物销售发票。在这种方式下，运杂费采用与材料原价相同的方式扣减增值税进项税额。

**特别提示** 若运输费用为含税价格，对于“两票制”供应的材料，运杂费以交通运输服务税率9%扣减增值税进项税额；对于“一票制”供应的材料，运杂费采用与材料原价相同的方式扣减增值税进项税额。

3. 运输损耗费

在材料的运输过程中，应考虑一定的场外运输损耗费。运输损耗费的计算公式为

$$运输损耗费=(材料原价+运杂费)\times运输损耗率(\%) \tag{3.42}$$

4. 采购及保管费

采购及保管费是指材料供应部门（包括工地仓库及其以上各级材料主管部门）在组织采购、供应和保管材料过程中所需的各项费用，包括采购费、仓储费、工地管理费和仓储损耗费。采购及保管费一般按照材料的到库价格乘以费率取定。采购及保管费的计算公式为

$$采购及保管费=材料运到工地仓库的价格\times采购及保管费费率(\%) \tag{3.43}$$

或

$$采购及保管费=(材料原价+运杂费+运输损耗费)\times采购及保管费费率(\%) \tag{3.44}$$

### （二）材料单价的确定方法

上述费用汇总之后，得到材料单价的计算公式为

$$材料单价=(供应价格+运杂费)\times(1+运输损耗率)\times(1+采购及保管费费率) \tag{3.45}$$

由于我国幅员辽阔，建筑材料产地与使用地点的距离各地差异很大，采购、保管、运输方式也不尽相同，因此材料单价原则上按地区范围编制。

二维码 3-2

【例 3.8】 某办公大楼施工所需的水泥材料从甲、乙两个地方采购，其采购量及有关费用如表 3.7 所示，表中原价（适用13%增值税率）、运杂费（适用9%增值税率）均为含税价格，且材料采用“两票制”支付方式。求该水泥的单价。

表 3.7 水泥采购信息表

| 采购处 | 采购量/t | 原价/(元/t) | 运杂费/(元/t) | 运输损耗率/% | 采购及保管费费率/% |
|---|---|---|---|---|---|
| 甲 | 300 | 250 | 25 | 0.5 | 3.5 |
| 乙 | 200 | 260 | 20 | 0.4 | |

【解】材料含税价＝不含税价＋增值税＝不含税价＋不含税价×增值税率＝不含税价×(1＋增值税率)

(1) 将水泥原价调整为不含税价格

甲地的水泥原价（不含税）＝250/(1＋13％)＝221.24（元/t）

乙地的水泥原价（不含税）＝260/(1＋13％)＝230.09（元/t）

$$水泥加权平均原价=\frac{221.24\times300+230.09\times200}{300+200}=224.78\ （元/t）$$

(2) 将水泥运杂费调整为不含税价格

甲地的水泥运杂费（不含税）＝25/(1＋9％)＝22.94（元/t）

乙地的水泥运杂费（不含税）＝20/(1＋9％)＝18.35（元/t）

$$水泥加权平均运杂费=\frac{22.94\times300+18.35\times200}{300+200}=21.10\ （元/t）$$

(3) 计算加权平均运输损耗费

甲地的水泥运输损耗费＝(221.24＋22.94)×0.5％＝1.22（元/t）

乙地的水泥运输损耗费＝(230.09＋18.35)×0.4％＝0.99（元/t）

$$加权平均运输损耗费=\frac{1.22\times300+0.99\times200}{300+200}=1.13\ （元/t）$$

材料单价＝(224.78＋21.10＋1.13)×(1＋3.5％)＝255.66（元/t）

或者：

$$加权平均运输损耗率=\frac{0.5\%\times300+0.4\%\times200}{300+200}=0.46\%$$

材料单价＝(224.78＋21.10)×(1＋0.46％)×(1＋3.5％)＝255.66（元/t）

#### (三) 影响材料单价的因素

① 市场供需变化。材料原价是材料单价中最基本的组成。市场供给大于求，原价就会下降；反之，原价就会上升。从而也就会影响材料单价。

② 材料生产成本的变动直接影响材料单价。

③ 流通环节的多少和材料供应体制也会影响材料单价。

④ 运输距离和运输方法的改变会影响材料运输费用的增减，从而也会影响材料的单价。

⑤ 国际市场行情会对进口材料单价产生影响。

## 三、施工机械台班单价的组成和确定方法及影响施工机械台班单价的因素

施工机械台班单价是指一台施工机械，在正常运转条件下一个工作班中所发生的全部费用，每台班按 8h 工作制计算。

施工机械划分为十二个类别：土石方及筑路机械、桩工机械、起重机械、水平运输机械、垂直运输机械、混凝土及砂浆机械、加工机械、泵类机械、焊接机械、动力机械、地下工程机械和其他机械。

#### (一) 折旧费的确定方法

折旧费是指施工机械在规定的耐用总台班内，陆续收回其原值的费用。计算公式如下：

$$台班折旧费=\frac{机械预算价格\times(1-残值率)}{耐用总台班} \tag{3.46}$$

1. 机械预算价格

（1）国产施工机械的预算价格　国产施工机械的预算价格按照机械原值、相关手续费和一次运杂费以及车辆购置税之和计算。

① 机械原值。机械原值应按下列途径询价、采集：

a. 编制期施工企业购进施工机械的成交价格；

b. 编制期施工机械展销会发布的参考价格；

c. 编制期施工机械生产厂、经销商的销售价格；

d. 其他能反映编制期施工机械价格水平的市场价格。

② 相关手续费和一次运杂费应按实际费用综合取定，也可按其占施工机械原值的百分比取定。

③ 车辆购置税。车辆购置税应按下列公式计算：

$$车辆购置税=计取基数\times 车辆购置税税率(\%) \tag{3.47}$$

其中，计取基数=机械原值+相关手续费和一次运杂费。车辆购置税税率应按编制期间国家有关规定计算。

（2）进口施工机械的预算价格　进口施工机械的预算价格按照到岸价、关税、消费税、相关手续费和国内一次运杂费、银行财务费、车辆购置税之和计算。

① 进口施工机械原值应按下列方法取定：

a. 进口施工机械原值应按“到岸价格+关税”取定，到岸价格应按编制期施工企业签订的采购合同、外贸与海关等部门的有关规定及相应的外汇汇率计算取定；

b. 进口施工机械原值应按不含标准配置以外的附件及备用零配件的价格取定。

② 关税、消费税及银行财务费应执行编制期国家有关规定，并参照实际发生的费用计算，也可按占施工机械原值的百分比取定。

③ 相关手续费和国内一次运杂费应按实际费用综合取定，也可按其占施工机械原值的百分比确定。

④ 车辆购置税应按下列公式计算：

$$车辆购置税=(到岸价格+关税+消费税)\times 车辆购置税税率 \tag{3.48}$$

车辆购置税税率应执行编制期国家有关规定。

2. 残值率

残值率是指机械报废时回收的残余价值占施工机械预算价格的百分数。残值率应按编制期国家有关规定确定，目前各类施工机械均按5%计算。

3. 耐用总台班

耐用总台班指施工机械从开始投入使用至报废前使用的总台班数，应按相关技术指标取定。

年工作台班指施工机械在一个年度内使用的台班数量。年工作台班应在编制期制度工作日基础上扣除检修、维护天数并考虑机械利用率等因素综合取定。

机械耐用总台班的计算公式为

$$机械耐用总台班=折旧年限\times 年工作台班=检修间隔台班\times 检修周期 \tag{3.49}$$

检修间隔台班是指机械自投入使用起至第一次检修止或自上一次检修后投入使用起至下一次检修止，应达到的使用台班数。

检修周期是指机械在正常的施工作业条件下，将其寿命期（即耐用总台班）按规定的检修次数划分为若干个周期。

其计算公式如下：

$$检修周期=检修次数+1 \tag{3.50}$$

### (二) 检修费的确定方法

检修费是指施工机械在规定的耐用总台班内，按规定的检修间隔进行必要的检修，以恢复其正常功能所需的费用。检修费是机械使用期限内全部检修费之和在台班费用中的分摊额，它取决于一次检修费、检修次数和耐用总台班的数量。其计算公式为

$$台班检修费=\frac{一次检修费\times检修次数}{耐用总台班}\times除税系数 \tag{3.51}$$

1. 一次检修费

指施工机械一次检修发生的工时费、配件费、辅料费、油燃料费等。一次检修费应以施工机械的相关技术指标和参数为基础，结合编制期市场价格综合确定，也可按其占预算价格的百分比取定。

2. 检修次数

指施工机械在其耐用总台班内的检修次数。检修次数应按施工机械的相关技术指标取定。

3. 除税系数

指考虑一部分检修可以购买服务，从而需扣除维护费中包括的增值税进项税额，其计算公式为

$$除税系数=自行检修比例+委外检修比例/(1+税率) \tag{3.52}$$

自行检修比例、委外检修比例是指施工机械自行检修费用、委托专业修理修配部门检修费用占检修费的比例。具体比值应结合本地区（部门）施工机械检修实际综合取定。税率按增值税修理修配劳务适用税率计取。

### (三) 维护费的确定方法

维护费指施工机械在规定的耐用总台班内，按规定维护间隔进行各级维护和临时故障排除所需的费用，包括保障机械正常运转所需替换与随机配备工具附具的摊销和维护费用、机械运转及日常保养维护所需润滑与擦拭的材料费用及机械停滞期间的维护费用等。各项费用分摊到台班中，即为维护费。其计算公式为

$$台班维护费=\frac{\sum(各级维护一次费用\times除税系数\times各级维护次数)+临时故障排除费}{耐用总台班} \tag{3.53}$$

当维护费计算公式中各项数值难以确定时，也可按下列公式计算：

$$台班维护费=台班检修费\times K \tag{3.54}$$

式中　$K$——维护费系数，指维护费占检修费的百分比。

**特别提示**　K 值的一般取定：载重汽车为 1.46，自卸汽车为 1.52，塔式起重机为 1.69。

① 各级维护一次费用应按施工机械的相关技术指标，结合编制期市场价格综合取定。

② 各级维护次数应按施工机械的相关技术指标取定。

③ 临时故障排除费可按各级维护费用之和的百分数取定。

④ 替换设备及工具附具台班摊销费应按施工机械的相关技术指标，结合编制期市场价格综合取定。

### (四) 安拆费及场外运费的确定方法

安拆费指施工机械在现场进行安装与拆卸所需的人工、材料、机械和试运转费用以及机械辅助设施的折旧、搭设、拆除等费用；场外运费指施工机械整体或分体自停放地点运至施

工现场或由一施工地点运至另一施工地点的运输、装卸、辅助材料及架线等费用。

安拆费及场外运费根据施工机械不同分为计入台班单价、单独计算和不需计算三种类型。

① 安拆简单、移动需要起重及运输机械的轻型施工机械，其安拆费及场外运费计入台班单价。安拆费及场外运费应按下列公式计算：

$$台班安拆费及场外运费=\frac{一次安拆费及场外运费\times年平均安拆次数}{年工作台班} \quad (3.55)$$

一次安拆费应包括施工现场机械安装和拆卸一次所需的人工费、材料费、机械费、安全监测部门的检测费及试运转费；

一次场外运费应包括运输、装卸、辅助材料和回程等费用；

年平均安拆次数按施工机械的相关技术指标，结合具体情况综合确定；

运输距离均按平均值 30km 计算。

② 单独计算的情况包括：

a. 安拆复杂、移动需要起重及运输机械的重型施工机械，其安拆费及场外运费单独计算；

b. 利用辅助设施移动的施工机械，其辅助设施（包括轨道和枕木）等的折旧、搭设和拆除等费用可单独计算。

③ 不需计算的情况包括：

a. 不需安拆的施工机械，不计算一次安拆费；

b. 不需相关机械辅助运输的自行移动机械，不计算场外运费；

c. 固定在车间的施工机械，不计算安拆费及场外运费。

### （五）人工费的确定方法

人工费指机上司机（司炉）和其他操作人员的人工费。按下列公式计算：

$$人工费=人工消耗量\times\left(1+\frac{年制度工作日-年工作台班}{年工作台班}\right)\times人工单价 \quad (3.56)$$

① 人工消耗量指机上司机（司炉）和其他操作人员工日消耗量。

② 年制度工作日应执行编制期国家有关规定。

③ 人工单价应执行编制期工程造价管理机构发布的信息价格，湖北省按照技工价格执行。

**【例 3.9】** 某载重汽车配司机 1 人，年制度工作日为 280 天，年工作台班为 250 台班，人工单价为 80 元。求该载重汽车的人工费。

**【解】** 人工费=1×[1+(280−250)/250]×80=89.60（元/台班）

### （六）燃料动力费的确定方法

燃料动力费是指施工机械在运转作业中所耗用的燃料及水、电等的费用。计算公式如下：

$$台班燃料动力费=\sum(台班燃料动力消耗量\times燃料动力单价) \quad (3.57)$$

① 台班燃料动力消耗量应根据施工机械技术指标等参数及实测资料综合确定。可采用下列公式计算：

$$台班燃料动力消耗量=(实测数\times4+定额平均值+调查平均值)/6 \quad (3.58)$$

② 燃料动力单价应执行编制期工程造价管理机构发布的不含税信息价格。

### （七）其他费用的确定方法

其他费用是指施工机械按照国家规定应缴纳的车船税、保险费及检测费等。其计算公

式为

$$其他费用=\frac{年车船税+年保险费+年检测费}{年工作台班} \tag{3.59}$$

① 年车船税、年检测费应执行编制期国家及地方政府有关部门的规定。

② 年保险费应执行编制期国家及地方政府有关部门强制性保险的规定，非强制性保险不应计算在内。

**【例 3.10】** 某土方施工机械原值为 150000 元，耐用总台班为 6000 台班，一次检修费为 9000 元，检修次数为 4，台班维护费系数为 20%，每台班发生的其他费用合计为 30 元/台班，忽略残值，试计算该机械的台班单价。

**【解】** 折旧费=150000/6000=25（元/台班）

检修费=9000×4/6000=6.0（元/台班）

维护费=6.0×20%=1.2（元/台班）

台班单价=25+6.0+1.2+30=62.2（元/台班）

### （八）影响施工机械台班单价的因素

① 施工机械的自身价格。施工机械的自身价格直接影响到折旧费用，它们之间成正比关系，进而直接影响施工机械台班单价。

② 施工机械使用寿命。施工机械使用寿命主要由自然因素、经济因素和技术因素共同作用，施工机械使用寿命不仅直接影响施工机械台班折旧费，而且也影响着施工机械的检修费和维护费，因此它对施工机械台班单价影响较大。

③ 施工机械的使用效率、管理水平和市场供需变化。施工企业的管理水平高低，将直接体现在施工机械的使用效率、机械完好率和日常维护水平上，它将对施工机械台班单价产生直接影响，而机械市场供需变化也会造成机械台班单价提高或降低。

④ 国家及地方征收税费（包括燃料税、车船使用税、保险费等）政策和有关规定。国家地方有关施工机械征收税费政策和规定，将对施工机械台班单价产生较大影响，并会引起相应波动。

## 四、施工仪器仪表台班单价的组成和确定方法

施工仪器仪表划分为七个类别：自动化仪表及系统、电工仪器仪表、光学仪器、分析仪表、试验机、电子和通信测量仪器仪表、专用仪器仪表。

施工仪器仪表台班单价包括折旧费、维护费、校验费、动力费。施工仪器仪表台班单价中的费用组成不包括检测软件的相关费用。

### （一）折旧费的确定方法

施工仪器仪表台班折旧费是指仪器仪表在耐用总台班内，陆续收回其原值的费用。其计算公式如下：

$$台班折旧费=\frac{施工仪器仪表原值\times(1-残值率)}{耐用总台班} \tag{3.60}$$

1. 施工仪器仪表原值取定

① 对从施工企业采集的成交价格，各地区、部门可结合本地区、部门实际情况，综合确定施工仪器仪表原值；

② 对从施工仪器仪表展销会采集的参考价格或从施工仪器仪表生产厂、经销商采集的销售价格，各地区、部门可结合本地区、部门实际情况，测算价格调整系数取定施工仪器仪

表原值；

③ 对类别、名称、性能规格相同而生产厂家不同的施工仪器仪表，各地区、部门可根据施工企业实际购进情况，综合取定施工仪器仪表原值；

④ 对进口与国产施工仪器仪表性能规格相同的，应以国产为准取定施工仪器仪表原值；

⑤ 进口施工仪器仪表原值应按编制期国内市场价格取定；

⑥ 施工仪器仪表原值应按不含一次运杂费和采购保管费的价格取定。

2. 残值率取定

残值率指施工仪器仪表报废时回收的残余价值占施工仪器仪表原值的百分比。残值率应按国家有关规定取定。

3. 耐用总台班取定

耐用总台班指施工仪器仪表从开始投入使用至报废前所积累的工作总台班数量。耐用总台班应按相关技术指标取定。

$$\text{耐用总台班}=\text{年工作台班}\times\text{折旧年限} \tag{3.61}$$

年工作台班指施工仪器仪表在一个年度内使用的台班数量。折旧年限指施工仪器仪表逐年计提折旧费的年限。折旧年限应按国家有关规定取定。

$$\text{年工作台班}=\text{年制度工作日}\times\text{年使用率} \tag{3.62}$$

年制度工作日应按国家规定制度工作日执行，年使用率应按实际使用情况综合取定。

### （二）维护费的确定方法

施工仪器仪表台班维护费是指施工仪器仪表各级维护、临时故障排除所需的费用及为保证仪器仪表正常使用所需备件（备品）的维护费用。计算公式如下：

$$\text{台班维护费}=\frac{\text{年维护费}}{\text{年工作台班}} \tag{3.63}$$

年维护费是施工仪器仪表在一个年度内发生的维护费用。年维护费应按相关技术指标结合市场价格取定。

### （三）校验费的确定方法

施工仪器仪表台班校验费是指按国家与地方政府规定进行标定与检验的费用。计算公式如下：

$$\text{台班校验费}=\frac{\text{年校验费}}{\text{年工作台班}} \tag{3.64}$$

年校验费是施工仪器仪表在一个年度内发生的校验费用。年校验费应按相关技术指标取定。

### （四）动力费的确定方法

施工仪器仪表台班动力费是指施工仪器仪表在施工过程中所耗用的电费。计算公式如下：

$$\text{台班动力费}=\text{台班耗电量}\times\text{电价} \tag{3.65}$$

① 台班耗电量应根据施工仪器仪表不同类别，按相关技术指标综合取定。

② 电价应执行编制期工程造价管理机构发布的信息价格。

## 五、施工机具使用费定额

《施工机具使用费定额》是建设工程各专业消耗量的施工机械台班单价确定和计算的依据，通常包括施工机械使用费定额和仪器仪表使用费定额两部分内容。

### (一) 施工机具使用费定额内容

以《湖北省施工机具使用费定额》(2018 版) 为例，该定额主要包括施工机械使用费定额和施工仪器仪表使用费定额两部分。

1. 施工机械使用费定额

施工机械使用费定额包括施工机械台班单价、施工机械台班基础数据及附录。

施工机械台班单价包括土石方及筑路机械、桩工机械、起重机械、水平运输机械、垂直运输机械、混凝土及砂浆机械、加工机械、泵类机械、焊接机械、动力机械、地下工程机械、其他机械、补充机械共计 13 类。机械按其性能及价值划分为特大型、大型、中型和小型 4 类。

施工机械台班基础数据包括机械的折旧年限、预算价格、残值率、年工作台班、耐用总台班、一次检修费及检修次数、一次安拆费及场外运输费用、年平均安拆次数以及 $K$ 值系数等。

附录内容包括施工机械使用定额编制规则、湖北省车船税实施办法等。

2. 施工仪器仪表使用费定额

施工仪器仪表使用费定额包括施工仪器仪表台班单价、施工仪器仪表台班基础数据及附录。施工仪器仪表台班基础数据内容包括预算价格、折旧年限、残值率、年工作台班、耐用总台班、年使用率、年维护费、年校验费、台班耗电量等。

### (二) 施工机械台班单价的表现形式

施工机械台班单价有台班单价和扣燃动费(燃料动力费)台班单价两种表现形式，履带式推土机的台班单价如表 3.8 所示。

**表 3.8 履带式推土机的台班单价**

一、土石方及筑路机械

| 编号 | 编码 | 名称、规格、型号 | 台班单价/元 | 台班单价(扣燃动费)/元 | 费用组成 | | | | | | | 人工及燃料动力费 | | | | | | |
|---|---|---|---|---|---|---|---|---|---|---|---|---|---|---|---|---|---|---|
| | | | | | 折旧费/元 | 检修费/元 | 维护费/元 | 安拆及场外运费/元 | 人工费/元 | 燃料动力费/元 | 其他费/元 | 人工/工日 | 汽油/kg | 柴油/kg | 电/kW·h | 煤/t | 木柴/kg | 水/$m^3$ |
| | | | | | | | | | | | | 142.00 | 6.03 | 5.26 | 0.75 | 0.65 | 0.26 | 3.39 |
| 1 | JX17010010 | 履带式推土机 50kW | 538.93 | 351.67 | 25.84 | 11.62 | 30.21 | 0.00 | 284.00 | 187.26 | | 2.00 | | 35.60 | | | | |

(1) 台班单价 施工机械台班单价由台班折旧费、台班检修费、台班维护费、台班安拆及场外运费、台班人工费、台班燃料动力费、台班其他费七项组成。

施工仪器仪表台班单价由台班折旧费、台班维护费、台班校验费、台班动力费四项组成。

(2) 扣燃动费台班单价 施工机械扣燃动费台班单价由台班折旧费、台班检修费、台班维护费、台班安拆及场外运费、台班人工费、台班其他费六项组成。

施工仪器仪表扣燃动费台班单价由台班折旧费、台班维护费、台班校验费三项组成。

### (三) 施工机械台班单价的有关规定

① 施工机械台班单价中每台班按 8h 工作制计算。人工单价按技工单价计取。燃料动力单价按表 3.9 计取。

表 3.9　燃料动力单价计取表

| 序号 | 名称 | 单位 | 价格/元 |
|---|---|---|---|
| 1 | 汽油(92#) | kg | 6.03 |
| 2 | 柴油(0#) | kg | 5.26 |
| 3 | 煤 | kg | 0.65 |
| 4 | 电 | kW·h | 0.75 |
| 5 | 水 | $m^3$ | 3.39 |
| 6 | 木柴 | kg | 0.26 |

② 施工机械台班单价中燃料动力费并入消耗量定额的材料中。材料数量调整时，不调整燃料动力材料数量。

机械台班单价按《湖北省施工机具使用费定额》（2018 版）扣燃料动力费的除税价格取定。机械台班数量调整时，同步调整燃料动力材料数量。

**【例 3.11】** 某工程土方 $100m^3$，使用斗容量 $0.6m^3$ 的反铲挖掘机挖一、二类土，不装车，地勘报告说明土壤含水率≥25%。请计算该反铲挖掘机的燃料消耗量。

**【解】** 查看定额，套用 G1-75，反铲挖掘机，不装车（斗容量 $0.6m^3$），材料中柴油【机械】消耗量为 104.584kg。

根据说明，机械挖运湿土，相应人工、机械乘以系数 1.15。

本定额材料中人工、机械消耗量乘以系数 1.15，同时材料中燃动费属于施工机械费用，也应同乘 1.15，故柴油消耗量调整为 104.584×1.15＝120.272（kg）。

### （四）施工机械台班单价的计算案例

施工机械台班单价（含税）计算案例如下。

**【例 3.12】** 已知汽车式起重机（额定总起重量 60t）的基础数据（除税），如表 3.10 所示，试计算其台班单价（含税价）。

表 3.10　汽车式起重机的基础数据（除税）

| 折旧年限/年 | 预算价格/元 | 残值率/% | 年工作台班/台班 | 耐用总台班/台班 | 检修次数 | 一次检修费/元 | 一次安拆及场外运费/元 | 年平均安拆次数 | K 值 | 机上人工消耗量/工日 |
|---|---|---|---|---|---|---|---|---|---|---|
| 10～14 | 2179744 | 5 | 200 | 2250 | 2 | 473504 |  |  | 2.07 | 2 |

**【解】** 依据《湖北省施工机具使用费定额》（2018 版）附录 3，施工机械台班单价（含税价）编制规则见表 3.11。

表 3.11　施工机械台班单价（含税价）编制规则

| 序号 | 施工机械台班单价 | 施工机械台班单价(含税价)编制规则 |
|---|---|---|
| 1 | 机械台班单价 | 各组成内容按以下方法分别调整 |
| 1.1 | 台班折旧费(含税) | 预算价格(除税)×(1＋残值率)÷耐用总台班×(1＋增值税率 13%) |
| 1.2 | 检修费(含税) | 中小型机械：一次检修费(除税)×检修次数÷耐用总台班÷[自行检修比例 60%＋委托检修比例 40%÷(1＋增值税率 13%)]<br>大型机械：一次检修费(除税)×检修次数÷耐用总台班÷[自行检修比例 10%＋委托检修比例 90%÷(1＋增值税率 13%)] |

续表

| 序号 | 施工机械台班单价 | 施工机械台班单价(含税价)编制规则 |
|---|---|---|
| 1.3 | 维护费(含税) | 中小型机械:台班维护费(除税)÷[自行检修比例60%+委托检修比例40%+(1+增值税率13%)]<br>大型机械:台班维护费(除税)÷[自行检修比例10%+委托检修比例90%÷(1+增值税率13%)]<br>或台班维护费=台班检修费(含税)×$K$<br>式中,$K$为维护费系数 |
| 1.4 | 安拆及场外运费(含税) | |
| 1.4.1 | 计入台班单价(中小型机械) | 安拆及场外运费(除税)÷[考虑自行安装不可扣减比例50%+可扣减比例50%÷(1+增值税率9%)] |

依据国家税率调整的文件《关于深化增值税改革有关政策的公告》(财政部　税务总局　海关总署公告2019年第39号),自2019年4月1日起施工机械及仪器仪表相关费用适用增值税率调整为13%。

施工机械台班单价应按下列公式计算:

扣燃动费台班单价=台班折旧费+台班检修费+台班维护费+台班安拆及场外运费+台班人工费+台班其他费

台班折旧费(含税)=预算价格(含税)×(1-残值率)÷耐用总台班

预算价格(含税)=预算价格(除税)×(1+增值税率)

=2179744×(1+13%)=2463110.72(元)

台班折旧费(含税)=2463110.72×(1-5%)÷2250=1039.98(元/台班)

台班检修费(含税)=一次检修费(除税)×检修次数÷耐用总台班÷[自行检修比例10%+委托检修比例90%÷(1+增值税率13%)]=473504×2÷2250÷[0.1+0.9÷(1+13%)]=469.50(元/台班)

台班维护费(含税)=检修费(含税)×$K$=469.50×2.07=971.87(元/台班)

人工费=人工消耗量×人工单价=2×142=284(元/台班)

其他费查《湖北省施工机具使用费定额》(2018版)附录4其他费(含税)费用表,可知:

其他费=276.56(元/台班)

扣燃动费台班单价(含税)=1039.98+469.50+971.87+284+276.56

=3041.91(元/台班)

施工仪器仪表台班单价(含税)计算案例如下。

**【例3.13】** 已知多功能交直流钳形测量仪基础数据(除税),如表3.12所示,试计算扣燃动费施工仪器仪表台班单价(含税价)。

**表3.12　多功能交直流钳形测量仪基础数据(除税)**

| 预算价格/元 | 折旧年限/年 | 残值率/% | 耐用总台班/台班 | 年工作台班/台班 | 年使用率/% | 年维护费/元 | 年校验费/元 | 台班耗电量/(kW·h) |
|---|---|---|---|---|---|---|---|---|
| 2051 | 5 | 5 | 875 | 175 | 70 | 103.21 | 183.97 | 0.16 |

**【解】** 依据《湖北省施工机具使用费定额》(2018版)附录2,施工机械台班单价(含税价)编制规则见表3.13。

表 3.13　施工仪器仪表台班单价（含税价）编制规则

| 施工仪器仪表台班单价 | 施工仪器仪表台班单价(含税价)编制规则 |
| --- | --- |
| 折旧费(含税) | 折旧费(除税)×(1+增值税率 13%) |
| 维护费(含税) | 维护费(除税)×(1+增值税率 13%) |
| 校验费(含税) | 校验费(除税)×(1+增值税率 13%) |
| 动力费(含税) | 动力费=台班耗电量×电价(含税) |

施工仪器仪表台班单价应按下列公式计算：

扣燃动费台班单价=台班折旧费+台班维护费+台班校验费

台班折旧费=预算价格×（1−残值率）÷耐用总台班

预算价格（含税）=预算价格（不含税）×（1+增值税率）

=2051×（1+13%）=2317.63（元/台班）

台班折旧费=2317.63×（1−5%）÷875=2.52（元/台班）

台班维护费=年维护费×（1+增值税率）=103.21×（1+13%）=116.63（元/台班）

台班校验费=年校验费×（1+增值税率）=183.97×（1+13%）=207.89（元/台班）

多功能交直流钳形测量仪的扣燃动费台班单价（含税）=2.52+116.63+207.89

=327.04（元/台班）

## 小结

本单元的学习目标是：掌握工程定额的概念，能按照不同原则和方法对定额进行分类；掌握人工、材料、施工机具台班定额消耗量的确定方法和人工、材料和施工机具台班单价的确定方法。

本单元思维导图如下：

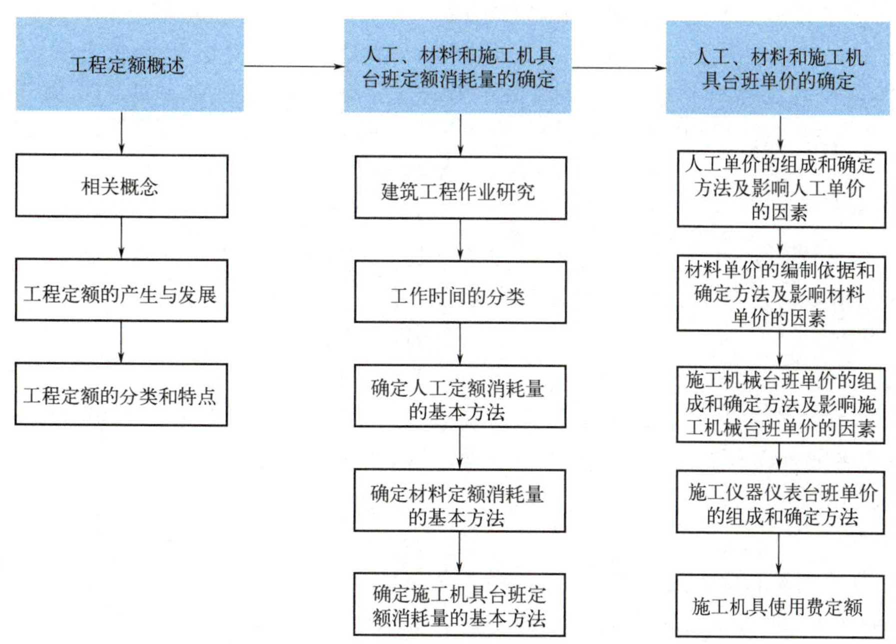

## 能力训练题

二维码 3-3

### 一、单选题

1. 下列工程定额中，(　　) 是以单位工程为对象，反映完成一个规定计量单位建筑安装产品的消耗的经济指标。

A. 预算定额　　B. 概算定额

C. 概算指标　　D. 投资估算指标

2. 下列定额中，子目最多、项目划分最细的是 (　　)。

A. 施工定额　　B. 概算定额

C. 预算定额　　D. 投资估算指标

3. 下列人工消耗量定额测定时间中，其长短与所负担的工作量大小无关，但往往与工作内容有关的是 (　　)。

A. 基本工作时间　　B. 辅助工作时间

C. 准备与结束工作时间　　D. 休息时间

4. 下列机械工作时间中，属于有效工作时间的是 (　　)。

A. 筑路机在工作区末端的掉头时间

B. 体积达标而未达到载重吨位的货物汽车运输时间

C. 机械在工作地点之间的转移时间

D. 装车数量不足且在低负荷情况下工作的时间

5. 关于材料消耗的性质及确定材料消耗量的基本方法，下列说法正确的是 (　　)。

A. 理论计算法适用于确定材料净用量

B. 必须消耗的材料量是指材料的净用量

C. 土石方爆破工程所需的炸药、雷管、引信属于非实体材料

D. 现场统计法主要适用于确定材料损耗量

6. 已知人工挖土方 $1m^3$ 的基本工作时间为 1 工日，辅助工作时间占工序作业时间的 5%，准备与结束工作时间、不可避免的中断时间、休息时间分别占工作日的 3%、2%、15%，则该人工挖土方的时间定额为 (　　) 工日/$10m^3$。

A. 13.33　　B. 13.16

C. 13.13　　D. 12.50

7. 已知砌筑 $1m^3$ 砖墙砖净用量和损耗量分别为 529 块、6 块，百块砖体积按 $0.146m^3$ 计算，砂浆损耗率为 10%，则砌筑 $1m^3$ 砖墙的砂浆用量为 (　　) $m^3$。

A. 0.250　　B. 0.253

C. 0.241　　D. 0.243

8. 正常施工条件下，完成单位合格建筑产品所需某材料的不可避免损耗量为 0.9kg，已知该材料的损耗率为 7.2%，则其总消耗量为 (　　) kg。

A. 13.50　　B. 13.40

C. 12.50　　D. 11.60

9. 某载重汽车预算价格为 20 万元，耐用总台班为 1000 台班，残值率 5%，需配置司机 1 人。若年制度工作日为 250 天，年工作台班为 200 台班，人工单价为 300 元，则该载重汽车的台班折旧费、人工费分别是 (　　) 元/台班。

A. 190、300　　B. 190、375

C. 200、300　　D. 200、375

10. 下列费用项目中，属于仪器仪表台班单价构成内容的是（　　）。

A. 人工费　　B. 燃料费

C. 软件检测费　　D. 校验费

## 二、多选题

1. 按定额的编制程序和用途，工程定额可以分为（　　）。

A. 施工定额　　B. 企业定额

C. 预算定额　　D. 补充定额

E. 投资估算指标

2. 下列工人工作时间中，属于有效工作时间的有（　　）。

A. 基本工作时间　　B. 准备与结束工作时间

C. 辅助工作时间　　D. 偶然工作时间

E. 不可避免的中断时间

3. 下列定额测定方法中，主要用于测定材料净用量的有（　　）。

A. 现场技术测定法　　B. 实验室试验法

C. 现场统计法　　D. 理论计算法

E. 写实记录法

4. 根据工程定额编制要求，下列工人工作时间消耗、材料消耗和机械工作时间的消耗，应计入人工、材料或施工机具定额的有（　　）。

A. 施工本身原因造成的人工停工时间　　B. 不可避免的施工废料

C. 施工措施性材料的用量　　D. 有根据地降低负荷下的工作时间

E. 与机械保养相关的必要中断时间

5. 关于材料单价的构成和计算，下列说法中正确的有（　　）。

A. 材料单价指材料由其来源地运至工地仓库的入库价

B. 运输损耗指材料在场外运输装卸及施工现场内搬运发生的不可避免的损耗

C. 采购及保管费包括组织材料检验、供应过程中发生的费用

D. 材料单价中包含材料仓储费和工地保管费

E. 材料生产成本的变动直接影响材料单价的波动

## 三、简答题

1. 什么叫施工过程？施工过程如何分类？

2. 什么叫机械台班消耗定额？它有几种表现形式？

3. 人工工作时间中，属于必须消耗的时间有哪些？

4. 什么是材料价格？它由哪几部分组成？

5. 影响施工机械台班单价的因素有哪些？

## 四、计算题

1. 某沟槽采用斗容量为 $0.5m^3$ 的反铲挖掘机挖土，已知该挖掘机铲斗充盈系数为 1.0，每循环 1 次时间为 2min，机械利用系数为 0.85。试计算该挖掘机台班产量定额。

2. 某现浇框架结构房屋，框架柱和梁均采用 C25 现场搅拌混凝土，其中框架柱工程量总和为 $18m^3$，框架梁工程量总和为 $22m^3$。现场混凝土搅拌采用出料容量为 400L 的搅拌机，框架结构间采用空心砌块砌筑，砌筑总面积为 $120m^2$。相关技术资料如下：

① 上述搅拌机每一次循环，装料 55s，搅拌 140s，卸料 40s，不可避免的中断 15s，机

械利用系数为0.8，混凝土损耗率为1.5%。

② 砌筑$1m^2$空心砌块墙需消耗基本工作时间35min，辅助时间占工作延续时间的6%，不可避免的中断时间占基本工作时间的3%，休息时间占基本工作时间的4%。

试计算：

① 完成框架柱、梁混凝土工程量所需的混凝土搅拌机台班数量。

② 完成每跨空心砌块填充工作需要的工日。

3. 某工程采用袋装水泥，由甲、乙两家企业直供。甲厂供应量为5000t，出厂价280元/t，汽车运距35km，运输费为1.2元/(t·km)，装卸费8元/t；乙厂供应量7000t，出厂价260元/t，汽车运距50km，运输费为1.2元/(t·km)，装卸费7.5元/t。

已知：运输损耗率2.5%，采购及保管费费率3%。试计算该工程水泥的价格。

# 单元四

# 工程计价定额

## 内容提要

本单元主要介绍三个方面的内容：一是预算定额；二是概算定额、概算指标与投资估算指标；三是装配式建筑工程定额、智能建造定额及工程计价信息。

## 学习目标

通过本单元的学习，了解预算定额、概算定额、概算指标与投资估算指标的概念和作用；熟悉预算定额人材机的消耗量和定额基价的编制方法；掌握预算定额的应用；熟悉概算定额、概算指标与投资估算指标的表现形式与应用；了解装配式建筑工程定额、智能建造定额的发展；熟悉装配式建筑工程定额、工程造价智能建造定额的主要内容与表现形式；熟悉工程计价信息的主要内容 。

## 素质拓展

北宋东京（今河南省开封市）州桥遗址是一项重大考古成果。该遗址的一处亮点，是在古汴河靠近古州桥的两岸，出土了巨型石刻壁画。而最让人称奇的是，该壁画的每一个砌块上均隐约刻有文字，经分析其营造过程采用了编码技术。这个编码体系，数字之外的文字共有 36 个，与数字搭配，实现了对每一个石雕砌块编码，既对砌块身份进行了唯一的标记，同时又表达了砌块之间的组合关系、现代工程建设，其建设对象体量庞大，需要实现数字建造转型，配合建成对象分解结构体系的编码体系。

## 任务一 预算定额

**引例 1** 某学院图书信息大楼的施工图设计已经完成，下一步要进入招投标阶段，业主确定采用公开招标的方式确定承包人。在进行招投标时，请思考如下问题。

① 业主预先编制该工程造价（即标底）时，要使用什么定额?
② 投标人在编制该工程的投标报价时，要使用什么定额?

## 一、预算定额的概念与用途

### (一) 预算定额的概念

预算定额是指在正常合理的施工条件下，完成一定计量单位分项工程或结构构件所必需的人工、材料、机械台班的消耗数量标准及其相应费用标准。预算定额属于计价性定额，我国大部分预算定额都包含了定额基价，但是其本质依然是反映单位合格工程人材机消耗量标准。

预算定额是以建筑物或构筑物各个分部分项工程为对象编制的定额，是以施工定额为基础综合扩大编制的，是计算建筑安装工程造价的基础，同时也是编制概算定额的基础。

### (二) 预算定额的用途

预算定额是用途最广的一种定额，在工程定额中占有很重要的地位。

1. 预算定额是编制施工图预算、确定和控制建筑安装工程造价的基础

施工图设计一经确定，工程预算造价就取决于预算定额水平和人工、材料及机械台班的价格。预算定额起着控制劳动消耗、材料消耗和机械台班使用的作用，进而起到控制建筑产品价格的作用。

2. 预算定额是编制施工组织设计的依据

施工组织设计的重要任务之一是确定施工中所需人力、物力的供求量，并做出最佳安排。施工单位在缺乏本企业的施工定额的情况下，根据预算定额，也能够比较精确地计算出施工中各项资源的需要量，为有计划地组织材料采购、预制件加工、劳动力和施工机械的调配提供可靠的计算依据。

3. 预算定额是确定合同价款、工程结算的依据

按照施工图进行工程发包时，合同价款的确定需要依据施工图纸及预算定额。工程结算是建设单位和施工单位按照工程进度对已完成的分部分项工程实现货币支付的行为。按进度支付工程款，需要根据预算定额将已完成的分项工程的造价算出。单位工程验收后，再按竣工工程量、预算定额和施工合同规定进行结算，以保证建设单位资金的合理使用和施工单位的经济收入。

4. 预算定额是施工单位进行经济活动分析的依据

预算定额规定的物化劳动和劳动消耗指标，是施工单位在生产经营中允许消耗的最高标准。施工单位必须以预算定额作为评价企业工作的重要标准，作为努力实现的目标。施工单位可根据预算定额对施工中的劳动、材料、机械的消耗情况进行具体的分析，以便找出并克服低工效、高消耗的薄弱环节，提高竞争力。只有在施工中尽量降低劳动消耗、采用新技术、提高劳动者素质、提高劳动生产率，才能取得更好的经济效益。

5. 预算定额是编制概算定额的基础

概算定额是在预算定额基础上综合扩大编制的。利用预算定额作为编制依据，不但可以节省编制工作的大量人力、物力和时间，收到事半功倍的效果，还可以使概算定额在水平上与预算定额保持一致，以免造成执行中的不一致。

6. 预算定额是合理编制最高投标限价、投标报价的基础

在深化改革中，预算定额的指令性作用将日益削弱，但对施工单位按照工程成本报价的

指导性作用仍然存在，因此预算定额作为编制最高投标限价的依据和施工企业投标报价的基础的作用仍将存在，这也是由预算定额本身的科学性和指导性决定的。

**引例 1 分析**　预算定额是编制招标控制价和投标报价的依据,所以业主预先编制该工程造价（即标底）时，要使用预算定额。投标人在编制该工程的投标报价时，也要使用预算定额。

## 二、预算定额消耗量编制

### （一）预算定额的编制原则

为保证预算定额的质量、充分发挥预算定额的作用和实际使用简便，预算定额的编制必须严格遵循以下原则。

1. 社会平均水平原则

建筑安装工程预算定额是计算、确定建设工程产品价格的重要依据之一，那么，预算定额的水平理应满足价值规律的要求，按生产该产品的社会平均必要劳动时间来确定其价值。也就是说，在正常的施工条件下，以平均的劳动强度、平均的技术熟练程度，在平均的技术装备条件下，完成单位合格产品所需的劳动消耗量就是预算定额的消耗水平。

这里的平均水平指的是：大多数施工企业能够达到、少数施工企业可以超过、少数施工企业必须通过努力才能达到的水平。只有按平均水平的原则编制预算定额，才能使预算定额反映完成建筑安装工程单位合格产品所必需的社会劳动消耗，成为建设工程产品统一的核算尺度，预算定额才能发挥合理确定工程产品价格、正确编制固定资产投资计划、适度把握固定资产投资规模、恰当地补偿工程施工中的劳动耗费、促进施工企业搞好经济核算、提高投资经济效益等重要作用。

2. 简明适用原则

在编制预算定额、划分其中分项工程项目时，必须坚持简明适用原则。

①“简明”强调的是综合性，即在划分预算定额中的分项项目时，综合性一定要强，要在保证预算定额的分项项目相对准确的条件下，尽量使分项项目简明扼要，以尽可能地简化工程计价过程中的工程量计算工作。

②“适用”则强调齐全性，指的是分项项目的划分在加强综合性的同时，必须注重实际情况，保证项目相对齐全，以利于预算定额的使用方便。

要体现简明适用原则，就应在编制预算定额时采用“粗编细算”的方法。所谓“粗编”是指分项项目的划分不能过多、过细，必须保持一定的步距，以体现综合性；所谓“细算”是指在计算各分项工程的消耗指标时，必须全面细致、准确无误，既要进行理论计算和科学实验，又要进行大量深入、细致的调查研究及分析测算，既要考虑主要工序、主要因素，又要考虑次要工序、次要因素，使预算定额能满足“适用”的要求。

### （二）预算定额人工消耗量的确定

预算定额中人工消耗量指标是指完成单位分项工程或结构构件所必需消耗的人工工日数量，包括基本用工和其他用工两部分。人工消耗量可以有两种确定方法：一是以现行的《全国建筑安装工程统一劳动定额》为基础进行计算；二是以现场观察测定资料为基础进行计算。

1. 基本用工

基本用工是指完成该项分项工程所必需消耗的技术工种用工。例如，为完成各种墙体工程中的砌砖、调制砂浆和运砖工作所必需消耗的用工量。基本用工按综合取定的工程量和劳动定额中相应的时间定额进行计算。

基本用工包括以下三个方面。

① 完成定额计量单位的主要用工。按综合取定的工程量和相应劳动定额进行计算。计算公式如下：

$$基本用工=\sum(综合取定的工程量\times时间定额) \tag{4.1}$$

② 按劳动定额规定应增加（减少）的用工量。由于预算定额是以施工定额子目综合扩大的，包括的工作内容较多，施工的效果视具体部位不同，其效果也不一样，需要另外增加用工时，列入基本用工内。例如，砖基础埋深超过1.5m时，超过部分要增加用工，且预算定额中应按一定比例给予增加。

2. 其他用工

其他用工是辅助基本用工消耗的工日，包括超运距用工、辅助用工和人工幅度差用工。

（1）超运距用工　超运距是指劳动定额中已包括的材料、半成品在场内的水平搬运距离与预算定额所考虑的现场材料、半成品堆放地点到操作地点的水平运输距离之差。其计算公式如下：

$$超运距=预算定额取定运距-劳动定额已包括的运距 \tag{4.2}$$

$$超运距用工=\sum(超运距材料数量\times时间定额) \tag{4.3}$$

**特别提示**　实际工程现场运距超过预算定额取定运距时，可另行计算现场二次搬运费。

（2）辅助用工　辅助用工是指技术工种劳动定额内不包括但在预算定额内必须考虑的用工。例如机械土方工程配合用工、材料加工（筛砂、洗石等）、电焊点火用工等。计算公式如下：

$$辅助用工=\sum(材料加工数量\times相应的加工劳动定额) \tag{4.4}$$

（3）人工幅度差用工　人工幅度差用工是指预算定额与劳动定额的差额，主要是指在劳动定额中未包括而在正常施工情况下不可避免但又很难准确计量的用工和各种工时损失，内容包括：

① 各工种间的工序搭接及交叉作业相互配合或影响所发生的停歇用工。

② 施工过程中，移动临时水电线路所造成的影响工人操作的时间。

③ 质量检查和隐蔽工程验收工作所造成的影响工人操作的时间。

④ 同一现场内单位工程之间因操作地点转移所造成的影响工人操作的时间。

⑤ 工序交接时对前一工序进行的不可避免的修整用工。

⑥ 施工中不可避免的其他零星用工。

人工幅度差用工计算公式如下：

$$人工幅度差用工=(基本用工+辅助用工+超运距用工)\times人工幅度差系数 \tag{4.5}$$

人工幅度差系数一般为10%～15%。在预算定额中，人工幅度差的用工量列入其他用工量中。

由上述可知，预算定额中的人工消耗量为

$$人工消耗量=(基本用工+超运距用工+辅助用工)\times(1+人工幅度差系数) \tag{4.6}$$

预算定额人工消耗量计算实例如下。

**【例4.1】** 已知完成1$m^3$混水砖墙的基本用工为20工日，超运距用工为3工日，辅助用工为1.5工日，人工幅度差系数是10%，预算定额中的人工工日消耗量为多少工日？

【解】预算定额人工消耗量=(基本用工+超运距用工+辅助用工)×(1+人工幅度差系数)=(20+3+1.5)×(1+10%)=26.95（工日）

### （三）预算定额材料消耗量的确定

1. 材料消耗量的概念

材料消耗量是指在正常施工生产条件下，为完成单位合格产品的施工任务所必须消耗的材料、成品、半成品、构配件及周转性材料的数量标准。材料按用途划分为以下四种。

（1）主要材料　主要材料是指直接构成工程实体的材料，其中也包括成品、半成品的材料。

（2）辅助材料　辅助材料是指除主要材料以外的构成工程实体的其他材料。如垫木、钉子、铅丝等。

（3）周转性材料　周转性材料是指脚手架、模板等多次周转使用的不构成工程实体的摊销性材料。

（4）其他材料　其他材料是指用量较少且难以计量用量的材料。如用于编号的油漆等。

2. 材料消耗量的组成

预算定额材料消耗量，既包括构成产品实体的材料净用量，又包括施工现场范围内材料堆放、运输、制备、制作及施工操作过程中不可避免的损耗量。

其计算公式如下：

$$材料消耗量=材料净用量+材料损耗量 \tag{4.7}$$

或

$$材料消耗量=材料净用量\times(1+损耗率) \tag{4.8}$$

$$损耗率=\frac{材料损耗量}{材料净用量}\times100\%$$

3. 材料消耗量的计算方法

在建设工程成本中，材料费占70%左右，因此，正确确定材料消耗量，对合理使用材料，减少材料积压或浪费，正确计算、控制建设工程成本乃至建设工程产品价格等都具有十分重要的意义。预算定额材料消耗量计算方法主要有以下几种。

① 按标准规格与规范要求计算。这种方法主要适用于块状、板状和卷筒状的材料消耗，如砖、钢材、玻璃、油毡防水卷材、块料面层等。

② 凡设计图纸标注尺寸与下料要求的按设计图纸尺寸计算材料净用量，如门窗制作用材料、枋、板料等。

③ 对于配合比用料，可采用换算法，如各种涂料等材料。

④ 测定法。包括实验室试验法和现场观察法。各种强度等级的混凝土及各种配合比的砌筑砂浆耗用原材料数量的计算，须按照规范要求试配，试压合格并经过必要的调整后得出水泥、砂、石子、水的用量。对于不能用其他方法确定定额消耗量的新材料、新结构，须用现场测定方法来确定，根据不同条件可以采用写实记录法和观察法，得出定额的消耗量。

**特别提示**　为简化工程量而做出的规定对定额消耗量的影响，在制定定额时要消除。

【例4.2】某砌筑工程，经测定计算，每10m$^3$一砖标准砖墙，墙体中梁头、板头体积占3.2%，单个面积0.3m$^2$以内孔洞体积占1.2%，突出部分墙面砌体占0.48%。试计算标准砖和砂浆定额用量。

【解】①每10m$^3$标准砖理论净用量：

$$砖净用量（块）=\frac{墙厚砖数\times2}{墙厚\times(砖长+灰缝)\times(砖厚+灰缝)}\times10$$

$$=\frac{1\times 2}{0.24\times(0.24+0.01)\times(0.053+0.01)}\times 10$$

$=5291$ （块/10m³）

② 按砖墙工程量计算规则规定，不扣除梁头、板垫及单个面积在 0.3m² 以下的孔洞等的体积；不增加突出墙面的窗台虎头砖、门窗套及三皮砖以内的腰线等的体积，即

定额净用量＝理论净用量×（1＋不增加部分比例－不扣除部分比例）

＝5291×[1＋0.48%－（3.2%＋1.2%）]

＝5291×0.9608

＝5084（块/10m³）

③ 砂浆净用量：

砂浆净用量＝1m³ 砌体－1m³ 砌体的砖数×1 块砖的体积

＝(1－529.1×0.24×0.115×0.053）×10×0.9608

＝2.172（m³/10m³）

④ 标准砖和砂浆定额消耗量。

砖墙中标准砖及砂浆的损耗率均为 1.5%，则

标准砖定额消耗量＝5084×(1＋1.5%）＝5160（块/10m³）

砂浆定额消耗量＝2.172×(1＋1.5%）＝2.205（m³/10m³）

### （四）预算定额施工机械台班消耗量的确定

施工机械台班消耗量是指在机械正常施工条件下，完成单位合格的建筑安装产品（分项工程或结构构件）所必需的各种施工机械的台班数量标准。

1. 根据施工定额确定机械台班消耗量

这种方法是指用施工定额中机械台班产量加机械台班幅度差计算预算定额的机械台班消耗量。

机械台班幅度差是指在施工定额中所规定的范围内没有包括，而在实际施工中又难免产生的影响机械或使机械停歇的时间。其内容包括：

① 施工机械转移工作面及配套机械相互影响损失的时间。

② 在正常施工条件下，机械在施工中不可避免的工序间歇。

③ 工程开工或收尾时工作量不饱满所损失的时间。

④ 检查工程质量影响机械操作的时间。

⑤ 临时停机、停电影响机械操作的时间。

⑥ 机械维修引起的停歇时间。

大型机械幅度差系数一般为：土方机械为 25%；打桩机械为 33%；吊装机械为 30%；砂浆机械为 10%；其他分部工程中如钢筋加工、木材、水磨石等各项专用机械为 10%。

综上所述，预算定额机械台班消耗量按下式计算：

预算定额机械台班消耗量＝施工定额机械台班消耗量×(1＋机械幅度差系数）（4.9）

**特别提示** 垂直运输的塔吊、卷扬机以及混凝土搅拌机、砂浆搅拌机由于按小组配用，以小组产量计算机械台班产量，不另增加机械幅度差。

2. 以现场测定资料为基础确定机械台班消耗量

如遇到施工定额（劳动定额）缺项者，则需要依据单位时间完成的产量测定，具体方法详见单元三。

**【例 4.3】** 已知某挖土机挖土，一次正常循环工作时间是 40s，每次循环平均挖土量 $0.3m^3$，机械时间利用系数为 0.8，机械幅度差系数为 25%。求该机械挖土方 $1000m^3$ 的预算定额机械台班消耗量。

**【解】** 机械纯工作 1h 循环次数＝3600/40＝90（次/台时）

机械纯工作 1h 正常生产率＝90×0.3＝27（$m^3$/台时）

施工机械台班产量定额＝27×8×0.8＝172.8（$m^3$/台班）

施工机械台班时间定额＝1/172.8＝0.00579（台班/$m^3$）

预算定额机械台班消耗量＝0.00579×（1＋25%）＝0.00724（台班/$m^3$）

挖土方 1000 $m^3$ 的预算定额机械台班消耗量＝1000×0.00724＝7.24（台班）

## 三、预算定额基价编制

预算定额基价就是预算定额分项工程或结构构件的单价，我国现行各省预算定额基价的表述内容不尽统一。有的定额基价为工料单价，如广西在 2024 年发布的《广西壮族自治区建筑装饰装修工程消耗量定额》(征求意见稿）中，定额基价包括人工费、材料和工程设备费和施工机具使用费，如表 4.1 所示。有的定额基价为不完全综合单价，如四川省在 2020 年发布的《四川省建设工程工程量清单计价定额》，定额基价由人工费、材料和工程设备费、施工机具使用费、企业管理费和利润组成，如表 4.2 所示。有的定额基价为完全综合单价，如湖北省在 2024 年发布的《湖北省房屋建筑与装饰工程消耗量定额及全费用基价表》，定额基价包括人工费、材料费、机械费、费用和增值税，其中费用包括总价措施项目费、企业管理费、利润，如表 4.3 所示。

**表 4.1　《广西壮族自治区建筑装饰装修工程消耗量定额》(工料单价)**

工作内容：挖土，装土，修整边、底。　　计量单位：$100m^3$

| 定额编号 | | | | | A-1-4 | A-1-5 | A-1-6 |
|---|---|---|---|---|---|---|---|
| 项目 | | | | | 人工挖土方 | | |
| | | | | | 深 1.5m 以内 | | |
| | | | | | 一、二类土 | 三类土 | 四类土 |
| 基价/元 | | | | | 1774.78 | 3209.89 | 4919.69 |
| 其中 | 人工费/元 | | | | 1774.78 | 3209.89 | 4919.69 |
| | 材料费/元 | | | | — | — | — |
| | 机械费/元 | | | | — | — | — |
| 分类 | 编码 | 名　称 | 单位 | 单价/元 | 数量 | | |
| 人工 | 000301000 | 人工费 | 元 | 1.00 | 1774.7790 | 3209.8870 | 4919.6985 |

**表 4.2　《四川省建设工程工程量清单计价定额》(不完全综合单价)**

工作内容：挖土，人工修整边、底，弃渣于开挖线边≤5m 处堆放。　　计量单位：$10m^3$

| 定额编号 | | QA0001 |
|---|---|---|
| 项目 | | 人工挖一般土方 |
| 综合基价/元 | | 469.17 |
| 其中 | 人工费/元 | 360.90 |
| | 材料费/元 | — |
| | 机械费/元 | — |
| | 管理费/元 | 32.99 |
| | 利润/元 | 75.28 |

表 4.3 《湖北省房屋建筑与装饰工程消耗量定额及全费用基价表》(完全综合单价)

工作内容：挖土，修整边、底。　　计量单位：$10m^3$

| 定额编号 | | G1-1 | G1-2 |
|---|---|---|---|
| 项目 | | 人工挖一般土方 | |
| | | 一、二类土 | 三类土 |
| 全费用/元 | | 384.56 | 622.36 |
| 其中 | 人工费/元 | 265.53 | 429.72 |
| | 材料费/元 | — | — |
| | 机械费/元 | — | — |
| | 费用/元 | 87.28 | 141.25 |
| | 增值税/元 | 31.75 | 51.39 |

以工料单价为例，预算定额基价的编制，就是工料机的消耗量和工料机单价的结合过程，其计算公式如下。

$$分项工程预算定额基价=人工费+材料费+机具使用费 \tag{4.10}$$

其中：

$$人工费=\sum(现行预算定额中各种人工工日用量\times人工日工资单价) \tag{4.11}$$

$$材料费=\sum(现行预算定额中各种材料耗用量\times相应材料单价) \tag{4.12}$$

$$\begin{aligned}机具使用费=&\sum(现行预算定额中机械台班用量\times机械台班单价)\\&+\sum(仪器仪表台班用量\times仪器仪表台班单价)\end{aligned} \tag{4.13}$$

**特别提示** 《湖北省房屋建筑与装饰工程消耗量定额及全费用基价表》(2024)中，对于定额中不便计量、用量少、低值易耗的零星材料，将其费用列为其他材料费，以百分比表示，其计算基数不包括机械燃料动力费。施工机械台班单价中燃料动力费并入消耗量定额的材料中。材料数量调整时，不调整燃料动力材料数量。机械台班单价按《湖北省建设工程公共专业消耗量定额及全费用基价表》(2024)附录三中扣燃料动力费的除税价格取定。机械台班数量调整时，同步调整燃料动力材料数量。

## 四、预算定额的内容、识读、应用及补充

### (一) 预算定额的内容

预算定额的内容一般由总说明、建筑面积计算规范、分部说明和工程量计算规则、分项工程定额表和有关的附录（附表）组成。

1. 总说明

总说明是对定额的使用方法及全册共同性问题所作的综合说明和统一规定。要正确地使用消耗量定额，就必须首先熟悉和掌握总说明内容，以便对整个定额手册有全面了解。

总说明内容一般如下：

① 定额的编制依据、适用范围；

② 定额的内容和作用；

③ 人工、材料、机械台班定额消耗量（“三量”）和价格（“三价”）确定的说明和规定；

④ 定额基价的组成；

⑤ 定额的其他规定等。

2. 建筑面积计算规范

建筑面积是以“$m^2$”为计量单位，反映房屋建设规模的实物量指标。建筑面积计算规范是按国家统一规定编制的，是计算工业与民用建筑建筑面积的依据。

3. 分部说明和工程量计算规则

(1) 分部说明 分部说明是对本分部编制内容、使用方法和共同性问题所作的说明与规定，它是消耗量定额的重要组成部分。

(2) 工程量计算规则 工程量计算规则是对本分部中各分项工程工程量的计算方法所作的规定，它是编制预算时计算分项工程工程量的重要依据。

4. 分项工程定额表

定额表是定额最基本的表现形式，分项工程定额表包括分项工程基价、分项工程消耗指标、材料预算价格、机械台班预算价格。每一定额表均列有工作内容、定额编号、项目名称、计量单位、定额消耗量、基价和附注等。

① 工作内容。在定额表表头上方说明分项工程的工作内容，包括主要工序、操作方法、计量单位等。

② 定额编号。定额编号是消耗量定额表的主要组成内容，在编制工程造价时，必须注明所套用的定额编号。一方面便于起到快速查阅定额的作用；另一方面也便于预算审核人检查定额项目套用是否正确、合理，以起到减少差错、提高管理水平的作用。不同地区预算定额的编码形式不同，以《湖北省房屋建筑与装饰工程消耗量定额及全费用基价表》(2024)为例，定额编号用“三符号”编号法来表示，如图 4.1 所示。

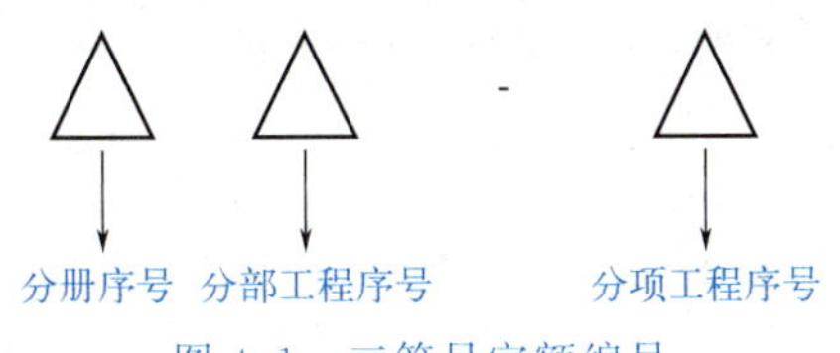


图 4.1 三符号定额编号

其中，英文字母 A、C、D、E、G 等表示分册序号。“A”表示房屋建筑与装饰工程，“C”表示通用安装工程，“D”表示市政工程，“E”表示园林绿化工程，“G”表示公共专业工程和装配式结构工程。分部工程序号，用阿拉伯数字 1、2、3、4 等表示。每一分部中分项工程或结构构件序号从小到大按顺序编制，用阿拉伯数字 1、2、3、4 等表示。例如，定额编号 A1-31 中：“A”表示房屋建筑与装饰工程，“1”表示结构屋面分册中的第 1 个分部工程——砌筑工程，“31”表示第 31 个子项目，即干混砌筑砂浆 DM M10 砌筑≤150mm 厚蒸压加气混凝土砌块墙。

③ 分项工程定额名称。

④ 定额基价，包括人工费、材料费、机械费。

⑤ 人工表现形式，包括工日数量和工日单价。

⑥ 材料（含成品、半成品）表现形式。材料栏中主要列出主要材料、辅助材料和零星材料等名称及消耗量，并计入相应损耗。

⑦ 施工机具的表现形式。栏中主要列出施工机具的名称、规格和数量。

5. 附录

附录是消耗量定额的有机组成部分，各省、自治区、直辖市编入的内容不尽相同，一般包括定额砂浆与混凝土配合比表、建筑机械台班费用定额、主要材料施工损耗表、建筑材料预算价格取定表、某些工程量计算表以及简图等。定额附录内容可作为定额换算与调整和制定补充定额的参考依据。

### （二）预算定额的识读

《湖北省房屋建筑与装饰工程消耗量定额及全费用基价表》(2024) 中“混水砖墙”定额如表 4.4 所示，现以此为例，说明消耗量定额的具体识读和使用方法。

**表 4.4　混水砖墙**

工作内容：调、运、铺砂浆，运、砌砖，安放木砖、垫块。　　　　计量单位：$10m^3$

| 定额编号 | | | | A1-5 | A1-6 | A1-7 |
|---|---|---|---|---|---|---|
| 项目 | | | | 混水砖墙 | | |
| | | | | 1 砖 | 1 砖半 | 2 砖及以上 |
| 全费用/元 | | | | 7597.74 | 7498.97 | 7296.25 |
| 其中 | 人工费/元 | | | 2437.22 | 2345.24 | 2213.92 |
| | 材料费/元 | | | 3214.04 | 3256.69 | 3267.13 |
| | 机械费/元 | | | 52.25 | 55.91 | 57.06 |
| | 费用/元 | | | 1266.89 | 1221.95 | 1155.70 |
| | 增值税/元 | | | 627.34 | 619.18 | 602.44 |
| 名称 | | 单位 | 单价/元 | 数量 | | |
| 材料 | 蒸压灰砂砖 $240\times115\times53mm^3$ | 千块 | 390.00 | 5.379 | 5.332 | 5.296 |
| | 干混砌筑砂浆 DM M10 | t | 280.00 | 3.932 | 4.148 | 4.235 |
| | 水 | $m^3$ | 3.26 | 1.638 | 1.680 | 1.683 |
| | 其他材料费 | % | — | 0.180 | 0.180 | 0.180 |
| | 电【机械】 | kW·h | 0.64 | 6.500 | 6.956 | 7.099 |
| 机械 | 干混砂浆罐式搅拌机 20000L | 台班 | 229.15 | 0.228 | 0.244 | 0.249 |

表 4.4 中，定额编号 A1-6 的项目，是房屋建筑与装饰工程的第 1 个分部工程“砌筑工程”的第 6 个子目“1 砖半混水砖墙”项目，计量单位为 $10m^3$。表中数据计算过程如下：

全费用＝人工费＋材料费＋机械费＋费用＋增值税

＝2345.24＋3256.69＋55.91＋1221.95＋619.18＝7498.97（元）

材料费＝Σ（材料消耗量×材料单价）×（1＋其他材料费费率）

＋Σ（燃料动力台班消耗量×台班单价）

＝(5.332 ×390.00＋4.148×280.00＋1.680×3.26)×(1＋0.180%)＋6.956×0.64

＝ 3256.69（元）

机械费＝Σ（机具台班消耗量×机具台班单价）＝0.244×229.15＝55.91（元）

费用＝总价措施费＋企业管理费＋利润

＝(人工费＋机械费)×(安全文明施工费费率＋其他措施项目费费率

＋企业管理费费率＋利润率)

＝(2345.24＋55.91)×(9.78%＋0.55%＋25.13%＋15.43%)＝1221.95(元)

增值税＝（人工费＋材料费＋机械费＋费用）×增值税率

＝（2345.24＋3256.69＋55.91＋1221.95）×9%＝619.18（元）

**特别提示** 《湖北省房屋建筑与装饰工程消耗量定额及全费用基价表》(2024)中，费用包括总价措施项目费(由安全文明施工费和其他措施项目费组成)、企业管理费、利润，以人工费加施工机具使用费之和为计费基数，按一般计税方法的费率计算，费率分别为9.78%、0.55%、25.13%和15.43%。增值税以不含税费用为计税基数，按一般计税方法的税率即9%计算。

## (三) 预算定额的应用

二维码 4-1

在实际应用预算定额确定工程造价时，一般有三种情形：预算定额的直接套用、预算定额的换算、补充定额。

1. 预算定额的直接套用

当图纸设计工程项目的内容与定额项目的内容一致时，可直接套用定额，确定工料机消耗量，此类情况在编制施工预算时属于大多数情况。套用定额时应按照分册→分部工程→定额节→定额表→定额子目的顺序查找所需子目。直接套用定额的主要内容，包括定额编号、项目名称、计量单位、工料机消耗量、定额基价等。套用定额时应注意以下几点。

① 根据施工图纸、设计说明、做法说明、分项工程施工过程划分来选择合适的定额项目。

② 要从工程内容、技术特征、施工方法、材料的规格、机械型号等方面，仔细核对是否与定额项目相一致，才能正确地确定相应的定额项目。

③ 分项工程的名称、计量单位必须要与消耗量定额相一致，计量口径不一的，不能直接套用定额。

④ 要注意定额表上的工作内容，工作内容中列出的内容，其工、料、机消耗已包括在定额内，否则需另列项目计取。

**【例 4.4】** 某工程现用DM M10干混砌筑砂浆和标准蒸压灰砂砖砌一砖厚混水砖墙10$m^3$，试计算其主要材料和机械台班消耗量。

**【解】** 根据《湖北省房屋建筑与装饰工程消耗量定额及全费用基价表》(2024)，查找对应的定额子目。

依据砌筑工程→砌砖→砖墙→子目的流程查阅定额，见表4.4。确定定额编号为A1-5。

计算主要材料和机械台班消耗量。

主要材料消耗量如下：

240×115×53蒸压灰砂砖用量＝5.379千块/10$m^3$

DM M10干混砌筑砂浆用量＝3.932t/10$m^3$

水用量＝1.638$m^3$/10$m^3$

其他材料费＝0.18%

电用量＝6.50kW·h

机械台班消耗量（干混砂浆罐式搅拌机20000L）＝0.228台班/10$m^3$

⑤ 查阅时应特别注意定额表下的附注，附注作为定额表的补充与完善内容，套用时必须严格执行。

**【例 4.5】** 某住宅钢结构工程采用H形梁间支撑4.5t，试确定其人工费、材料费和机械费。

**【解】** 查阅2024版《湖北省房屋建筑与装饰工程消耗量定额及全费用基价表》(结构·

屋面）分册第 145 页，可见定额表下附注“H 形、箱形梁间支撑套用钢梁安装定额”，因此可直接套用钢梁定额子目，如表 4.5 所示。确定定额编号为 A3-51。

表 4.5 钢梁

工作内容：放线、卸料、校验、划线、构件拼装、加固、翻身就位、绑扎吊装、校正、焊接、固定、补漆、清理等。

计量单位：t

| 定额编号 | | A3-50 | A3-51 |
|---|---|---|---|
| 项目 | | 钢梁质量≤3t | 钢梁质量≤5t |
| 全费用/元 | | 8575.54 | 8475.91 |
| 其中 | 人工费/元 | 348.65 | 294.70 |
| | 材料费/元 | 7126.09 | 7120.17 |
| | 机械费/元 | 142.69 | 139.98 |
| | 费用/元 | 250.04 | 221.21 |
| | 增值税/元 | 708.07 | 699.85 |

注：H 形、箱形梁间(屋面)支撑套用钢梁安装定额。

可知，定额人工费=294.70 元/t，定额材料费=7120.17 元/t，定额机械费=139.98 元/t，该住宅钢结构工程采用 H 形梁间支撑 4.5t ，则

人工费=4.5×294.70=1308.15（元）

材料费=4.5×7120.17=32040.77（元）

机械费=4.5×139.98=629.91（元）

2. 预算定额的换算

当施工图纸设计要求与定额的工程内容、材料的规格型号、施工方法等条件不完全相符，按定额有关规定允许进行调整与换算时，该分项项目或结构能套用相应定额项目，但须按规定进行调整与换算。

消耗量定额调整与换算的实质是按定额规定的换算范围、内容和方法，对某些分项工程项目或结构构件按设计要求进行调整与换算。通常，对于调整与换算后的定额项目编号应在右下角注明“换”字，以示区别。

根据《湖北省房屋建筑与装饰工程消耗量定额及全费用基价表》（2024）给出的换算内容，可以归纳出常见的换算类型有以下几种。

（1）砂浆、混凝土配合比换算　砂浆、混凝土配合比换算是指当设计砂浆、混凝土配合比与定额规定不同时，砂浆、混凝土用量不变，即人工费、机械费不变，只调整材料费。换算应按定额规定的换算范围进行。其换算公式如下：

换算后的工料单价=原定额人工费+换算后的材料费+原定额机械费

=原定额基价+[换入砂浆(或混凝土)单价−定额砂浆(或混凝土)单价]×定额砂浆(或混凝土)用量　(4.14)

换算后的材料费=Σ（材料消耗量×材料单价）

=原定额材料费+[换入砂浆(或混凝土)单价−定额砂浆(或混凝土)单价]×定额砂浆(或混凝土)用量　(4.15)

**【例 4.6】** 试确定武汉市 DM M15 干混砌筑砂浆砌一砖厚混水砖墙 $10m^3$ 的定额编号、工料单价、人工费、材料费、机械费。

**【解】** 查阅 2024 版《湖北省房屋建筑与装饰工程消耗量定额及全费用基价表》（结构·屋

面）分册，如表 4.4 所示，可知干混砌筑砂浆砌一砖厚混水砖墙对应的定额编号为 A1-5，但是定额材料中使用的砂浆为 DM M10，而本例所用的砂浆为 DM M15，故需要对砂浆进行换算。其中，砂浆的单位消耗量不会改变，仅需要对砂浆的价格进行换算。由题设可知，工程建设地点为武汉，故 DM M15 砂浆的价格，可通过查阅武汉市的市场信息价得到，如表 4.6 所示。

**表 4.6　武汉市 2024 年 3 月预拌砂浆综合信息价**

| 序号 | 名称 | 规格型号 | 单位 | 含税价/元 | 除税价/元 | 备注 |
|---|---|---|---|---|---|---|
| 预拌砂浆 | | | | | | |
| 1 | 干混砌筑砂浆(散装) | DM M5.0 | t | 328.00 | 283.72 | M2.5、M5 混合砂浆；M2.5、M5 水泥砂浆 |
| 2 | 干混砌筑砂浆(散装) | DM M7.5 | t | 333.00 | 288.03 | M7.5 混合砂浆、M7.5 水泥砂浆 |
| 3 | 干混砌筑砂浆(散装) | DM M10 | t | 338.00 | 292.34 | M10.0 混合砂浆、M10.0 水泥砂浆 |
| 4 | 干混砌筑砂浆(散装) | DM M15 | t | 347.00 | 300.10 | M15.0 水泥砂浆 |
| 5 | 干混砌筑砂浆(散装) | DM M20 | t | 377.00 | 325.96 | M20.0 水泥砂浆 |
| 6 | 干混砌筑砂浆(散装) | DM M25 | t | 423.00 | 365.61 | |
| 7 | 干混砌筑砂浆(散装) | DM M30 | t | 446.00 | 385.44 | |

人工费 $=2437.22$ 元/$10m^3$

材料费 $=(5.379\times390.00+3.932\times300.10+1.638\times3.26)\times(1+0.18\%)$
$+6.500\times0.64=3293.21$（元/$10m^3$）

机械费 $=52.25$ 元/$10m^3$

工料单价 $=2437.22+3293.21+52.25=5782.68$（元/$10m^3$）

**特别提示**　预拌砂浆综合信息价中，DM M15 预拌砂浆的价格有两个：一个是含税价 347.00 元，另一个是除税价 300.10 元。2024 版《湖北省房屋建筑与装饰工程消耗量定额及全费用基价表》中列出的材料价格是从材料来源地（或交货地）至工地仓库（或存放地）的出库除税价格，由除税的材料原价（或供应价）、运杂费、运输损耗费、采购及保管费组成。所以，在进行定额换算时，需要选择除税价进行换算。有关含税价的使用，可参考费用定额中简易计税法相关内容。

（2）砂浆厚度换算　砂浆厚度换算指设计规定的砂浆找平或抹灰厚度与定额规定不相符时，砂浆用量需要改变，因而人工费、材料费、机械费均需要换算，在定额允许的范围内，对砂浆单价进行换算。

【例 4.7】　试确定 25 厚细石混凝土干混地面砂浆 DS M25 找平层 24.5$m^2$ 的定额人工费、材料费、机械费、工料单价与合价。假设 2024 年 3 月武汉市干混地面砂浆 DS M25 的含税价为 423.00 元/t，除税价为 365.61 元/t。

【解】查阅 2024 版《湖北省房屋建筑与装饰工程消耗量定额及全费用基价表》（装饰·措施）分册，如表 4.7 所示，混凝土硬基层上做砂浆找平层，可套用定额编号为 A9-1 的子目。但定额中所给的干混地面砂浆为 DS M20，而设计砂浆为 DS M25，所以要对砂浆强度等级进行换算。同时定额中给出的砂浆找平层的厚度为 20mm，而设计找平层的厚度为 25mm，所以还需要套用定额 A9-3 进行砂浆找平层的厚度调整换算。

表 4.7 平面砂浆找平层

工作内容：清理基层、调运砂浆、抹干、压实。 计量单位：100m²

| 定额编号 | | | | A9-1 | A9-2 | A9-3 |
|---|---|---|---|---|---|---|
| 项目 | | | | 平面砂浆找平层 | | |
| | | | | 混凝土或硬基层上 | 填充材料上 | 每增减 5mm |
| | | | | 20mm | | |
| 全费用/元 | | | | 2741.20 | 3349.01 | 525.36 |
| 其中 | 人工费/元 | | | 1009.36 | 1206.31 | 138.06 |
| | 材料费/元 | | | 1125.87 | 1407.01 | 280.72 |
| | 机械费/元 | | | 77.91 | 97.39 | 19.48 |
| | 费用/元 | | | 301.72 | 361.78 | 43.72 |
| | 增值税/元 | | | 226.34 | 276.52 | 43.38 |
| 名称 | | 单位 | 单价/元 | 数量 | | |
| 材料 | 干混地面砂浆 DS M20 | t | 322.00 | 3.468 | 4.335 | 0.867 |
| | 水 | $m^3$ | 3.26 | 0.910 | 1.038 | — |
| | 电【机械】 | kW·h | 0.64 | 9.693 | 12.117 | 2.423 |
| 机械 | 干混砂浆罐式搅拌机 20000L | 台班 | 229.15 | 0.340 | 0.425 | 0.085 |

$A9\text{-}1_{换}=(A9\text{-}1)+(A9\text{-}3)$

人工费＝1009.36＋138.06＝1147.42 (元/100m²)

材料费＝(3.468＋0.867)×365.61＋0.910×3.26＋(9.693＋2.423)×0.64

＝(1125.87＋280.72)＋(3.468＋0.867)×(365.61－322.00)＝1595.64 (元/100m²)

机械费＝77.91＋19.48＝97.39 (元/100m²)

工料单价＝1147.42＋1595.64＋97.39＝2840.45 (元/100m²)

合价＝2840.45×0.245＝695.91 (元)

(3) 预拌砂浆换算为现拌砂浆　通常情况下，根据砂浆的生产方式的不同，预拌砂浆主要分为湿拌砂浆和干混砂浆两大类。将加水拌和而成的湿拌拌和物称为湿拌砂浆，将干态材料混合而成的固态混合物称为干混砂浆。湖北省 2024 版定额中的砌筑砂浆都是按照干混砂浆所编制的。如果现场使用的是现拌砂浆，就需要进行换算。

**【例 4.8】** 试确定 M7.5 现拌水泥砂浆砌筑一砖空心砖墙 10m³ 的定额编号、定额工料单价、人工费、材料费、机械费。假设 2024 年 3 月武汉市 M7.5 现拌水泥砂浆的市场含税价为 333.00 元/m³，市场除税价为 288.03 元/m³。

**【解】** 根据题设，M7.5 现拌水泥砂浆砌筑一砖空心砖墙，有定额子目 A1-11，如表 4.8 所示，但定额中砂浆为干混砂浆，不符合题设要求。查阅《湖北省房屋建筑与装饰工程消耗量定额及全费用基价表》总说明可知，定额中所使用的砂浆均按干混砂浆编制，如果实际使用的是现拌砂浆或湿拌砂浆，按表 4.9 调整。查阅《湖北省建设工程公共专业消耗量定额及全费用基价表》(2024) 附录三可知，灰浆搅拌机台班单价及燃料动力费，如表 4.10 所示。

**表 4.8 空心砖墙、空斗墙、空花墙**

工作内容：调、运、铺砂浆，运、砌砖，安放木砖、垫块。 计量单位：10m³

| 定额编号 | | | | A1-10 | A1-11 | A1-12 |
|---|---|---|---|---|---|---|
| 项目 | | | | 空心砖墙 | | 空花墙 |
| | | | | 1/2 砖 | 1 砖 | |
| 全费用/元 | | | | 5598.88 | 5081.12 | 7436.93 |
| 其中 | 人工费/元 | | | 2385.54 | 1953.00 | 3067.09 |
| | 材料费/元 | | | 1506.28 | 1668.71 | 2153.44 |
| | 机械费/元 | | | 20.39 | 30.48 | 27.50 |
| | 费用/元 | | | 1224.38 | 1009.39 | 1574.84 |
| | 增值税/元 | | | 462.29 | 419.54 | 614.06 |
| 名称 | | 单位 | 单价/元 | 数量 | | |
| 材料 | 空心砖 240×240×115 | 千块 | 748.00 | 1.433 | 1.370 | — |
| | 蒸压灰砂砖 240×115×53 | 千块 | 390.00 | — | — | 4.032 |
| | 干混砌筑砂浆 DM M10 | t | 280.00 | 1.520 | 2.264 | 2.038 |
| | 水 | m³ | 3.26 | 1.324 | 1.363 | 1.110 |
| | 其他材料费 | % | — | 0.190 | 0.190 | 0.210 |
| | 电【机械】 | kW·h | 0.64 | 2.537 | 3.792 | 3.421 |
| 机械 | 干混砂浆罐式搅拌机 20000L | 台班 | 229.15 | 0.089 | 0.133 | 0.120 |

**表 4.9 实际使用现拌砂浆调整表** 单位：t

| 材料名称 | 人工费/元 | 水/m³ | 现拌砂浆/m³ | 罐式搅拌机 | 灰浆搅拌机/台班 |
|---|---|---|---|---|---|
| 干混砌筑砂浆 | +39.60 | −0.147 | ×0.588 | −定额台班量 | +0.1 |
| 干混地面砂浆 | | | | | |
| 干混抹灰砂浆 | +40.83 | −0.151 | ×0.606 | | |

**表 4.10 灰浆搅拌机（拌筒容量 200L）机械台班定额** 单位：台班

| 序号 | 名称及规格型号 | 台班单价/元 | 台班单价(扣燃动)/元 | 折旧费/元 | 检修费/元 | 维护费/元 | 安拆及场外运费/元 | 其他费/元 | 人工及燃料动力费 | | | | |
|---|---|---|---|---|---|---|---|---|---|---|---|---|---|
| | | | | | | | | | 人工费/元 | 汽油/kg | 柴油/kg | 电/(kW·h) | 水/t |
| 12 | 灰浆搅拌机 拌筒容量 200L | 205.33 | 199.82 | 2.42 | 0.34 | 1.36 | 10.10 | | 185.60 | | | 8.61 | |

(1) 人材机消耗量计算 通过表 4.9 可知，干混砌筑砂浆换算为现拌砂浆时，其人、材、机的消耗量均发生变化，且其变化以每 t 砂浆为单位计算。查阅表 4.8 可知，每 10m³1 砖厚空心砖墙消耗砂浆 2.264t，则换算后人材机消耗量如下：

机械：灰浆搅拌机消耗量=0.1×2.264=0.226（台班/10m³）

材料：空心砖消耗量=1.370 千块/10m³

二维码 4-2

水泥砂浆 M7.5 消耗量＝2.264×0.588＝1.331（$m^3/10m^3$）

水消耗量＝1.363－2.264×0.151＝1.030（$m^3/10m^3$）

其他材料费＝0.190％

电【机械】消耗量＝8.61×0.226＝1.946（kW・h）

（2）人材机费用及工料单价计算　人工费＝1953.00＋39.60＝1992.60（元/$10m^3$）

材料费＝(1.370×748.00＋1.331×288.03＋1.03×3.26)×(1＋0.190％)＋1.946×0.64
＝1415.41（元/$10m^3$）

机械费＝0.226×199.82＝45.16（元/$10m^3$）

工料单价＝1992.60＋1415.41＋45.16＝3453.17（元/$10m^3$）

（4）预拌混凝土换算为现场搅拌混凝土　2024 版《湖北省房屋建筑与装饰工程消耗量定额及全费用基价表》中，混凝土及钢筋混凝土工程章节的混凝土项目按预拌混凝土编制，采用现场搅拌时，执行相应的预拌混凝土项目，再执行现场搅拌混凝土调整费项目，即按表 4.11 中 A2-60 子目进行调整。需要注意的是 A2-59 子目定额单位的含义是 $10m^3$ 的预拌混凝土。其中，预拌混凝土是指在混凝土厂集中搅拌，运输、泵送到施工现场并入模的混凝土。圈梁、过梁及构造柱、设备基础项目，综合考虑了受施工条件限制不能直接入模的因素。执行现场搅拌混凝土项目时需要注意该子项仅针对构件的混凝土用量进行换算与调整，故需要考虑每项构件的混凝土含量。

表 4.11　现场搅拌混凝土调整费项目

工作内容：混凝土搅拌、水平运输等。　　　　计量单位：$10m^3$

| 定额编号 | | | | A2-60 |
|---|---|---|---|---|
| 项目 | | | | 现场搅拌混凝土调整费 |
| 全费用/元 | | | | 1750.62 |
| 其中 | 人工费/元 | | | 957.71 |
| | 材料费/元 | | | 26.13 |
| | 机械费/元 | | | 89.37 |
| | 费用/元 | | | 532.86 |
| | 增值税/元 | | | 144.55 |
| 名称 | | 单位 | 单价/元 | 数量 |
| 材料 | 水 | $m^3$ | 3.26 | 3.800 |
| | 电【机械】 | kW・h | 0.64 | 21.466 |
| 机械 | 双锥反转出料混凝土搅拌机 500L | 台班 | 187.33 | 0.390 |

【例 4.9】　试确定 C20 现场搅拌混凝土阳台板 65.7$m^3$ 的定额编号、定额工料单价及合价。假设 2024 年 3 月武汉市 C20 现场搅拌混凝土市场含税价为 409 元/$m^3$，市场除税价为 395.72 元/$m^3$。

【解】根据题设要求，采用现场搅拌混凝土完成阳台板的浇筑工作，可套用定额子目 A2-44，如表 4.12 所示，并通过 A2-60 进行现场搅拌混凝土调整。

表 4.12　雨篷板、悬挑板、阳台板等

工作内容：混凝土浇筑、振捣、养护等。　　计量单位：$10m^3$

| 定额编号 | | | | A2-42 | A2-43 | A2-44 | A2-45 |
|---|---|---|---|---|---|---|---|
| 项目 | | | | 雨篷板 | 悬挑板 | 阳台板 | 预制板间补现浇板缝 |
| 全费用/元 | | | | 6943.68 | 6845.84 | 7012.32 | 7283.65 |
| 其中 | 人工费/元 | | | 1481.04 | 1430.82 | 1499.03 | 1693.55 |
| | 材料费/元 | | | 4135.61 | 4121.63 | 4171.43 | 4126.85 |
| | 机械费/元 | | | — | — | — | — |
| | 费用/元 | | | 753.70 | 728.14 | 762.86 | 861.85 |
| | 增值税/元 | | | 573.33 | 565.25 | 579.00 | 601.40 |
| 名称 | | 单位 | 单价/元 | 数量 | | | |
| 材料 | 预拌混凝土 C20 | $m^3$ | 402.52 | 10.100 | 10.100 | 10.100 | 10.100 |
| | 土工布 | $m^2$ | 3.67 | — | 0.789 | 12.070 | — |
| | 塑料薄膜 | $m^2$ | 0.45 | 95.650 | 104.895 | 61.559 | 76.720 |
| | 水 | $m^3$ | 3.26 | 7.30 | 0.687 | 9.380 | 7.878 |
| | 电 | kW·h | 0.64 | 5.190 | 6.000 | 5.310 | 1.860 |

$A2\text{-}44_{换}$＝（A2-44）＋（A2-60）

人工费＝1499.03＋957.71×10.1/10＝2466.32（元/$10m^3$）

材料费＝10.1×395.72＋12.070×3.67＋61.559×0.45
＋(9.380＋3.8×10.1/10)×3.26＋(5.310＋21.466×10.1/10)×0.64
＝4129.14（元/$10m^3$）

机械费＝0＋89.37×10.1/10＝90.26（元/$10m^3$）

工料单价＝2466.32＋4129.14＋90.26＝6685.72（元/$10m^3$）

合价＝6685.72×65.7/10＝43925.18（元）

（5）系数换算　当设计的工程项目内容与定额规定的相应内容不完全相符时，按定额规定对定额中的一部分或全部乘以大于（或小于）1 的系数进行换算。

如混凝土及钢筋混凝土工程项目一章中规定，楼梯是按建筑物一个自然层双跑楼梯考虑的。如单坡直行楼梯（即一个自然层无休息平台）按相应项目定额乘以系数 1.2；三跑楼梯（即一个自然层两个休息平台）按相应项目定额乘以系数 0.9；四跑楼梯（即一个自然层三个休息平台）按相应项目定额乘以系数 0.75。

**【例 4.10】** 试确定人工挖基坑 $274.35m^3$ 的人工费、工料单价及合价（三类土，深度 3m，湿土）。

**【解】** 根据挖土方式、土壤类别和挖土深度，该项目可查阅定额子目 G1-5，如表 4.13 所示。同时，根据定额说明，人工挖、运湿土时，相应项目人工乘以系数 1.18。

表 4.13　人工挖沟槽、基坑土方

工作内容：挖土，修整边、底。　　　　计量单位：10m³

| 定额编号 | | G1-4 | G1-5 | G1-6 |
|---|---|---|---|---|
| 项目 | | 人工挖沟槽、基坑土方 | | |
| | | 一、二类土 | 三类土 | 四类土 |
| 全费用/元 | | 548.46 | 923.22 | 1376.45 |
| 其中 | 人工费/元 | 378.69 | 637.46 | 950.40 |
| | 材料费/元 | — | — | — |
| | 机械费/元 | — | — | — |
| | 费用/元 | 12.48 | 209.53 | 312.40 |
| | 增值税/元 | 45.29 | 76.23 | 113.65 |

人工费＝923.22×1.18＝1089.40（元/10m³）

工料单价＝1089.40＋0＋0＝1089.40（元/10m³）

合价＝1089.40×274.35/10＝29887.68（元）

（6）运距换算

**【例 4.11】** 试确定自卸汽车（载重量 15t）运土方 1780.68m³ 的材料费、机械费、工料单价及合价（三类土、运距 5km）。

**【解】** 自卸汽车（载重量 15t）运土方可套用定额子目 G1-79，但其仅包括运距 1km 以内的消耗。题设运距为 5km，可套用定额子目 G1-80 进行运距调整，如表 4.14 所示。

表 4.14　自卸汽车运土方

工作内容：运土、卸土、场内道路洒水。　　　　计量单位：1000m³

| 定额编号 | | | | G1-79 | G1-80 | G1-81 |
|---|---|---|---|---|---|---|
| 项目 | | | | 自卸汽车运土方(载重 8t 以内) | | |
| | | | | 运距 | 30km 以内 | 31～40km |
| | | | | 1km 以内 | 每增加 1km | |
| 全费用/元 | | | | 11306.93 | 2370.99 | 2191.33 |
| 其中 | 人工费/元 | | | — | — | — |
| | 材料费/元 | | | 2916.97 | 599.08 | 553.68 |
| | 机械费/元 | | | 5611.77 | 1186.23 | 1096.34 |
| | 费用/元 | | | 1844.59 | 389.91 | 360.37 |
| | 增值税/元 | | | 933.60 | 195.77 | 180.94 |
| 名称 | | 单位 | 单价/元 | 数量 | | |
| 材料 | 水 | m³ | 3.26 | 12.000 | — | — |
| | 柴油【机械】 | kg | 7.03 | 389.565 | 85.217 | 78.760 |
| | 汽油【机械】 | kg | 7.68 | 18.126 | — | — |
| 机械 | 自卸汽车 15t | 台班 | 736.79 | 7.360 | 1.610 | 1.488 |
| | 洒水车 4000L | 台班 | 315.00 | 0.584 | | |

$G1\text{-}79_{换}$＝（G1-79）＋（G1-80）×4

材料费＝2916.97＋599.08×4＝5313.29（元）

机械费＝5611.77＋1186.23×4＝10356.69（元）

工料单价＝5313.29＋10356.69＝15669.98（元）

合价＝15669.98×1780.68/1000＝27903.22（元）

**特别提示** 在进行施工机械换算时，有的项目也需要对燃料价格进行调整换算。定额中柴油和汽油对应的单位是 kg，而在实际生活中，加油站给出的油价单位是元/L。对应的换算公式如下。

汽油:

1L= 0.73kg

柴油（轻柴油）:

1L= 0.86kg

### （四）预算定额的补充

当分项工程项目或结构构件的设计要求与定额使用范围和规定内容完全不符合或者由于设计采用新结构、新材料、新工艺、新方法，在预算定额中没有这类项目，属于定额缺项，应另行补充预算定额。

例如，2024 年 7 月，湖北省为满足智能建造工程计价的需要，先后编制发布了《湖北省智能建造（工业化造楼机）补充定额》（试行）、《湖北省智能建造（5G 塔吊、智能施工电梯、智能爬架）补充定额》（试行）等地区性补充定额，其中智能爬架增加费定额如表 4.15 所示。

表 4.15 智能爬架增加费

工作内容：智能爬架检测系统控制柜、各项监测仪安拆、运维。 计量单位：$100m^2$

| 定额编号 | | | | ZN-49 |
|---|---|---|---|---|
| 项目 | | | | 智能爬架 |
| 全费用/元 | | | | 8522.08 |
| 其中 | 人工费/元 | | | — |
| | 材料费/元 | | | 42.21 |
| | 机械费/元 | | | 137.26 |
| | 费用/元 | | | 122.42 |
| | 增值税/元 | | | 27.17 |
| 名称 | | 单位 | 单价/元 | 消耗量 |
| 材料 | 供电线缆 $2.5mm^2$ | m | 7.97 | 2.980 |
| | 信号线缆 $0.75mm^2$ | m | 3.54 | 4.970 |
| | 电【机械】 | kW·h | 0.75 | 1.151 |
| 机械 | 监测系统主控制柜 380V/220V 8 接口 | 台班 | 59.19 | 0.234 |
| | 监测系统分控制柜 220V 8 接口 | 台班 | 44.83 | 0.234 |
| | 应力应变监测仪 | 台班 | 55.90 | 0.234 |
| | 架体姿态监测仪 | 台班 | 39.08 | 0.234 |
| | 架体载荷数据监测仪 | 台班 | 85.57 | 0.234 |
| | 生物红外检测仪 | 台班 | 38.87 | 0.234 |
| | 烟雾、有害气体、可燃气体监测仪 | 台班 | 29.84 | 0.234 |

续表

| 名称 | | 单位 | 单价/元 | 消耗量 |
|---|---|---|---|---|
| 机械 | 火源、火点监测仪 | 台班 | 29.03 | 0.234 |
| | 箱体内部水分检测仪 | 台班 | 24.75 | 0.234 |
| | 海拔高度监测仪 | 台班 | 134.35 | 0.234 |
| | 风力监测仪 | 台班 | 12.31 | 0.234 |
| | 风向监测仪 | 台班 | 12.31 | 0.234 |
| | 环境监测仪 | 台班 | 20.43 | 0.234 |

# 任务二 概算定额、概算指标与投资估算指标

## 一、概算定额

### (一) 概算定额的概念

概算定额，是在预算定额基础上，确定完成合格的单位扩大分项工程或单位扩大结构构件所需消耗的人工、材料和施工机械台班的数量标准及其费用标准。概算定额又称扩大结构定额。

**特别提示** 概算定额是预算定额的综合扩大。如挖土方只有一个项目，不再划分一、二、三、四类土。砖墙也只有一个项目，综合了外墙、半砖、一砖、一砖半、二砖、二砖半墙等。化粪池、水池等按“座”计算，综合了土方、砌筑或结构配件全部项目。如湖北省目前使用的2006年建筑工程概算定额中，定额编号2-104的砂垫层，包括挖土、运土、原土打夯、砂垫层铺设四个工作内容。

概算定额与预算定额的相同之处在于，它们都是以建（构）筑物各个结构部分和分部分项工程为单位表示的，内容也包括人工、材料和机械台班使用量定额三个基本部分，并列有基准价。概算定额表达的主要内容、表达的主要方式及基本使用方法都与预算定额相近。

概算定额与预算定额的不同之处：首先，主要在于项目划分和综合扩大程度上的差异；其次，概算定额主要用于设计概算的编制；最后，概算工程量计算和概算表的编制相较施工图预算要更简单一些。

### (二) 概算定额的作用

概算定额和概算指标由省、自治区、直辖市在预算定额基础上组织编写，由主管部门审批，概算定额主要作用如下：

1. 它是初步设计阶段编制设计概算、扩大初步设计阶段编制修正概算的主要依据

在工程项目设计的不同阶段均需对拟建工程进行估价，初步设计阶段应编制设计概算，扩大初步设计阶段应编制修正概算，因此必须要有与设计深度相适应的计价定额。概算定额是为适应这种设计深度而编制的，其定额项目划分更具综合性，能够满足初步设计或扩大初步设计阶段工程计价的需要。

2. 它是对设计项目进行技术、经济分析比较的基础资料之一

设计方案的比较主要是对建筑、结构方案进行技术、经济比较，目的是选出经济、合理

的优秀设计方案。概算定额按扩大分项工程或扩大结构构件划分定额项目，可为初步设计或扩大初步设计方案的比较提供方便的条件。

3. 它是编制建设工程主要材料计划的依据

项目建设所需要的材料、工具设备等物资，应先提出采购计划，再据此进行订购。根据概算定额的消耗量指标可以比较准确、快速地计算主要材料及其他物资数量，可以在施工图设计之前提出物资采购计划。

4. 它是控制施工图预算的依据

以概算定额作为编制依据的设计概算，经批准后成为政府投资建设工程项目的最高投资限额，不得任意修改和调整，施工图预算不得突破设计概算。

5. 它是施工企业在准备施工期间，编制施工组织总设计或总规划时，对生产要素提出需要量计划的依据

依据概算定额，可以测算出工程所需主要材料消耗数量，作为施工组织总设计或总规划的编制依据。

6. 它是工程结束后，进行竣工决算和评价的依据

以概算定额作为编制依据的设计概算与竣工决算相对比，可以分析和考核建设工程项目投资效果的好坏，同时还可以验证设计概算的准确性。

### （三）概算定额的内容

概算定额的主要内容包括使用范围和有关规定，计算规则和一系列分章、分节的定额表格。按专业特点和地区特点编制的概算定额手册，内容基本上由文字说明、定额项目表和附录三个部分组成。

1. 文字说明

文字说明有总说明、分部工程说明和工程量计算规则。

在总说明中，主要介绍概算定额的性质和作用、编制目的和适用范围、有关定额的使用方法及一些共同性问题的规定。以湖北省2022年发布的《湖北省建筑工程概算定额及全费用基价表》为例，其总说明主要介绍了定额的适用范围和作用、定额编制水平、人材机的消耗量构成及价格的确定方法、定额的编制依据与方法等内容。

在分部工程说明中，主要阐述该分部工程定额的使用方法和调整换算的有关规定。以《湖北省建筑工程概算定额及全费用基价表》的土石方工程为例，在分部工程说明中，主要介绍了定额内容、土方划分标准、换算调整要求等内容。

2. 定额项目表

定额项目表是概算定额的最基本表现形式，主要包括以下内容：

① 定额项目的划分。概算定额项目一般按以下两种方法划分：一是按工程结构划分，一般是按土石方、基础、墙、梁板柱、门窗、楼地面、屋面、装饰、构筑物等工程结构划分；二是按工程部位（分部）划分，一般是按基础、墙体、梁柱、楼地面、屋盖、其他工程部位等划分，如基础工程中包括了砖、石、混凝土基础等项目。

② 定额项目表的内容。定额项目表是概算定额手册的主要内容，由若干分节定额组成。各节定额由工程内容、定额表及附注说明组成。定额表中列有定额编号，计量单位，概算价格，人工、材料、机械台班消耗量，综合了预算定额的若干项目与数量。

现行的概算定额一般是以行业或地区为主编制的，表现形式不尽一致。但其主要内容均包括人工、材料、机械的消耗量及其费用指标，有的还列出概算定额项目所综合的预算定额内容。《湖北省建筑工程概算定额及全费用基价表》（2022），是以现行的建筑和装饰装修工程消耗量定额为基础，结合设计阶段工程造价的特点编制的，其定额项目表

的内容如表 4.16 所示。

表 4.16 概算定额示例（现浇混凝土柱）

工作内容：1. 混凝土浇筑、振捣养护等；

2. 模板及支撑制作、安装、拆除、堆放、运输以及清理模内杂物、刷隔离剂等。

计量单位：m³

<table>
<tr><td colspan="4">定额编号</td><td>05-0006</td><td>05-0007</td></tr>
<tr><td colspan="4">项目</td><td>矩形柱</td><td>异形柱</td></tr>
<tr><td colspan="4">基价/元</td><td>1363.36</td><td>2185.96</td></tr>
<tr><td rowspan="5">其中</td><td colspan="3">人工费/元</td><td>348.25</td><td>614.64</td></tr>
<tr><td colspan="3">材料费/元</td><td>591.63</td><td>840.82</td></tr>
<tr><td colspan="3">机械费/元</td><td>0.16</td><td>0.96</td></tr>
<tr><td colspan="3">费用/元</td><td>310.75</td><td>549.05</td></tr>
<tr><td colspan="3">增值税/元</td><td>112.57</td><td>180.49</td></tr>
<tr><td colspan="3">项目名称</td><td>单位</td><td colspan="2">工程量</td></tr>
<tr><td rowspan="4">主要工程量</td><td colspan="2">矩形柱　混凝土</td><td>10m³</td><td>0.100</td><td>—</td></tr>
<tr><td colspan="2">矩形柱　胶合板模板　钢支撑 3.6m 以内</td><td>100m²</td><td>0.097</td><td>—</td></tr>
<tr><td colspan="2">异形柱　混凝土</td><td>10m³</td><td>—</td><td>0.100</td></tr>
<tr><td colspan="2">异形柱　木模板　木支撑</td><td>100m³</td><td>—</td><td>0.100</td></tr>
<tr><td colspan="2">名称</td><td>单位</td><td>单价</td><td colspan="2">消耗量</td></tr>
<tr><td rowspan="2">人工</td><td>普工</td><td>工日</td><td>92.00</td><td>1.1522</td><td>1.9359</td></tr>
<tr><td>技工</td><td>工日</td><td>142.00</td><td>1.7060</td><td>3.0742</td></tr>
<tr><td rowspan="5">主要材料</td><td>预拌混凝土 C20</td><td>m³</td><td>341.94</td><td>0.9797</td><td>0.9797</td></tr>
<tr><td>胶合板模板</td><td>m²</td><td>27.43</td><td>2.3935</td><td>—</td></tr>
<tr><td>板枋材</td><td>m³</td><td>2479.49</td><td>0.0361</td><td>0.1918</td></tr>
<tr><td>钢支撑及配件</td><td>kg</td><td>3.85</td><td>4.4119</td><td>—</td></tr>
<tr><td>木支撑</td><td>m³</td><td>1854.99</td><td>0.0177</td><td>—</td></tr>
</table>

3. 附录

附录一般附在概算定额手册的后面，是对定额的补充，具体内容各地区不尽相同。例如：《湖北省建筑工程概算定额及全费用基价表》（2022）中的附录，包括典型工程技术、经济指标参考；《广东省房屋建筑工程概算定额》（2014）中的附录，包括商品混凝土参考表、混凝土及砂浆制作含量表、混凝土及砂浆配合比、门窗及零配件价格表、工料机价格构成及管理费内容说明。

### （四）概算定额的应用

与预算定额相似，概算定额的应用也可分为定额的直接套用、定额的换算和定额的补充等三种情形。在应用概算定额时，应注意的要点如下：

① 符合概算定额规定的应用范围；

② 工程内容、计量单位及综合程度应与概算定额一致；

③ 必要的调整和换算应严格按定额的文字说明和附录进行；

④ 避免重复计算和漏项；

二维码 4-3

⑤ 参考预算定额的应用规则。

**【例 4.12】** 某工程需现浇钢筋混凝土柱 10 根，每根柱的尺寸为 0.4m×0.4m×3.6m，根据概算定额表计算该工程现浇钢筋混凝土柱的概算基价合价。

**【解】** 参考表 4.16，直接选用概算定额编号 05-0006 子目：

$V=0.4\times0.4\times3.6\times10=5.76$（$m^3$）

该工程现浇钢筋混凝土柱的概算基价合价＝5.76×1363.36＝7852.95（元）

## 二、概算指标

### （一）概算指标的概念

建筑安装工程概算指标通常是以单位工程为对象，是比概算定额更加综合与扩大，一般以建筑面积、体积或成套设备装置的台或组为计量单位来规定的人工、材料、机械台班的消耗量标准和造价指标。

概算指标分为建筑工程概算指标和设备及安装工程概算指标两类，如图 4.2 所示。

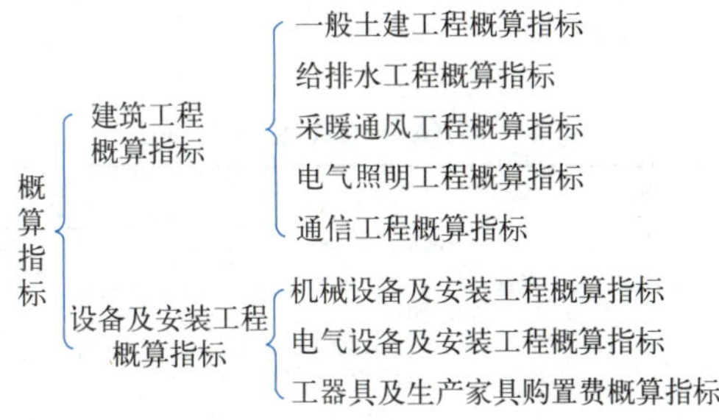


图 4.2　概算指标的分类

### （二）概算指标的作用

概算指标主要用于初步设计阶段，其作用主要有以下几点。

① 可以作为编制投资估算的参考依据。

② 是初步设计阶段编制概算书、确定工程概算造价的依据。

③ 概算指标中的主要材料指标可以作为估算主要材料用量的依据。

④ 是设计单位进行设计方案比较、设计技术经济分析的依据。

⑤ 是编制固定资产投资计划、确定投资额和主要材料计划的主要依据。

⑥ 是建筑企业编制劳动力、材料计划，实行经济核算的依据。

### （三）概算指标的组成内容及表现形式

1. 概算指标的组成内容

概算指标的组成内容包括文字说明和列表形式以及必要的附录。

（1）总说明和分册说明　其内容一般包括：概算指标的编制范围、编制依据、分册情况、指标包括的内容、指标未包括的内容、指标的使用方法、指标允许调整的范围及调整方法等。

（2）列表形式　列表形式包括建筑工程的列表和安装工程的列表两种形式。

① 建筑工程的列表形式。房屋建筑、构筑物的列表一般是以“座”“个”等为计量单位，附以必要的示意图，列出综合指标（元/100$m^2$ 或元/1000$m^3$），自然条件（如地耐力、地震烈度等），建筑物的类型、结构形式及各部位中结构的主要特点、主要工程量。

② 安装工程的列表形式。设备以“t”或“台”为计算单位，也可以设备购置费或设备原价的百分比（%）表示；工艺管道一般以“t”为计算单位；通信电话站安装以“站”为计算单位。列出指标编号、项目名称、规格、综合指标（元/计算单位）之后一般还要列出其中的人工费，必要时还要列出主要材料费、辅材费。

总体来讲列表形式分为以下几个部分。

① 示意图。表明工程的结构，工业项目还表示出吊车及起重能力等。

② 工程特征。对采暖工程特征，应列出采暖热媒及采暖形式；对电气照明工程特征，可列出建筑层数、结构类型、配线方式、灯具名称等；对房屋建筑工程特征，主要对工程的结构形式、层高、层数和建筑面积进行说明。内浇外砌住宅结构特征如表 4.17 所示。

表 4.17 内浇外砌住宅结构特征

| 结构类型 | 层数 | 层高 | 檐高 | 建筑面积 |
|---|---|---|---|---|
| 内浇外砌 | 6 | 2.8m | 17.7m | 4206m$^2$ |

③ 经济指标。说明该项目每 100m$^2$、每座的造价指标及其中土建、水暖和电照等单位工程的相应造价，如表 4.18 所示。

表 4.18 内浇外砌住宅经济指标　　单位：100m$^2$ 建筑面积

| 项目 | | 合计/元 | 其中 | | | |
|---|---|---|---|---|---|---|
| | | | 直接费/元 | 间接费/元 | 利润/元 | 税金/元 |
| 单方造价 | | 30422 | 21860 | 5576 | 1893 | 1093 |
| 其中 | 土建 | 26133 | 18778 | 4790 | 1626 | 939 |
| | 水暖 | 2565 | 1843 | 470 | 160 | 92 |
| | 电照 | 614 | 1239 | 316 | 107 | 62 |

④ 分部分项工程构造内容及工程量指标。说明该工程项目各分部分项工程的构造内容和相应计算单位的工程量指标及人工、材料消耗指标，如表 4.19、表 4.20 所示。

表 4.19 内浇外砌住宅构造内容及工程量指标　　单位：100m$^2$ 建筑面积

| 序号 | 构造特征 | | 工程量 | |
|---|---|---|---|---|
| | | | 单位 | 数量 |
| | | 一、土建 | | |
| 1 | 基础 | 灌注桩 | m$^3$ | 14.64 |
| 2 | 外墙 | 二砖墙、清水墙勾缝，内墙抹灰刷白 | m$^3$ | 24.32 |
| 3 | 内墙 | 混凝土墙、一砖墙抹灰刷白 | m$^3$ | 22.70 |
| 4 | 柱 | 混凝土柱 | m$^3$ | 0.70 |
| 5 | 地面 | 碎砖垫层、水泥砂浆面层 | m$^2$ | 13.00 |
| 6 | 楼面 | 120mm 预制空心板、水泥砂浆面层 | m$^2$ | 65.00 |
| 7 | 门窗 | 木门窗 | m$^2$ | 62.00 |
| 8 | 屋面 | 预制空心板、水泥珍珠岩保温，三毡四油卷材防水 | m$^2$ | 21.70 |
| 9 | 脚手架 | 综合脚手架 | m$^2$ | 100.00 |

续表

| 序号 | 构造特征 | | 工程量 | |
|---|---|---|---|---|
| | | | 单位 | 数量 |
| 二、水暖 | | | | |
| 1 | 采暖方式 | 集中采暖 | | |
| 2 | 给水性质 | 生活给水明设 | | |
| 3 | 排水性质 | 生活排水 | | |
| 4 | 通风方式 | 自然通风 | | |
| 三、电照 | | | | |
| 1 | 配电方式 | 塑料管暗配电线 | | |
| 2 | 灯具种类 | 日光灯 | | |
| 3 | 用电量 | — | | |

表 4.20　内浇外砌住宅人工及主要材料消耗指标　单位：$100m^2$ 建筑面积

| 序号 | 名称 | 单位 | 数量 | 序号 | 名称 | 单位 | 数量 |
|---|---|---|---|---|---|---|---|
| 一、土建 | | | | 二、水暖 | | | |
| 1 | 人工 | 工日 | 506.00 | 1 | 人工 | 工日 | 39.00 |
| 2 | 钢筋 | t | 3.25 | 2 | 钢管 | t | 0.18 |
| 3 | 型钢 | t | 0.13 | 3 | 暖气片 | $m^2$ | 20.00 |
| 4 | 水泥 | t | 18.10 | 4 | 卫生器具 | 套 | 2.35 |
| 5 | 白灰 | t | 2.10 | 5 | 水表 | 个 | 1.84 |
| 6 | 沥青 | t | 0.29 | 三、电照 | | | |
| 7 | 红砖 | 千块 | 15.10 | 1 | 人工 | 工日 | 20.00 |
| 8 | 木材 | $m^3$ | 4.10 | 2 | 电线 | m | 283.00 |
| 9 | 砂 | $m^3$ | 41.00 | 3 | 钢管 | t | 0.04 |
| 10 | 砾石 | $m^3$ | 30.50 | 4 | 灯具 | 套 | 8.43 |
| 11 | 玻璃 | $m^2$ | 29.20 | 5 | 电表 | 个 | 1.84 |
| 12 | 卷材 | $m^2$ | 80.80 | 6 | 配电箱 | 套 | 6.10 |
| | | | | 四、机械使用费 | | % | 7.50 |
| | | | | 五、其他材料费 | | % | 19.57 |

2. 概算指标的表现形式

按具体内容和表示方法的不同，概算指标一般有综合指标和单项指标两种形式。

综合指标是以一种类型的建筑物或构筑物为研究对象，以建筑物或构筑物的体积或面积为计量单位，综合了该类型范围内各种规格的单位工程的造价和消耗量指标而形成的。它反映的不是具体工程的指标，而是一类工程的综合指标，是一种概括性较强的指标。

单项指标则是一种以典型的建筑物或构筑物为分析对象的概算指标，仅仅反映某一具体工程的消耗情况。单项概算指标的针对性较强，编制出的设计概算比较准确。

**（四）概算指标的应用**

概算指标应用的灵活性比概算定额更大。由于概算指标是一种综合性很强的指标，不可能与拟建工程的建筑特征、结构特征、自然条件、施工条件完全一致，因此，在选用概算指标时要十分慎重，选用的指标与设计对象在各个方面应尽量一致或接近，不一致的地方要进行换算，以提高准确性。

概算指标的应用一般有两种情况。第一种情况，如果设计对象的结构特征与概算指标一致，可以直接套用；第二种情况，如果设计对象的结构特征与概算指标的规定局部不同，要对指标的局部内容进行调整，然后再套用。

结构局部变化修正概算指标(元/m²)＝原概算指标(元/m²)＋换入的新结构的含量×换入的新结构的相应单价－旧结构的含量×旧结构相应单价　(4.16)

这种方法主要适用于不同地区的同类工程编制概算。用概算指标编制工程概算，工程量的计算工作量很小，也省去了大量的定额套用和工料分析工作，因此比用概算定额编制工程概算的速度要快，但是准确性差一些。

**【例 4.13】** 某商贸学院拟建 6 栋砖混结构住宅楼，外墙贴陶瓷锦砖，每平方米建筑面积消耗量为 1.02m²，陶瓷锦砖全费用单价为 60 元/m²，有类似工程概算指标为 680 元/m²，外墙采用水泥砂浆抹面，每平方米建筑面积消耗量为 0.957m²，水泥砂浆抹面全费用单价为 9.2 元/m²，试计算该砖混结构住宅楼的概算指标。

**【解】** 该砖混结构住宅楼的概算指标＝类似工程概算指标＋差异额

＝680＋1.02×60－0.957×9.2＝732.40 (元/m²)

该砖混结构住宅楼的概算指标为 732.40 元/m²。

## 三、投资估算指标

### (一) 投资估算指标的概念

投资估算指标，是在编制项目建议书、可行性研究报告和编制设计任务书阶段进行投资估算、固定资产计划投资额编制的依据与参考。它以独立的建设项目、单项工程或单位工程为对象，综合项目全过程投资和建设中的各类成本、费用，反映出其扩大的技术经济指标，既是定额的一种表现形式，但又不同于其他的计价定额。

它具有较强的综合性、概括性，往往以独立的单项工程或完整的工程项目为计算对象。它的概略程度与可行性研究阶段相适应。它的主要作用是为项目决策和投资控制提供依据，是一种扩大的技术经济指标。投资估算指标虽然往往根据历史的预、决算资料和价格变动等资料编制，但其编制基础仍离不开预算定额、概算定额。

### (二) 投标估算指标的作用

投资估算指标为完成项目建设的投资估算提供依据和手段，它在固定资产的形成过程中起着投资预测、投资控制、投资效益分析的作用，是合理确定项目投资的基础。投资估算指标中的主要材料消耗量也是一种扩大材料消耗量指标，可以作为计算建设项目主要材料消耗量的基础。投资估算指标的正确制定对于提高投资估算的准确度、建设项目的合理评估及正确决策具有重要意义。

① 在编制项目建议书阶段，它是项目主管部门审批项目建议书的依据之一，也是编制项目规划、确定建设规模的参考依据。

② 在可行性研究报告阶段，它是项目决策的重要依据，也是多方案比选、优化设计方案、正确编制投资估算、合理确定项目投资额的重要基础。

③ 在可行性研究阶段，它是项目投资决策的重要依据，也是研究、分析、计算项目投资经济效益的重要条件。可行性研究报告批准后，它将作为设计任务书中下达的投资限额，即项目投资的最高限额，不得随意突破。

④ 在建设项目评价及决策过程中，它是评价建设项目投资可行性、分析投资效益的主要经济指标。

⑤ 在项目实施阶段，它是限额设计和工程造价确定与控制的依据。

⑥ 它是核算建设项目建设投资需要额和编制建设投资计划的重要依据。

⑦ 合理、准确地确定投资估算指标是进行工程造价管理改革、实现工程造价事前管理和主动控制的前提条件。

### （三）投资估算指标的内容

投资估算指标是确定和控制建设项目全过程各项投资支出的技术经济指标，其范围涉及建设前期、建设实施期和竣工验收交付使用期等各个阶段的费用支出，内容因行业不同而各异，一般可分为建设项目综合指标、单项工程指标和单位工程指标三个层次，如表 4.21 所示。

表 4.21 投资估算指标的内容和表现形式

| 投资估算指标 | 内容 | 表现形式 |
| --- | --- | --- |
| 建设项目综合指标 | 从立项筹建至竣工验收交付的全部投资额。<br>全部投资额＝单项工程投资＋工程建设其他费＋预备费等 | 以项目的综合生产能力单位投资表示，如：元/t；或以使用功能表示，如医院：元/床 |
| 单项工程指标 | 能独立发挥生产能力或使用效益的单项工程内的全部投资额。<br>工程费用＝建筑工程费＋安装工程费＋设备及工器具购置费 | 以单项工程生产能力单位投资表示，如元/t、元/$m^2$ |
| 单位工程指标 | 能独立设计、施工的工程项目的费用，即建筑安装工程费 | 房屋区别不同结构以元/$m^2$ 表示 |

1. 建设项目综合指标

建设项目综合指标指按规定应列入建设项目总投资的从立项筹建开始至竣工验收交付使用的全部投资额，包括单项工程投资、工程建设其他费和预备费等。

建设项目综合指标一般以项目的综合生产能力单位投资表示，如“元/t”“元/kW”；或以使用功能表示，如医院：“元/床”。

2. 单项工程指标

单项工程指标指按规定应列入能独立发挥生产能力或使用效益的单项工程内的全部投资额，包括建筑工程费，安装工程费，设备、工器具及生产家具购置费和其他费用。单项工程一般划分原则如下：

① 主要生产设施，指直接参与产品生产的工程项目，包括生产车间或生产装置。

② 辅助生产设施，指为主要生产车间服务的工程项目，包括集中控制室，中央实验室，机修、电修、仪器仪表修理及木工（模）等车间，原材料、半成品、成品及危险品等仓库。

③ 公用工程，包括给排水系统（给排水泵房、水塔、水池及全厂给排水管网）、供热系统（锅炉房及水处理设施、全厂热力管网）、供电及通信系统（变配电所、开关所及全厂输电、电信线路）以及热电站、热力站、煤气站、空压站、冷冻站、冷却塔和全厂管网等。

④ 环境保护工程，包括废气、废渣、废水等处理和综合利用设施及全厂性绿化。

⑤ 总图运输工程，包括厂区防洪、围墙大门、传达及收发室、汽车库、消防车库、厂区道路、桥涵、厂区码头及厂区大型土石方工程。

⑥ 厂区服务设施，包括厂部办公室、厂区食堂、医务室、浴室、哺乳室、自行车棚等。

⑦ 生活福利设施，包括职工医院、住宅、生活区食堂、俱乐部、托儿所、幼儿园、子弟学校、商业服务点以及与之配套的设施。

⑧ 厂外工程，如水源工程，厂外输电、输水、排水、通信、输油等管线以及公路、铁路专用线等。

单项工程指标一般以单项工程生产能力单位投资表示，如“元/t”或其他单位。如变配电站：“元/(kV·A)”；锅炉房：“元/t”；供水站：“元/$m^3$”；办公室、仓库、宿舍、住宅等房屋则依据不同结构形式以“元/$m^2$”表示。

建设项目综合指标和单项工程指标应分别说明与指标相对应的工程特征、工程组成内容，主要工艺、技术指标，主要设备名称、规格、型号、数量和单价，其他设备费占主要设备费的百分比，主要材料用量和价格等。

3. 单位工程指标

单位工程指标指按规定应列入能独立设计、施工的工程项目的费用，即建筑安装工程费用。

单位工程指标一般以如下方式表示。如：房屋区别不同结构形式以“元/$m^2$”表示；道路区别不同结构层、面层以“元/$m^2$”表示；水塔区别不同结构层、容积以“元/座”表示；管道区别不同材质、管径以“元/m”表示。

如某民用建筑，土建：980.17元/$m^2$建筑面积；电气：160.25元/$m^2$建筑面积；水卫：166.28元/$m^2$建筑面积；采暖：101.49元/$m^2$建筑面积。

# 任务三 装配式建筑工程定额与智能建造定额及工程计价信息

## 一、装配式建筑工程定额

### （一）装配式建筑工程定额概述

1959年建成的北京民族饭店，是我国第一栋全装配体系建筑。我国于2016年提出，大力推广装配式建筑，力争用10年左右的时间，使装配式建筑面积占新建建筑面积的比例达到30%。至2021年，全国新开工装配式建筑面积达7.4亿$m^2$，占新建建筑面积的比例约为24.5%，较上年增长18%，其中上海市新开工装配式建筑地上面积约4859万$m^2$，约占全市新开工建筑面积的93.1%。

2016年12月，住房和城乡建设部正式发布《装配式建筑工程消耗量定额》，随后各地陆续发布装配式建筑工程定额。如：广西壮族自治区于2017年发布《广西壮族自治区装配式建筑工程消耗量定额》；湖北省于2018年发布《湖北省装配式建筑工程消耗量定额及全费用基价表》，于2020年发布《装配式混凝土建筑工程垂直运输补充预算定额》(试行)；新疆地区于2023年发布《新疆维吾尔自治区装配式建筑工程消耗量定额》(试行)。

### （二）装配式建筑工程定额基本内容

各地发布的装配式建筑工程定额的内容不尽相同，以《湖北省装配式建筑工程消耗量定额及全费用基价表》为例，定额包括装配式混凝土结构工程、装配式钢结构工程、建筑构件及部品工程和措施项目四部分。

装配式混凝土结构工程，指预制混凝土构件通过可靠的连接方式装配成混凝土结构。装配式混凝土结构包括装配整体式混凝土结构、全装配混凝土结构。定额包括装配式混凝土构件安装、装配式后浇混凝土浇捣两节，共49个定额子目。

装配式钢结构工程包括预制钢构件安装、围护体系安装及其他金属构件安装三节，共76个定额子目。预制钢构件安装包括钢网架安装、厂（库）房钢结构安装、住宅钢结构安装、装配式钢结构安装等内容。大卖场、物流中心等钢结构安装工程，可参照厂（库）房钢结构安装的相应定额；高层商务楼、商住楼等钢结构安装工程，可参照住宅钢结构安装相应定额。

建筑构件及部品工程包括单元式幕墙安装、非承重隔墙安装、预制烟道及通风道安装、预制成品护栏安装及装饰成品部件安装五节，共45个定额项目。单元式幕墙是指由各种面板与支承框架在工厂制成，形成完整的幕墙结构基本单位后，运至施工现场直接安装在主体结构上的建筑幕墙。非承重隔墙安装按板材材质，划分为钢丝网架轻质夹心隔墙板安装、轻质条板隔墙安装以及预制轻钢龙骨隔墙安装三类，各类板材按板材厚度分设定额项目。

措施项目包括装配式工程模板、脚手架工程、住宅钢结构工程垂直运输三节，共46个定额项目。装配式工程模板包含预制构件后浇混凝土模板及铝合金模板。脚手架工程包括钢结构工程综合脚手架和工具式脚手架两部分。住宅钢结构工程垂直运输适用于住宅钢结构工程的垂直运输费用的计算，高层商务楼、商住楼等钢结构工程可参照执行。

### （三）装配式建筑工程定额构成

以《湖北省装配式建筑工程消耗量定额及全费用基价表》为例，定额由文字说明和定额项目表两部分组成。

1. 文字说明

文字说明包括总说明、分部说明和工程量计算规则。在总说明中，主要介绍定额的适用范围、作用，定额人材机消耗量和价格的确定方式，定额基价的含义及执行定额时的有关规定。在分部说明中，主要介绍该分部定额的内容、使用方法、调整换算规定等内容。工程量计算规则规定了各分项工程量的计算方法。

2. 定额项目表

定额项目表由若干小节组成，例如装配式混凝土构件安装一节分为装配式柱、装配式梁、装配式板、装配式墙、装配式楼梯、装配式阳台板及其他、装配式套筒注浆、装配式嵌缝打胶八个小节。定额项目表中列有工作内容、定额编号、项目名称、定额单位、全费用基价及其组成、人材机消耗及其单价等内容，装配式柱定额项目表如表4.22所示。

表4.22　装配式柱定额项目表

工作内容：支撑杆连接件预埋，结合面清理，构件吊装、就位、校正、垫实、固定，座浆料铺筑，钢支撑搭设及拆除。

计量单位：$10m^3$

| 定额编号 | | Z1-1 |
|---|---|---|
| 项目 | | 装配式实心柱 |
| 全费用/元 | | 30648.63 |
| 其中 | 人工费/元 | 1069.43 |
| | 材料费/元 | 25585.29 |
| | 机械费/元 | 1.50 |
| | 费用/元 | 955.16 |
| | 增值税/元 | 3037.25 |

续表

| 名称 | | 单位 | 单价/元 | 数量 |
|---|---|---|---|---|
| 人工 | 普工 | 工日 | 92.00 | 5.137 |
| | 技工 | 工日 | 142.00 | 4.203 |
| 材料 | 装配式预制混凝土柱 | $m^3$ | 2516.34 | 10.050 |
| | 干混砌筑砂浆 DM M20 | t | 290.69 | 0.136 |
| | 垫铁 | kg | 3.85 | 7.480 |
| | 垫木 | $m^3$ | 1855.33 | 0.010 |
| | 水 | $m^3$ | 3.39 | 0.020 |
| | 斜支撑杆件 $\phi48\times3.5$ | 套 | 17.97 | 0.340 |
| | 预埋铁件 | kg | 3.85 | 13.050 |
| | 其他材料费 | % | — | 0.600 |
| | 电【机械】 | kW·h | 0.75 | 0.228 |
| 机械 | 干混砂浆罐式搅拌机 20000L | 台班 | 187.32 | 0.008 |

## 二、智能建造定额

### （一）智能建造定额概述

2021 年 3 月，第十三届全国人民代表大会第四次会议通过《中华人民共和国国民经济和社会发展第十四个五年规划和 2035 年远景目标纲要》，提出全面提升城市品质，推进新型城市建设，发展智能建造，建设低碳城市。智能建造是以 BIM、物联网、人工智能、云计算、大数据等技术为基础，可以实时自适应于变化需求的高度集成与协同的建造系统，建筑机器人、建筑信息模型（BIM）、建筑产业互联网都是智能建造的重要内涵。

为加快智能建造技术的推广应用，以科技创新推动建筑业转型发展，更好地满足试点项目建设主体各方在新技术、新工艺下的工程计价需求，填补智能建造在计价依据上的空缺。自 2023 年以来，多地先后印发《智能建造（建筑机器人）补充定额》，2024 年湖北省发布《湖北省智能建造（5G 塔吊、智能施工电梯、智能爬架）补充定额》（试行）和《湖北省智能建造（工业化造楼机）补充定额》（试行）。

### （二）智能建造定额内容

湖北省于 2024 年 3 月发布《智能建造（建筑机器人）补充定额》，定额编制聚焦产品研发、施工建设、用料成本、生产安全等重点环节，形成了覆盖面广、适用性强的定额内容，充分体现了湖北特色。定额包含混凝土工程、楼地面工程、室内装饰工程三部分内容，共计 19 个子项目，涉及采用整平机器人、抹平机器人、喷涂机器人、打磨机器人、抹灰机器人等智能建造设备施工的项目。

《智能建造（建筑机器人）补充定额》定额的构成和定额项目表的内容与《湖北省房屋建筑与装饰工程消耗量定额及全费用基价表》(2018) 基本一致，具体如表 4.23 所示。

表 4.23 基础垫层（机器人）

工作内容：混凝土浇筑、机器人振捣整平、养护等。　　计量单位：10m³

| 定额编号 | | | | Z1-7 |
|---|---|---|---|---|
| 项目 | | | | 基础垫层(机器人) |
| | | | | 垫层 |
| 全费用/元 | | | | 4804.49 |
| 其中 | 人工费/元 | | | 375.94 |
| | 材料费/元 | | | 3414.56 |
| | 机械费/元 | | | 149.05 |
| | 费用/元 | | | 468.24 |
| | 增值税/元 | | | 396.70 |
| 名称 | | 单位 | 单价/元 | 数量 |
| 人工 | 普工 | 工日 | 92.00 | 1.805 |
| | 技工 | 工日 | 142.00 | 1.478 |
| 材料 | 预拌混凝土 C15 | $m^3$ | 329.32 | 10.100 |
| | 塑料薄膜 | $m^3$ | 1.47 | 47.770 |
| | 水 | $m^3$ | 3.39 | 3.950 |
| | 电 | kW·h | 0.75 | 2.310 |
| | 电【机械】 | kW·h | 0.75 | 4.117 |
| 机械 | 整平机器人 1.7kW | 台班 | 187.32 | 0.098 |
| | 抹平机器人 4kW | 台班 | 804.38 | 0.087 |

## 三、工程计价信息

在工程发承包市场和工程建设过程中，工程造价总是在不停地变化。无论是政府工程造价主管部门还是工程发承包双方，都要通过接收工程计价信息来了解工程建设市场动态，预测工程造价发展，决定政府的工程造价政策和工程发承包价。工程计价信息在市场定价的过程中起着举足轻重的作用。

### （一）工程计价信息的主要内容

在工程价格的市场机制中起重要作用的工程计价信息主要包括价格信息、工程造价指数和工程造价指标三类。

1. 价格信息

价格信息是指人工、材料和施工机具等的最新市场价格。其中人工价格信息又可分为建筑工程实物工程量人工价格信息和建筑工种人工成本信息。

（1）人工价格信息

① 建筑工程实物工程量人工价格信息。这是以建筑工程的不同划分标准为对象所反映的单位实物工程量人工价格信息。以湖北省武汉市为例，每季度发布人工成本综合指数，引导建设工程劳务合同双方合理确定建设工人（农民工）工资水平，并作为人工费动态调整的参考依据。建筑工程实物工程量人工成本信息表根据工程不同部位、体现作业的难易，结合

不同工种作业情况将建筑工程划分为土石方工程、架子工程、砌筑工程、模板工程、钢筋工程、混凝土工程、防水工程、抹灰工程、木作与木装修工程、油漆工程、玻璃工程、金属制品制作及安装，共12项，其表现形式如表4.24所示。

表4.24 武汉市建筑工程实物工程量人工成本信息表摘录（2024年第×季度）

| 项目编码 | 项目名称 | 工程量计算规则 | 计量单位 | 单价/元 |
|---|---|---|---|---|
| 1. 土石方工程 | | | | |
| 01001 | 平整场地 | 按实际平整面积计算 | $m^2$ | 14.27 |
| 01003 | 人工挖土方 | 按实际挖方的天然密实体积计算 | $m^3$ | 54.41 |
| 01004 | 人工挖沟槽、坑土方(深2m以内) | | | 56.57 |
| 01006 | 人工回填土 | 按实际填方的天然密实体积计算 | | 44.48 |

② 建筑工种人工成本信息。这是按照建筑工人的工种分类，反映不同工种的单位人工日工资单价。以湖北省武汉市为例，每季度发布的人工成本中，日工资是指支付给直接从事建设工程施工工作的生产工人的劳务费用。日工资包括基本工资、工资性补贴、生产工人辅助工资、职工福利费、生产工人劳动保护费等。日工资按每月21.75天、每天8小时计算，不包括加班加点工资，每工日扣减32.50元个人社保费用。人工成本信息可以作为企业核定成本、劳务合同谈判的参考，但不得作为工程结算的依据，其表现形式如表4.25所示。

表4.25 武汉市建设工程各工种人工成本信息表摘录（2024年第×季度）

| 序号 | 工种名称 | 单位 | 日工资/元 |
|---|---|---|---|
| 1 | 普工 | 工日 | 189.95 |
| 2 | 混凝土工 | 工日 | 226.10 |
| 3 | 砌筑工 | 工日 | 241.69 |
| 4 | 抹灰工(贴砖工) | 工日 | 241.69 |
| 5 | 钢筋工 | 工日 | 232.04 |

（2）材料价格信息　以湖北省为例，每季度发布的湖北省各地区的材料价格信息，应披露材料规格型号、单位、含税单价、除税单价等内容，其表现形式如表4.26所示。

表4.26 武汉市预拌（干混）砂浆市场指导价格表摘录（2024年第×季度）

单位：元/t

| 材料名称 | 规格型号 | 含税单价 | 除税单价 |
|---|---|---|---|
| 干混砌筑砂浆(散装) | DM M5.0 | 306.00 | 271.46 |
| 干混砌筑砂浆(散装) | DM M7.5 | 311.00 | 275.88 |
| 干混砌筑砂浆(散装) | DM M10 | 316.00 | 280.31 |
| 干混砌筑砂浆(散装) | DM M15 | 325.00 | 288.27 |
| 干混砌筑砂浆(散装) | DM M20 | 355.00 | 314.82 |

注：1. 表4.26中散装干混砌筑砂浆市场指导价格包含25km以内的基本运距运输费，为综合取定，25km以内不作调整。超过25km的，每超出1km增加运输费0.7元/t，本价格不含砂浆筒仓费，移动筒仓租赁费参考标准50元/(天·套)。

2. 包装产品在散装产品出厂价的基础上，每吨增加包装袋费用32元，包装人工费12元，上、下力资费18元。包装砂浆的运输费由供需双方根据实际情况，合理协商确定。

（3）施工机具价格信息　施工机具价格信息可分为机具市场价格信息和机具租赁市场价格信息两部分。发布的机具价格信息应包括机具种类、规格型号、租赁单价等内容。表4.27为湖北省武汉市施工机具租赁价格的示例。

表4.27　武汉市施工机具租赁价格信息表摘录（2024年第×季度）

| 序号 | 设备名称 | 规格型号 | 机械租赁费/[元/(台·月)] | 进出场及安拆费/(元/台) | 司机人工费/[元/(人·月)] |
|---|---|---|---|---|---|
| 1 | 塔式起重机 | QTZ63系列(TC5610) | 11500.00～13500.00 | 20000.00～22000.00 | 7500.00 |
| 2 | 塔式起重机 | QTZ80系列(TC5613) | 12000.00～14000.00 | 22000.00～25000.00 | 7500.00 |
| 3 | 塔式起重机 | QTZ100系列(TC6013) | 14000.00～16000.00 | 24000.00～26000.00 | 7500.00 |
| 4 | 塔式起重机 | QTZ125系列(TC6016) | 16000.00～18000.00 | 26000.00～28000.00 | 7500.00 |
| 5 | 塔式起重机 | QTZ160系列(TC6516) | 20000.00～22000.00 | 28000.00～32000.00 | 7500.00 |

2. 工程造价指数

工程造价指数是一定时期的建设工程造价相对于某一固定时期工程造价的比值，以某一设定值为参照得出的同比例数值，用来反映一定时期价格变化对工程造价的影响程度，是调整工程造价价差的依据。建设工程造价指数分为人材机市场价格指数、单项工程造价指数、建设工程造价综合指数。

① 人材机市场价格指数。其中包括了反映各类工程的人工费、材料费、施工机具使用费报告期价格对基期价格的变化程度的指标。其计算过程可以简单表示为报告期价格与基期价格之比。武汉市建设工程人工成本综合指数如表4.28所示。

表4.28　武汉市建设工程人工成本综合指数

| 基期指数(2021年第3季度) | 上期指数 | 本期指数 | 本期环比上期变化率 |
|---|---|---|---|
| 100 | 95.29 | 94.51 | −0.82% |

② 单项工程造价指数。主要是指按照不同专业类型划分的各类单项工程造价指数，与单项工程造价指标的分类类似，单项工程造价指数也可划分为房屋建筑与装饰工程、仿古建筑工程、通用安装工程、市政工程、园林绿化工程、矿山工程、构筑物工程、城市轨道交通工程和爆破工程等。

③ 建设工程造价综合指数。综合指数通常按照地区编制，即将不同专业的单项工程造价指数进行加权汇总后，反映出该地区某一时期内工程造价的综合变动情况。

3. 工程造价指标

工程造价指标是指建设工程整体或局部在某一时间、地域的一定计量单位的造价水平或人材机消耗量的数值。它是根据已完或在建工程的各种造价信息，经过统一格式化及标准化处理后得到的造价数值。

（1）工程造价指标的分类　按照用途的不同，工程造价指标可以分为工程经济指标、工程量指标、工料价格与消耗量指标。

① 工程经济指标是按工程建筑面积、体积、长度、功能性单位或自然计量单位计算得出的全费用单位指标、相关单位指标、造价占比等。

② 工程量指标是按工程建筑面积、体积、长度、功能性单位或自然计量单位计算得出的工程实体主要构件或要素的工程量、单位指标、相关单位指标等。

③ 工料价格与消耗量指标是按工程建筑面积、体积、长度、功能性单位或自然计量单位计算得出的生产过程中消耗的工日用量、材料用量及对应单价、合价的单位指标等。

(2) 工程造价指标的表现形式　工程造价指标一般由多个表格组成，主要包括工程概况、工程特征、造价指标、主要材料指标、消耗量（工程量）指标等内容。

### (二) 工程计价信息建设内容

2011 年 5 月发布的《关于做好建设工程造价信息化管理工作的若干意见》中，针对我国建设工程造价信息化管理中的政府部门职能分工、工程造价数据管理等问题提出了若干意见。2020 年 7 月 24 日印发的《工程造价改革工作方案》中，提出要搭建市场价格信息发布平台，统一信息发布标准和规则，鼓励企事业单位通过信息平台发布各自的人工、材料、机械台班市场价格信息。加快建立国有资金投资的工程造价数据库，按地区、工程类型、建筑结构等分类发布人工、材料、项目等造价指标指数。加快推进工程总承包和全过程工程咨询，综合运用造价指标指数和市场价格信息，控制设计限额、建造标准、合同价格，确保工程投资效益得到有效发挥。至今，在工程造价信息化标准建设和工程造价信息化平台建设上，都取得了实质性进展。

1. 工程造价信息化标准建设

自 2008 年以来，我国陆续发布了《城市住宅建筑工程造价信息数据标准》《建设工程造价数据编码规则》和《建设工程人工材料设备机械数据标准》(GB/T 50851—2013)、《建设工程造价指标指数分类与测算标准》(GB/T 51290—2018)，规范了建设工程造价指标指数等造价信息的分类、测算方法，加强建设工程造价指标指数在宏观决策、行业管理中的指导作用。

2. 工程造价信息化平台建设

1992 年建设部标准定额司组织标准定额研究所、中国建设工程造价管理协会和建设部信息中心，建立了建设工程造价信息网。建设工程造价信息网的主要内容包括造价数据监测平台、人工成本信息、住宅造价信息、砂石料价格信息系统、人材机动态数据系统、建设工程定额共享平台等。

近年，为适应工程造价数字化发展，全国各省市陆续在原有的造价信息网的基础上，建立了各自的造价信息化平台。广东省在 2020 年建设上线的广东省工程造价信息化平台包括办事指南、行业动态、政策法规、计价应用、行业监管、造价指标指数、造价改革百堂课等模块。湖北省在 2022 年建设上线的湖北省建设工程数字造价平台，包括行业动态、定额解释、计价管理、信息管理、市场监管、标准管理、驾驶舱分析等模块。

二维码 4-4

## 小结

本单元的学习目标是掌握预算计价定额的内容与运用、理解工程造价计价信息内容，从而在实际工作中能根据工作任务内容正确选择、运用计价定额，查阅与使用计价信息，保证工程造价的正确确定与有效管理。

本单元思维导图如下：

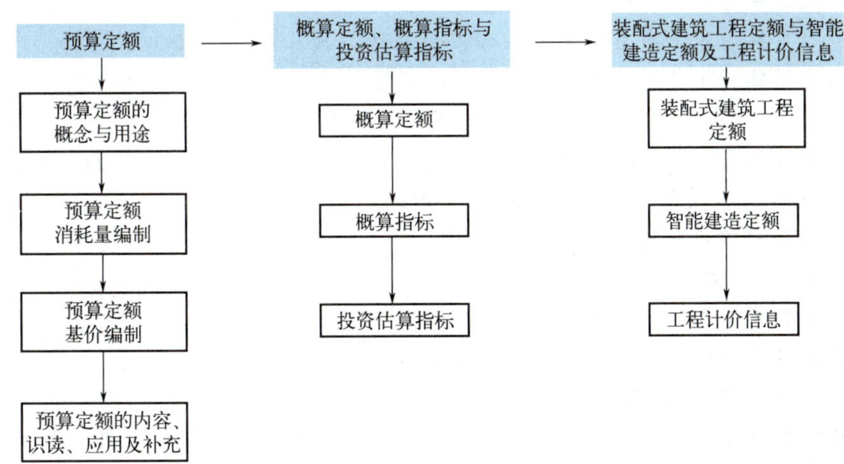

二维码 4-5

##  能力训练题

### 一、单选题

1. 关于预算定额性质与特点的说法，不正确的是（　　）。

A. 是一种计价性定额　　B. 是以分项工程为对象编制的

C. 反映平均先进水平　　D. 是以施工定额为基础编制的

2. 依据劳动定额编制预算定额人工工日消耗量，已知完成 $10m^3$ 某工作的基本用工为 8 个工日，辅助用工为 1.5 个工日，超运距用工为 0.5 个工日，人工幅度差系数按照 15% 考虑，则完成该工作 $10m^3$ 的预算定额人工消耗量为（　　）个工日。

A. 10.0　　B. 11.2　　C. 11.3　　D. 11.5

3. 某挖土机挖土一次正常循环工作时间为 50s，每次循环平均挖土量为 $0.5m^3$，机械正常利用系数为 0.8，机械幅度差系数为 25%，按 8 小时工作制考虑，挖土方预算定额的机械台班消耗量为（　　）台班/$1000m^3$。

A. 5.43　　B. 7.2　　C. 8　　D. 8.68

4. 关于预算定额消耗量的确定方法，下列表述正确的是（　　）。

A. 人工工日消耗量由基本用工量和辅助用工量组成

B. 材料消耗量＝材料净用量/(1－损耗率)

C. 机械幅度差包括了正常施工条件下施工中不可避免的工序间歇

D. 机械台班消耗量＝施工定额机械台班消耗量/(1－机械幅度差)

5.《建设工程工程量清单计价标准》(GB/T 50500—2024) 中的清单综合单价是（　　）。

A. 工料单价　　B. 成本单价

C. 完全费用综合单价　　D. 不完全费用综合单价

6. 概算定额与预算定额的差异主要表现在（　　）的不同。

A. 项目划分　　B. 主要工程内容　　C. 主要表达方式　　D. 基本使用方法

7. 下列工程造价信息中，最能体现市场机制下的信息动态性变化特征的是（　　）。

A. 工程价格信息　　B. 政策性文件　　C. 计价标准和规范　　D. 工程定额

8. 关于概算定额，下列说法正确的是（　　）。

A. 不仅包括人工、材料和施工机械台班的数量标准，还包括费用标准

B. 是施工定额的综合与扩大
C. 反映的主要内容、项目划分和综合扩大程度与预算定额类似
D. 定额水平体现平均先进水平
9. 建筑安装工程概算指标是以（　　）为对象编制的。
A. 分部分项工程　　B. 单位工程　　C. 单项工程　　D. 建设项目
10. 下列关于投资估算指标的说法中，正确的是（　　）。
A. 只反映项目建设前期的动态投资
B. 一般分为综合指标和单项工程指标两个层次
C. 要考虑影响投资的动态因素
D. 建设项目综合指标为各单项工程投资之和
11. 建筑工种人工成本信息不可用于（　　）。
A. 企业核定成本　　B. 工程结算　　C. 劳务合同谈判　　D. 处理劳资纠纷

## 二、多选题

1. 关于编制预算定额应遵循的原则，下列说法中正确的有（　　）。
A. 反映社会先进平均水平　　B. 简明适用
C. 价格的灵活性、可协调性　　D. 反映社会平均水平
E. 综合、简化
2. 下列与施工机械工作相关的时间中，应包括在预算定额机械台班消耗量中，但不包括在施工定额中的有（　　）。
A. 低负荷下工作时间　　B. 机械施工不可避免的工序间歇
C. 机械维修引起的停歇时间　　D. 开工时工作量不饱满所损失的时间
E. 不可避免的中断时间
3. 以工料单价形式表现的预算定额基价包括（　　）。
A. 人工费　　B. 材料和工程设备费　C. 施工机具使用费
D. 管理费　　E. 利润
4. 下列关于预算定额应用的说法中，正确的是（　　）。
A. 当图纸设计工程项目内容与定额项目的内容一致时，可以直接套用定额
B. 当图纸设计工程项目内容与定额项目的内容不一致时，必须进行定额换算
C. 当图纸设计工程项目内容与定额项目的内容完全不符合时，可以进行定额换算
D. 当图纸设计工程项目内容与定额项目的内容不完全一致时，须按规定进行调整和换算
E. 当图纸设计工程项目内容与定额项目的内容完全不符合时，应另行补充预算定额
5. 概算定额的作用主要包括（　　）。
A. 作为编制设计概算的依据　　B. 作为控制施工图预算的依据
C. 作为进行竣工结算的依据　　D. 作为比选设计方案的依据
E. 作为编制投资估算的依据
6. 概算指标列表形式的构成内容包括（　　）等。
A. 示意图　　B. 工程总说明　　C. 人工、主要材料消耗指标
D. 工程量指标　　E. 总投资指标
7. 按照用途的不同，建设工程造价指标可分为（　　）。
A. 工料价格指标　　B. 工程经济指标
C. 工程量指标　　D. 建设项目投资明细指标
E. 消耗量指标

8. 关于投资估算指标，下列说法中正确的有（　　）。

A. 应以单项工程为编制对象

B. 是反映建设总投资的经济指标

C. 概略程度与可行性研究工作深度相适应

D. 编制基础包括概算定额，不包括预算定额

E. 可根据历史预算资料和价格变动资料等编制

9. 工程计价信息主要包括（　　）。

A. 价格信息　　B. 工程造价指数　　C. 工程造价指标

D. 工程实物量指标　　E. 工程消耗量指标

10. 建设工程造价指数分为（　　）。

A. 数量指标指数　　B. 工料机市场价格指数

C. 单项工程造价指数　　D. 建设工程造价综合指数

E. 质量指标指数

## 三、案例题

请查阅本地区统一预算定额（或单位估价表），列出下列分项工程定额编号、预算单价（基价）、人工及主要材料消耗量。

1. 人工挖沟槽土方 10m$^3$，三类土，槽深 4m。
2. 人工场地平整 100m$^2$。
3. 静力压预应力钢筋混凝土管桩 100m，桩径 450mm。
4. 干混砂浆 DM M10 砌筑 200 厚加气混凝土砌块墙 10m$^3$。
5. 三合土垫层 10m$^3$。
6. 采用 C20 预拌混凝土浇筑构造柱 10m$^3$。
7. HRB400 直径 20 的钢筋 1t。
8. HPB300 直径 8 的箍筋 1t。
9. 电渣压力焊接头 10 个，直径 20。
10. 隔热断桥铝合金平开窗安装 100m$^2$。
11. 一层 3 厚 SBS 改性沥青防水卷材 100m$^2$，平面，冷粘法施工。
12. 屋面铺设 100 厚水泥珍珠岩保温层 100m$^2$。
13. 陶瓷锦砖踢脚线 100m$^2$。
14. 墙面采用干混抹灰砂浆 DP M10 铺贴 500×500 面砖 100m$^2$。
15. 干混抹灰砂浆 DP M10 天棚抹灰 100m$^2$，10 厚。
16. 室内墙面刷乳胶漆 100m$^2$，两遍。
17. 独立基础模板 100m$^2$，胶合板模板，木支撑。
18. 综合脚手架 100m$^2$，3 层，檐高 9.6m。
19. 卷扬机垂直运输 100m$^2$，3 层，檐高 9.6m。
20. 全玻璃栏板 10m，木扶手。

# 单元五

# 工程其他定额

## 内容提要

本单元主要介绍三个方面的内容：一是费用定额；二是企业定额；三是工期定额。

## 学习目标

通过本单元的学习，熟悉费用定额的概念；掌握费用定额的费用组成；掌握费用定额的取费方法；了解企业定额的概念；掌握企业定额的作用；熟悉企业定额的编制方法；掌握企业定额的编制步骤；了解工期定额的概念；熟悉工期定额的编制原则与编制依据；掌握工期定额的套用及换算方法。

## 素质拓展

收藏于上海博物馆中的战国商鞅方升是一个只有巴掌大的铜方盒，它是 2000 多年前的度量衡标准器，代表一升。秦朝能实现“一升量天下”，其基础便是统一度量衡。在统一度量衡后，国家土地划分、产量计算、征粮纳税都能得到精准的保障。商鞅方升作为“国家标准”，是目前所见最早的采用科学方法的量器，其蕴含的科学理念和标准观念一直延续至今，促进社会科技进步，也让越来越多的“中国制造”和“中国标准”被世人熟知。

## 任务一 费用定额

**引例 1** 某工程外墙砖基础工程量 65m$^3$，合同约定项目采用一般计税法报价。

① 请用工程量清单计价方式计算该项目综合单价和含税工程造价；

② 请用定额计价方式计算该项目的含税工程造价；

③ 请用全费用清单计价方式计算该项目的含税工程造价。

## 一、费用定额的概念和作用

### （一）费用定额的概念

建设工程费用定额是指除了耗用在工程实体上的人工费、材料费、施工机具使用费等工程费用以外，还在工程施工生产管理及企业生产经营管理活动中所必须发生的各项费用开支的标准。

在建设工程施工过程中，除了直接耗用在工程实体上的人工费、材料费、施工机具使用费外，还存在一些虽然无法构成项目实体，但又与工程施工生产和维持企业的生产经营管理活动有关的费用，例如安全文明施工费、夜间施工增加费、企业管理人员工资、劳动保险费、五险一金、增值税等。这些费用内容多，性质复杂，对工程造价的影响也很大。为了平衡各方的经济管理，保证建设资金的合理使用，也为了计算方便，在全面、深入的调查研究基础上，经认真分析测算，形成了按照一定的计算基础，以百分比的形式，分别制定出上述各项费用的取费费率标准。

### （二）费用定额的作用

1. 费用定额是合理确定工程造价的依据之一

建设项目工程造价由建筑安装工程费、设备及工器具购置费、工程建设其他费、预备费和建设期贷款利息组成。其中，建筑安装工程费又由分部分项工程费、措施项目费、其他项目费、规费和税金组成。上述费用中分部分项工程费中的人工费、材料费、施工机具使用费可以通过查看消耗量定额得到，而企业管理费、利润、总价措施项目费等费用虽然属于建设工程造价范畴之内，但必须制定费率标准，以人工费与机具使用费之和或者直接工程费为基础计取。因此，建设工程费用定额是合理确定工程造价必不可少的重要依据之一。

2. 费用定额是施工企业提高经营管理水平的重要工具

费用定额是编制招标控制价、施工图预算、工程竣工结算、设计概算及投资估算的依据，是建设工程实行工程量清单计价的基础，是企业投标报价、内部管理和核算的重要参考。企业要想达到以收抵支、降低非生产性开支、增加盈利、提高投资效益的目的，就必须在费用定额规定的范围内加强经济核算，改善经营管理，提高劳动生产率，不断降低工程成本。

## 二、费用定额的组成

以 2024 年《湖北省建筑安装工程费用定额》为例，建设安装工程费用项目组成主要包括分部分项工程费、措施项目费、其他项目费和增值税四大部分，如图 5.1 所示。

## 三、费用定额的说明及应用

本节内容以 2024 年《湖北省建筑安装工程费用定额》为例，相关费率都引自该册定额。

### （一）各专业工程的适用范围

1. 房屋建筑工程

适用于工业与民用临时性和永久性的建筑（含构筑物），包括各种房屋、设备基础、钢筋混凝土结构、木结构、钢结构、门窗工程及零星金属构件、烟囱、水塔、水池、围墙、挡土墙、化粪池、装配式建筑、窨井等。

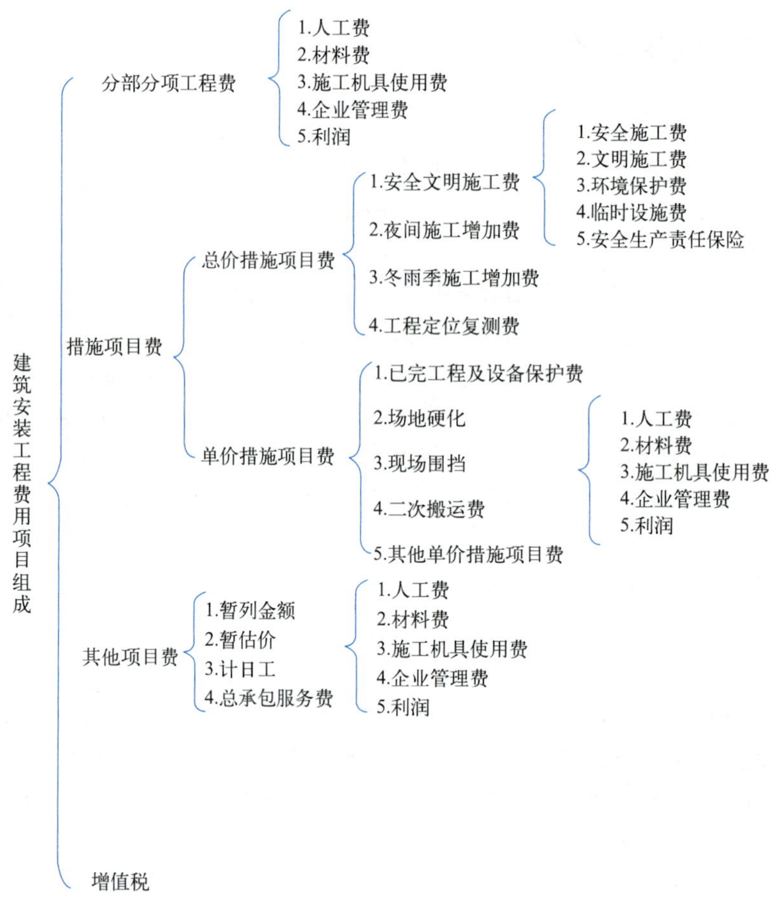


图 5.1 建筑安装工程费用项目组成

2. 装饰工程

适用于楼地面工程、装配式装饰工程、墙柱面装饰工程、天棚装饰工程、玻璃幕墙工程及油漆、涂料、裱糊工程等。

3. 通用安装工程

适用于机械设备安装工程，热力设备安装工程，静置设备与工艺金属结构制作安装工程，电气设备安装工程，建筑智能化工程，自动化控制仪表安装工程，通风空调工程，工业管道工程，消防工程，给排水、采暖、燃气工程，通信设备及线路工程，刷油、防腐蚀、绝热工程等。

4. 市政工程

适用于城镇管辖范围内的道路工程、桥涵工程、隧道工程、管网工程、水处理工程、生活垃圾处理工程、路灯工程。

5. 园林绿化工程

适用于园林建筑及绿化工程，内容包括：绿化工程、园建工程（园路、园桥、园林景观）。

6. 土石方工程

适用于各专业工程的土石方工程。

7. 地基处理与边坡支护工程、桩基工程、施工排水降水、常用大型机械安拆及场外运输费用、施工围挡及临时道路

适用于各专业工程。

### （二）各专业工程的计费基数

以人工费与施工机具使用费之和为计费基数。

### （三）安全文明施工费计取

总价措施费中的安全文明施工费为不可竞争费用，编制最高投标限价或投标报价时，按规定费率计取；结算时，安全生产责任保险按实际缴纳金额计算，其他仍按费率计算。单价措施中的二次搬运、场地硬化、现场围挡，可参考表 5.1 编制清单、计量计价。

表 5.1　安全文明施工费单价措施项目清单

| 项目编码 | 项目名称 | 项目特征 | 计量单位 | 工程量计算规则 | 工作内容 |
|---|---|---|---|---|---|
| 011707004 | 二次搬运 | 指因施工场地条件限制材料、构配件、成品、半成品等一次运输不能到达堆放地点，必须进行二次或多次搬运所发生的费用 | 项 | 按方案以项计算 | 二次或多次搬运 |
| 011707008 | 场地硬化 | 1. 道路类型<br>2. 材料种类<br>3. 强度等级<br>4. 厚度 | $m^2$ | 按方案中图示尺寸以面积计算 | 1. 整形碾压、土边沟成型、放样、清理路床<br>2. 现浇混凝土：模板制作、安装、拆除、堆放、运输及清理模板内杂物、刷隔离剂等，混凝土制作、运输、浇筑、振捣及养护，钢筋制作、运输、绑扎，碾压（拉纹），破除、清理及外运钢板；装配式：铺设、拆除碎石；毛渣类：取料、运料、上料、摊铺、灌缝、找平、碾压；清理及外运 |
| 011707009 | 现场围挡 | 1. 围挡类型<br>2. 高度 | m | 按方案中图示尺寸以 m 计算 | 1. 装配式围挡：基座安装、围挡安装及拆除<br>2. 砌筑式围挡：基础土方、砌砖、里脚手架、混凝土压顶及模板、围墙瓦顶、抹灰、涂料、围挡拆除<br>3. 移动式围挡：卸车、拼装、摆放、调正、拆除、装车 |

### （四）总承包服务费计取

总承包服务费应依据招标人在招标文件中列出的分包专业工程内容和供应材料、设备情况，按照招标人提出的协调、配合和服务要求及施工现场管理需要自主确定，也可参照下列标准计算。

① 招标人仅要求对分包的专业工程进行总承包管理和协调时，按分包的专业工程造价的 1.5%计算。

② 招标人要求对分包的专业工程进行总承包管理和协调，并同时要求提供配合服务时，根据招标文件列出的配合服务内容和提出的要求，按分包的专业工程造价的 3%～5%计算。配合服务的内容包括：施工现场水电设施、管线敷设的摊销费用；共用脚手架搭拆的摊销费用；共用垂直运输设备、加压设备的使用、折旧、维修费用等。

③ 招标人自行供应材料、工程设备的，按招标人供应材料、工程设备价值的 1%计算。

### （五）甲供材价格计取

发包人提供的材料和工程设备（简称“甲供材”）价格不计入综合单价和工程造价中。

### （六）增值税计取

《湖北省建筑安装工程费用定额》根据增值税的性质，将计税方法分为一般计税法和简易计税法。

1. 一般计税法

一般计税法下的增值税指国家税法规定的应计入建筑安装工程造价内的增值税销项税。

一般计税法下，分部分项工程费、措施项目费、其他项目费等的组成内容为不含进项税额的价格，计税基础为不含进项税额的不含税工程造价（除税价）。

$$应纳税额=当期销项税额-当期进项税额 \tag{5.1}$$

$$当期销项税额=销售额\times增值税税率(该税率受税收政策影响为动态税率) \tag{5.2}$$

销售额：指纳税人发生应税行为取得的全部价款和价外费用。

2. 简易计税法

简易计税法下的增值税指国家税法规定的应计入建筑安装工程造价内的应交增值税。

简易计税法下，分部分项工程费、措施项目费、其他项目费等的组成内容均为含进项税额的价格，计税基础为含进项税额的不含税工程造价（含税价）。

$$应纳税额=销售额\times征收率 \tag{5.3}$$

纳税人发生应税行为取得的全部价款和价外费用，扣除支付的分包款后的余额为销售额。应纳税额的计税基础是含进项税额的工程造价。

### （七）工程造价市场化改革

为推进工程造价市场化改革，2024 版费用定额在建筑安装工程费组成中取消规费项目并单列。原规费中为生产工人缴纳的五险一金列入人工费，为企业管理人员缴纳的五险一金以及工程排污费（按国家规定已调整为环境保护税）列入企业管理费。

### （八）定额人工费动态管理

① 建设工程定额人工费以费用形式表示，不体现工日单价和工日消耗量。通过人工成本综合指数对定额人工费进行动态调整。

② 建设工程定额人工费动态管理的目的是通过定期采集测算建筑业劳务市场人工费信息，发布人工成本综合指数，及时反映监测到的市场人工费变化趋势，指导定额人工费进行动态调整，合理确定建设工程人工费，引导、稳定劳务用工市场供求关系。

③ 人工成本综合指数是指反映建设工程市场人工费整体变化情况的指数。测算原理是收集测算各专业工程中的各工种人工费占该专业工程总人工费的权重及各专业工程在整个建筑业所占的权重，得到各工种的综合权重；通过定期采集各工种单价，经计算得到每期人工成本综合指数。

④ 人工成本综合指数以基期为计算基础，反映测算期相对基期的变化情况。其中，基期以 2024 版定额为基础。人工费调整部分只计取增值税。

⑤ 人工成本综合指数，原则上每年测算并发布一次，当市场波动幅度较大时，增加测算发布次数。

⑥ 合同履行对应的周期人工成本综合指数的计算方法应在合同中明确约定；未约定的可按施工期人工成本综合指数算术平均值计算。

⑦ 招标工程的基准人工成本综合指数，为投标截止日前 28 天的人工成本综合指数。非

招标工程的基准人工成本综合指数为合同签订前28天的人工成本综合指数。

⑧ 因非承包人的原因造成工期延误的，延误期间发生人工成本综合指数涨跌的：上涨时，按上涨的人工成本综合指数调整合同价款；下跌时，不调整合同价款。

⑨ 因承包人的原因导致工期延误的，延误期间发生人工成本综合指数涨跌的：上涨时，不调整合同价款；下跌时，按下跌的人工成本综合指数调整合同价款。

### （九）费率标准

1. 一般计税法的费率标准

（1）安全文明施工费费率标准 见表5.2。

表5.2 一般计税法安全文明施工费费率标准 单位：%

| 专业 | | 房屋建筑工程 | 装饰工程 | 通用安装工程 | 市政工程 | 园建工程 | 绿化工程 | 土石方工程 |
|---|---|---|---|---|---|---|---|---|
| 计费基数 | | 人工费+施工机具使用费 | | | | | | |
| 费率 | | 9.78 | 3.98 | 6.57 | 10.64 | 3.45 | 1.73 | 6.83 |
| 其中 | 安全施工费 | 6.04 | 2.35 | 2.86 | 4.49 | 3.19 | 0.81 | 2.74 |
| | 文明施工费<br>环境保护费 | 1.07 | 0.25 | 0.41 | 3.19 | 0.36 | 0.15 | 1.88 |
| | 临时设施费 | 2.17 | 0.88 | 2.80 | 2.46 | 0.65 | 0.27 | 1.71 |
| | 安全生产责任保险 | 0.50 | 0.50 | 0.50 | 0.50 | 0.50 | 0.50 | 0.50 |

（2）其他总价措施项目费费率标准 见表5.3。

表5.3 一般计税法其他总价措施项目费费率标准 单位：%

| 专业 | | 房屋建筑工程 | 装饰工程 | 通用安装工程 | 市政工程 | 园建工程 | 绿化工程 | 土石方工程 |
|---|---|---|---|---|---|---|---|---|
| 计费基数 | | 人工费+施工机具使用费 | | | | | | |
| 费率 | | 0.55 | 0.46 | 0.52 | 0.74 | 0.41 | 0.41 | 1.20 |
| 其中 | 夜间施工增加费 | 0.13 | 0.11 | 0.12 | 0.15 | 0.11 | 0.11 | 0.30 |
| | 冬雨季施工增加费 | 0.31 | 0.26 | 0.30 | 0.44 | 0.22 | 0.22 | 0.66 |
| | 工程定位复测费 | 0.11 | 0.09 | 0.10 | 0.15 | 0.08 | 0.08 | 0.24 |

（3）企业管理费费率标准 见表5.4。

表5.4 一般计税法企业管理费费率标准 单位：%

| 专业 | 房屋建筑工程 | 装饰工程 | 通用安装工程 | 市政工程 | 园建工程 | 绿化工程 | 土石方工程 |
|---|---|---|---|---|---|---|---|
| 计费基数 | 人工费+施工机具使用费 | | | | | | |
| 费率 | 25.13 | 12.04 | 16.06 | 23.63 | 16.29 | 6.99 | 16.02 |

（4）利润费率标准 见表5.5。

表5.5 一般计税法利润费率标准费率标准 单位：%

| 专业 | 房屋建筑工程 | 装饰工程 | 通用安装工程 | 市政工程 | 园建工程 | 绿化工程 | 土石方工程 |
|---|---|---|---|---|---|---|---|
| 计费基数 | 人工费+施工机具使用费 | | | | | | |
| 费率 | 15.43 | 11.26 | 11.94 | 15.52 | 15.10 | 3.03 | 8.82 |

(5) 增值税费率标准　见表5.6。

表5.6　一般计税法增值税费率标准　　单位：%

| 计费基数 | 不含税工程造价 |
| --- | --- |
| 税率 | 9 |

注：增值税税率按照最新文件为9%，该税率为动态税率。

2. 简易计税法的费率标准

(1) 安全文明施工费费率标准　见表5.7。

表5.7　简易计税法安全文明施工费费率标准　　单位：%

| 专业 | | 房屋建筑工程 | 装饰工程 | 通用安装工程 | 市政工程 | 园建工程 | 绿化工程 | 土石方工程 |
| --- | --- | --- | --- | --- | --- | --- | --- | --- |
| 计费基数 | | 人工费+施工机具使用费 | | | | | | |
| 费率 | | 9.74 | 3.97 | 6.56 | 10.57 | 3.45 | 1.72 | 6.56 |
| 其中 | 安全施工费 | 6.01 | 2.34 | 2.85 | 4.46 | 1.94 | 0.80 | 2.62 |
| | 文明施工费<br>环境保护费 | 1.07 | 0.25 | 0.41 | 3.17 | 0.36 | 0.15 | 1.80 |
| | 临时设施费 | 2.16 | 0.88 | 2.80 | 2.44 | 0.65 | 0.27 | 1.64 |
| | 安全生产责任保险 | 0.50 | 0.50 | 0.50 | 0.50 | 0.50 | 0.50 | 0.50 |

(2) 其他总价措施项目费费率标准　见表5.8。

表5.8　简易计税法其他总价措施项目费费率标准　　单位：%

| 专业 | | 房屋建筑工程 | 装饰工程 | 通用安装工程 | 市政工程 | 园建工程 | 绿化工程 | 土石方工程 |
| --- | --- | --- | --- | --- | --- | --- | --- | --- |
| 计费基数 | | 人工费+施工机具使用费 | | | | | | |
| 费率 | | 0.54 | 0.46 | 0.52 | 0.71 | 0.41 | 0.41 | 1.16 |
| 其中 | 夜间施工增加费 | 0.12 | 0.11 | 0.12 | 0.14 | 0.11 | 0.11 | 0.29 |
| | 冬雨季施工增加费 | 0.31 | 0.26 | 0.30 | 0.43 | 0.22 | 0.22 | 0.64 |
| | 工程定位复测费 | 0.11 | 0.09 | 0.10 | 0.14 | 0.08 | 0.08 | 0.23 |

(3) 企业管理费费率标准　见表5.9。

表5.9　简易计税法企业管理费费率标准　　单位：%

| 专业 | 房屋建筑工程 | 装饰工程 | 通用安装工程 | 市政工程 | 园建工程 | 绿化工程 | 土石方工程 |
| --- | --- | --- | --- | --- | --- | --- | --- |
| 计费基数 | 人工费+施工机具使用费 | | | | | | |
| 费率 | 25.03 | 12.04 | 16.01 | 23.48 | 16.28 | 6.97 | 15.34 |

(4) 利润费率标准　见表5.10。

表5.10　简易计税法利润费率标准　　单位：%

| 专业 | 房屋建筑工程 | 装饰工程 | 通用安装工程 | 市政工程 | 园建工程 | 绿化工程 | 土石方工程 |
| --- | --- | --- | --- | --- | --- | --- | --- |
| 计费基数 | 人工费+施工机具使用费 | | | | | | |
| 费率 | 15.37 | 11.25 | 11.90 | 15.42 | 15.09 | 3.02 | 8.45 |

（5）增值税费率标准　见表 5.11。

表 5.11　简易计税法增值税费率标准　　单位：%

| 计费基数 | 不含税工程造价 |
|---|---|
| 税率 | 3 |

## （十）费用定额的计价模式

《湖北省建筑安装工程费用定额》（以下简称“本定额”）依旧沿用 2018 版定额中给出的两种计税方式，即一般计税方式和简易计税方式。两种计税方式下都给出了三种计价模式，即工程量清单计价模式、定额计价模式和全费用基价表清单计价模式。

1. 工程量清单计价

（1）说明

① 工程量清单指载明建设工程分部分项工程项目、措施项目、其他项目的名称和相应数量以及税金等项目内容的明细清单。

② 工程量清单计价指投标人完成由招标人提供的工程量清单所需的全部费用，包括分部分项工程费、措施项目费、其他项目费和税金。工程总承包项目清单应由具有编制能力的招标人或受招标人委托具有相应资质的工程造价咨询人编制。投标人应在项目清单上自主报价，形成价格清单。

③ 综合单价指完成一个规定清单项目所需的人工费、材料和工程设备费、施工机具使用费和企业管理费、利润以及一定范围内的风险费用。

④ 采用工程量清单计价招投标的工程，在编制招标控制价时，可参照本定额规定的费率计算各项费用。

⑤ 暂列金额、专业工程暂估价、总承包服务费、结算价和以费用形式表示的索赔与现场签证费均不含增值税。

（2）计算程序

① 分部分项工程及单价措施项目综合单价计算程序（表 5.12）。

表 5.12　分部分项工程及单价措施项目综合单价计算程序表

| 序号 | 费用项目 | 计算方法 |
|---|---|---|
| 1 | 人工费 | Σ人工费 |
| 2 | 材料费 | Σ材料费 |
| 3 | 施工机具使用费 | Σ施工机具使用费 |
| 4 | 企业管理费 | (1+3)×费率 |
| 5 | 利润 | (1+3)×费率 |
| 6 | 风险因素 | 按招标文件或约定 |
| 7 | 综合单价 | 1+2+3+4+5+6 |

② 总价措施项目费计算程序（表 5.13）。

③ 其他项目费计算程序（表 5.14）。

④ 单位工程造价计算程序（表 5.15）。

表 5.13 总价措施项目费计算程序表

| 序号 | 费用项目 | | 计算方法 |
|---|---|---|---|
| 1 | 分部分项工程和单价措施项目费 | | ∑分部分项工程和单价措施项目费 |
| 1.1 | 其中 | 人工费 | ∑人工费 |
| 1.2 | | 施工机具使用费 | ∑施工机具使用费 |
| 2 | 总价措施项目费 | | 2.1+2.2 |
| 2.1 | 安全文明施工费 | | (1.1+1.2)×费率 |
| 2.2 | 其他总价措施项目费 | | (1.1+1.2)×费率 |

表 5.14 其他项目费计算程序表

| 序号 | 费用项目 | | 计算方法 |
|---|---|---|---|
| 1 | 暂列金额 | | 按招标文件 |
| 2 | 专业工程暂估价/结算价 | | 按招标文件或结算价 |
| 3 | 计日工 | | 3.1+3.2+3.3+3.4+3.5 |
| 3.1 | 其中 | 人工费 | ∑(人工价格×暂定数量) |
| 3.2 | | 材料费 | ∑(材料价格×暂定数量) |
| 3.3 | | 施工机具使用费 | ∑(机械台班价格×暂定数量) |
| 3.4 | | 企业管理费 | (3.1+3.3)×费率 |
| 3.5 | | 利润 | (3.1+3.3)×费率 |
| 4 | 总承包服务费 | | 4.1+4.2 |
| 4.1 | 其中 | 专业工程 | ∑(专业工程造价×费率) |
| 4.2 | | 材料、工程设备 | ∑(材料、工程设备价值×费率) |
| 5 | 索赔与现场签证费 | | ∑(价格×数量)/∑费用 |
| 6 | 其他项目费 | | 1+2+3+4+5 |

表 5.15 单位工程造价计算程序表

| 序号 | 费用项目 | | 计算方法 |
|---|---|---|---|
| 1 | 分部分项工程和单价措施项目费 | | ∑分部分项工程和单价措施项目费 |
| 1.1 | 其中 | 人工费 | ∑人工费 |
| 1.2 | | 施工机具使用费 | ∑施工机具使用费 |
| 2 | 总价措施费 | | ∑总价措施项目费 |
| 3 | 其他项目费 | | ∑其他项目费 |
| 3.1 | 其中 | 人工费 | ∑人工费 |
| 3.2 | | 施工机具使用费 | ∑施工机具使用费 |
| 4 | 不含税工程造价 | | 1+2+3 |
| 5 | 增值税 | | 4×税率 |
| 6 | 含税工程造价 | | 4+5 |

2. 定额计价

(1) 说明

① 定额计价是以全费用基价表中的全费用为基础，依据本定额的计算程序计算工程造价。

② 材料市场价格指发承包双方认定的价格，也可以是当地建设工程造价管理机构发布的市场信息价格。双方应在相关文件上约定。

③ 人工费、材料市场价格、机械台班价格计入全费用。

④ 包工不包料工程、计时工按定额计算出的人工费的20%计取综合费用。综合费用包括总价措施项目费、企业管理费和利润。施工用的特殊工具，如手推车等，由发包人解决。综合费用中不包括增值税，由总包单位统一支付。

⑤ 总承包服务费和以费用形式表示的索赔与现场签证费均不包含增值税。

⑥ 二次搬运费按施工组织设计计取。

(2) 计算程序 见表5.16。

表5.16 定额计价模式计算程序表

<table>
<tr><th>序号</th><th colspan="2">费用项目</th><th>计算方法</th></tr>
<tr><td>1</td><td colspan="2">分部分项工程和单价措施项目费</td><td>1.1+1.2+1.3+1.4+1.5</td></tr>
<tr><td>1.1</td><td rowspan="5">其中</td><td>人工费</td><td>∑人工费</td></tr>
<tr><td>1.2</td><td>材料费</td><td>∑材料费</td></tr>
<tr><td>1.3</td><td>施工机具使用费</td><td>∑施工机具使用费</td></tr>
<tr><td>1.4</td><td>费用</td><td>∑费用</td></tr>
<tr><td>1.5</td><td>增值税</td><td>∑增值税</td></tr>
<tr><td>2</td><td colspan="2">其他项目费</td><td>2.1+2.2+2.3</td></tr>
<tr><td>2.1</td><td colspan="2">总承包服务费</td><td>项目价值(专业分包费、材料及工程设备费)×费率</td></tr>
<tr><td>2.2</td><td colspan="2">索赔与现场签证费</td><td>∑(价格×数量)/∑费用</td></tr>
<tr><td>2.3</td><td colspan="2">增值税</td><td>(2.1+2.2)×税率</td></tr>
<tr><td>3</td><td colspan="2">含税工程造价</td><td>1+2</td></tr>
</table>

3. 全费用基价表清单计价

(1) 说明

① 工程造价计价活动中，可以根据需要选择全费用清单计价方式。全费用计价依据下面的计算程序，需要明示相关费用的，可根据全费用基价表中的人工费、材料费、施工机具使用费和本定额的费率进行计算。

② 选择全费用清单计价方式，可根据投标文件或实际的需求，修改或重新设计适合全费用清单计价方式的工程量清单计价表格。

③ 暂列金额、专业工程暂估价、结算价和以费用形式表示的索赔与现场签证费均不含增值税。

(2) 计算程序

① 分部分项工程及单价措施项目综合单价计算程序见表5.17。

表5.17 分部分项工程及单价措施项目综合单价计算程序表

| 序号 | 费用名称 | 计算方法 |
|---|---|---|
| 1 | 人工费 | ∑人工费 |
| 2 | 材料费 | ∑材料费 |
| 3 | 施工机具使用费 | ∑施工机具使用费 |
| 4 | 费用 | ∑费用 |

续表

| 序号 | 费用名称 | 计算方法 |
|---|---|---|
| 5 | 增值税 | Σ增值税 |
| 6 | 综合单价 | 1+2+3+4+5 |

② 其他项目费计算程序见表 5.18。

表 5.18 其他项目费计算程序表

| 序号 | 费用名称 | | 计算方法 |
|---|---|---|---|
| 1 | 暂列金额 | | 按招标文件 |
| 2 | 专业工程暂估价 | | 按招标文件 |
| 3 | 计日工 | | 3.1+3.2+3.3+3.4 |
| 3.1 | 其中 | 人工费 | Σ(人工价格×暂定数量) |
| 3.2 | | 材料费 | Σ(材料价格×暂定数量) |
| 3.3 | | 施工机具使用费 | Σ(机械台班价格×暂定数量) |
| 3.4 | | 费用 | (3.1+3.3)×费率 |
| 4 | 总承包服务费 | | 4.1+4.2 |
| 4.1 | 其中 | 专业工程 | Σ(专业工程造价×费率) |
| 4.2 | | 材料、工程设备 | Σ(材料、工程设备价值×费率) |
| 5 | 索赔与现场签证费 | | Σ(价格×数量)/Σ费用 |
| 6 | 增值税 | | (1+2+3+4+5)×税率 |
| 7 | 其他项目费 | | 1+2+3+4+5+6 |

注：3.4 费用包含企业管理费、利润、规费。

③ 单位工程造价计算程序见表 5.19。

表 5.19 单位工程造价计算程序表

| 序号 | 费用名称 | 计算方法 |
|---|---|---|
| 1 | 分部分项工程和单价措施项目费 | Σ(全费用单价×工程量) |
| 2 | 其他项目费 | Σ其他项目费 |
| 3 | 单位工程造价 | 1+2 |

**引例 1 分析** 工程外墙砖基础可套用消耗量定额 A1-1，见表 5.20。

表 5.20 砌筑工程消耗量定额及全费用基价表（砖基础）

工作内容：清理基槽坑，调、运、铺砂浆，运、砌砖。 计量单位：$10m^3$

| 定额编号 | | A1-1 |
|---|---|---|
| 项目 | | 砖基础、实心砖 |
| | | 直行 |
| 全费用/元 | | 7528.19 |
| 其中 | 人工费/元 | 2517.66 |
| | 材料费/元 | 3024.71 |
| | 机械费/元 | 55.00 |
| | 费用/元 | 1309.23 |
| | 增值税/元 | 621.59 |

续表

| 名称 | | 单位 | 单价/元 | 数量 |
|---|---|---|---|---|
| 材料 | 混凝土实心砖 240×115×53 | 千块 | 354.22 | 5.288 |
| | 干混砌筑砂浆 DM M10 | t | 280.00 | 4.078 |
| | 水 | $m^3$ | 3.26 | 1.650 |
| | 电【机械】 | kW·h | 0.64 | 6.842 |
| 机械 | 干混砂浆罐式搅拌机 20000L | 台班 | 229.15 | 0.240 |

【解】(1) 工程量清单计价

① 外墙砖基础定额套用《湖北省房屋建筑与装饰工程消费量定额及全费用基价表》中的子目 A1-1。

② 计算综合单价。

人工费合计= 2517.66×6.5= 16364.79 (元)

材料费合计= (354.22×5.288+280.00×4.078+3.26×1.650+0.64×6.842)×6.5
= 3024.71×6.5
= 19660.62 (元)

施工机具使用费合计= 229.15×0.240×6.5= 55×6.5= 357.5 (元)

定额基价合计= 16364.79+19660.62+357.5= 36382.91 (元)

企业管理费合计= (16364.79+357.5)×25.13%= 16722.29×25.13%= 4202.31 (元)

利润合计= (16364.79+357.5)×15.43%= 16722.29×15.43%= 2580.25 (元)

综合单价= (16364.79+19660.62+357.5+4202.31+2580.25)÷65
= 43165.47÷65
= 664.08 (元/$m^3$)

③ 计算总价措施费。总价措施费= (16364.79+357.5)×(9.78%+0.55%)= 1727.41 (元)

④ 计算不含税工程造价。

不含税工程造价= 16364.79+19660.62+357.5+4202.31+2580.25+1727.41
= 44892.88 (元)

⑤ 计算增值税合计。

增值税合计= (16364.79+19660.62+357.5+4202.31+2580.25+1727.41)×9%
= 4040.36 (元)

⑥ 计算含税工程造价。

含税工程造价= 44892.88+4040.36= 48933.24 (元)

(2) 定额计价　由上可知:

人工费合计= 16364.79 元

材料费合计= 19660.62 元

施工机具使用费合计= 357.5 元

定额基价合计= 36382.91 元

各项费用= 总价措施费+ 企业管理费合计+ 利润合计
= 1727.41+ 4202.31+ 2580.25
= 8509.97 (元)

增值税= (36382.91+ 8509.97)×9%= 44892.88×9%= 4040.36 (元)

含税工程造价= 36382.91+ 8509.97+ 4040.36= 48933.24 (元)

(3) 全费用清单计价

含税工程造价= 全费用综合单价 × 工程量

= (2517.66+3024.71+55.00+1309.23+621.59)×6.5= 7528.19×6.5

= 48933.24(元)

### (十一) 简易计税方法介绍

在工程造价活动中，符合简易计税方法规定，且承发包双方约定采用简易计税方法的，计价时可根据材料与机械台班的含税价和各专业消耗量定额、本费用定额计算工程造价。

简易计税方法和一般计税方法相比，两者都包含了三种计价模式，两者所采用的计费基数均为人工费与施工机具使用费之和。但是两者最大的区别在于，一般计税方法所用的材料单价和机械台班单价都是不含进项税额的价格，而简易计税方法所用到的材料单价和机械台班单价都是含进项税额的价格。采用简易计税方法计算增值税时，采用销售额乘以征收率（3%）计提。

**【例 5.1】** 某工程安装钢质防盗门共计 260m$^2$，合同约定项目采用简易计税方法报价。请用湖北省 2024 版费用定额中全费用清单计价方式分别计算该项目的全费用基价及含税工程造价。

**【解】** ① 钢质防盗门安装定额套用《湖北省房屋建筑与装饰工程消费量定额及全费用基价表》中的子目 A5-23，见表 5.21。

表 5.21 门窗工程消耗量定额及全费用基价表（钢质防盗门）

工作内容：钢质防盗门打眼剔洞、框扇安装校正、焊接、框周边塞缝等。　　　　计量单位：100m$^2$

| 定额编号 | | | | A5-23 |
|---|---|---|---|---|
| 项目 | | | | 钢质防盗门安装 |
| 全费用/元 | | | | 42465.78 |
| 其中 | 人工费/元 | | | 5288.12 |
| | 材料费/元 | | | 30855.76 |
| | 机械费/元 | | | 82.46 |
| | 费用/元 | | | 2733.09 |
| | 增值税/元 | | | 3506.35 |
| 名称 | | 单位 | 单价/元 | 数量 |
| 材料 | 钢质防盗门 | m$^2$ | 313.15 | 96.200 |
| | 铁件　综合 | kg | 5.80 | 95.779 |
| | 低碳钢焊条 J422 $\phi$4.0 | kg | 8.76 | 3.116 |
| | 干混抹灰砂浆 DP M15 | t | 286.00 | 0.429 |
| | 电 | kW·h | 0.64 | 11.450 |
| | 其他材料费 | % | — | 0.100 |
| | 电【机械】 | kW·h | 0.64 | 24.711 |
| 机械 | 交流弧焊机 21kVA | 台班 | 201.11 | 0.410 |

② 材料含税单价换算（参考公共专业消耗量定额附录二材料价格取定表或参考市场信息价）。

钢质防盗门：含税单价 353.62 元/$m^2$；

铁件　综合：含税单价 6.21 元/kg；

低碳钢焊条 J422 $\phi$4.0：含税单价 9.89 元/kg；

干混抹灰砂浆 DP M15：含税单价 322.96 元/t；

电：含税单价 0.72 元/(kW·h)；

电【机械】：含税单价 0.72 元/(kW·h)。

③ 机械台班含税单价换算（参考公共专业消耗量定额附录三施工机具使用费含税单价或参考市场信息价）。

交流弧焊机 21kVA：含税台班单价 201.94 元/台班。

④ 计算全费用基价（简易计税法）。

人工费＝5288.12 元（不作调整）

材料费＝(353.62×96.200＋6.21×95.779＋9.89×3.116＋322.96×0.429＋0.72×11.450)×(1＋0.100%)＋0.72×24.711＝34843.23（元）

施工机具使用费＝201.94×0.410＝82.80（元）

费用＝（5288.12＋82.80）×（9.74%＋0.54%＋25.03%＋15.37%）＝2721.98（元）

增值税＝(5288.12＋34843.23＋82.80＋2721.98)×3%＝1288.08（元）

全费用基价＝人工费＋材料费＋施工机具使用费＋费用＋增值税
＝5288.12＋34843.23＋82.80＋2721.98＋1288.08
＝44224.21（元/100$m^2$）

含税工程造价＝44224.21×2.6＝114982.9（元）

二维码 5-1

# 任务二　企业定额

随着建筑行业的不断发展，我国建设工程计价模式从原有的“政府统一定价”向“控制量、指导价、竞争费”方向转变，最终期望达到“政府宏观调控、企业自主报价、市场形成价格、政府全面监督”的改革目标。建筑施工企业为适应工程计价的改革，就必须更新观念，未雨绸缪，适应环境，勇于突破常规，以市场价格为依据形成建筑产品价格，按照市场经济规律建立符合企业自身实际情况和管理要素的有效价格体系，而这个价格体系中最重要的内容之一就是建立“企业定额”。

## 一、企业定额的概念和作用

### （一）企业定额的概念

企业定额是指建筑安装企业根据本企业的技术水平和管理水平，编制完成单位合格产品所必需的人工、材料和施工机械台班的消耗量，以及其他生产经营要素消耗的数量标准。企业定额反映企业施工生产与生产消费之间的数量关系，是施工企业生产力水平的体现。每个企业均应拥有反映自己企业能力的企业定额。

建筑产品价格与工程量、计价基础之间存在着密切关系，当工程量确定，那么决定建筑产品价格的重要因素就是计价基础——定额或标准。预算定额是按社会必要劳动量原则确定了生产要素的消耗量，确定了定额的“量”；但是这个“量”是按社会平均劳动强度确定的，故它只是完成单位合格产品的一个社会平均生产要素的消耗量。因此，它对企业而言仅仅是一个参考定额。即使人工、材料、机械台班的价格在市场要求非常到位的情况下，其所确定的建筑产品价格，也只是代表企业平均水平的社会生产价格。这种价格，用于投标报价，就等于让建筑产品的每一次具体交换，都使其价格与社会生产价格相符。它不仅淡化了价格机制在建筑市场中的调节作用，而且还因价格触角缺乏灵敏度从而导致企业按市场机制运作能力退化，不利于企业的发展。

企业定额：按建筑企业自身的生产消耗水平、施工对象和组织管理水平等特点，来确定定额的“量”；由市场实际和企业自身采购渠道来确定与“量”对应的人工单价、材料价格和机械台班价格，进而确定定额的“价”。这样就可以保证施工企业按个别成本自主报价，也符合市场经济的客观要求。企业定额反映的是企业施工生产与生产消费之间的数量关系，不仅能体现企业个别劳动生产率和技术生产装备水平，同时也是衡量企业管理水平的标尺，是企业加强集约经营、精细管理的前提和主要手段。

企业定额一般具有以下特点：

① 水平先进性。其人工、材料、机械台班及其他各项消耗应低于社会平均劳动消耗量，才能保证企业在竞争中取得先机。

② 技术优势性。其内容必须体现企业自身在技术上的某些特点和优势。

③ 管理科学性。其编制过程与依据应体现企业在组织管理方面的优势。

④ 价格动态性。其价格与市场接轨，反映企业在市场操作与竞争过程中能获取的最优价格。

### (二) 企业定额的作用

企业定额作为企业内部生产管理的标准文件，是施工企业集体智慧的结晶，也是施工企业生产经营活动的基础，是组织和指挥生产的有效工具，是企业编制工程投标报价的依据，是优化施工组织设计的依据，是企业成本核算、经济指标测算及考核的依据，是计算工人劳动报酬的依据，是专业分包计价的依据。

#### 1. 企业定额在工程量清单计价中的作用

按照《建设工程工程量清单计价标准》(GB/T 50500—2024) 的要求，投标人按照招标人提供的工程量清单进行自主报价，经评审，合理报价的企业为中标企业。因此，工程量清单计价为企业在工程投标报价中进行自主报价提供了相对自由、宽松的环境，在这种情况下，企业定额是企业投标时自主报价的基础和主要依据。

在确定工程投标报价时，第一，要根据企业定额，结合当地物价水平、劳动力价格水平、施工组织方案、现场环境等因素计算出本企业拟完成投标工程的基础报价；第二，要根据企业的其他生产经营要素测算出企业管理费，并按相关规定计算规费、增值税等；第三，要根据政府要求、招标文件中合同条件、发包方信誉及资金实力等客观条件确定在该工程上拟获得的利润，以及预计的工程风险和其他应考虑的因素，从而确定合理的投标报价。投标企业按以上三个要素利用企业定额进行各分项工程量清单的组价，汇总各工程量清单单价，形成投标报价。

#### 2. 企业定额在合理低价中标中的作用

企业在参加投标时，首先根据企业定额进行工程成本预测，通过优化施工组织设计和实行有效的管理手段，将可竞争费用中的工程成本降到最低，从而确定工程最低成本价；其次依据测定的最低成本价，结合企业内外部客观条件、所获得的利润等报出企业能够承受的最合理低价。以企业定额为基础参与低价中标的投标活动，可避免盲目降价导致报价低于工程成本，继而避免中标后成本亏损。

国外许多工程招标均采用合理低价法，企业定额也可作为企业参与国外工程项目投标报价的依据。

3. 企业定额在企业管理中的作用

施工企业项目成本管理是指施工企业对项目发生的实际成本通过预测、计划、控制、核算、分析、考核等一系列活动，在满足工程质量和工期的条件下采取有效的措施，不断降低成本，达到成本控制的预期目标。

在企业日常管理中，以企业定额为基础，对项目进行成本预测、过程控制和目标考核，可以核算实际成本与计划成本的差额，分析原因，总结经验，不断提升企业的总体管理水平，同时这些管理办法的实施也对企业定额的修改和完善起着重要的作用。所以企业应不断积累各种结构形式下的成本要素的资料，逐步形成科学、合理，且能代表企业综合实力的企业定额体系。

从本质上讲，企业定额是企业综合实力和生产、工作效率的综合反映。企业综合效率的不断提高，还依赖于企业营销与管理艺术和技术的不断进步，反过来又会推动企业定额水平的不断提高，形成良性循环，企业的综合实力也会不断提高。

4. 企业定额有利于建筑市场健康和谐发展

施工企业的经营活动应通过项目的承建，谋求质量、工期、信誉的最优化。企业定额的应用，促使企业在市场竞争中按实际消耗水平报价。这就避免了施工企业为在竞标中取胜而无节制地压价、降价，进而出现企业效率低下、生产亏损、发展滞后现象，也避免了业主在招标中滋生腐败行为。

企业定额适应了我国工程造价管理体系和管理制度的变革，这是实现工程造价管理改革最终目标不可或缺的一个重要环节。以各自的企业定额为基础按市场价格确定出报价，能真实地反映出企业成本差异，在施工企业之间形成良性竞争，从而真正达到市场形成价格的目的。因此，可以说企业定额的编制和运用是我国工程造价领域改革中关键而重要的一步。

## 二、企业定额的编制原则和编制依据

### （一）企业定额的编制原则

施工企业编制企业定额，纵向应该根据企业实际情况，结合历年定额水平，放眼企业今后发展趋势；横向与国内外建筑市场相适应，按市场经济规律办事，特别应注意与《建设工程工程量清单计价标准》衔接。具体而言，企业定额编制不但要与历史水平相比，还要与客观实际相比，要使本企业在正常经营管理情况下，经过努力和改进，可以达到定额水平。

1. 与国家规范保持一致的原则

企业定额作为企业直接参与市场经济竞争和承发包计价的基础，在划分定额项目时，应与国家标准《建设工程工程量清单计价标准》保持一致，这样既有利于报价组价的需要，还利于企业尽快建立自己的定额标准，更有利于企业个别成本与社会平均成本的比较分析。

2. 平均先进性原则

平均先进是就定额的水平而言的，定额水平是指规定消耗在单位产品上的劳动、机械和材料数量的多少。企业定额反映的是在一定的生产经营范围内、在特定的管理模式和正常施工条件下，某一施工企业的项目管理部经合理组织、科学安排后，生产者经过努力能够达到和超过的水平。这种水平既要在技术上先进，又要在经济上合理可行。制定这种定额水平将有利于企业降低人工、材料、机械的消耗，有利于提高企业管理水平和获取最大收益，而且，还能够正确地反映比较先进的施工技术和施工管理水平，以促进新技术、新材料、新工艺在企业中的不断推广应用和施工管理的日益完善。

3. 内容和形式简明适用原则

简明适用是就企业定额的内容和形式而言的，要方便定额的贯彻和执行。适用性要求，是指企业定额必须满足适用于企业内部管理和对外投标报价等多种需要。同时，企业定额设置简单明了、便于使用，还可满足项目劳动组织分工、项目成本核算和企业内部经济责任考核等方面的要求。

4. 量、价、费分离的原则

对企业定额中形成工程实体的项目实行固定量、浮动价和规定费的动态管理计价方式。企业定额中的消耗量在一定条件下是相对固定的，但不是绝对不变的，企业发展的不同阶段企业定额中有不同的定额消耗量与之相适应，同时企业定额中的人工、材料、机械价格以当期市场价格计入；组织措施费根据企业内部有关费用的相关规定、具体施工组织设计及现场发生的相关费用确定；技术措施性费用项目（如脚手架、模板工程等）应以固定量、不计价的不完全价格形式体现，这类项目在具体工程项目中可根据工程的不同特点和具体施工方案确定一次性投入量和使用期并计价。

5. 时效性和相对稳定性原则

企业定额是一定时期内技术发展和管理水平的反映，所以在一段时间内表现出稳定的状态。定额数据种类广、数据量大，在编制过程中应充分利用计算机技术的实时响应、存储量大、计算准确快捷等优势，完成原始数据资料的收集、整理、分析及后期数据的合成、更新等任务。及时、准确地完成企业定额的编制和修改工作。

6. 独立自主编制原则

施工企业作为具有独立法人地位的经济实体，应根据企业的具体情况，结合政府的价格政策和产业导向，以盈利为目标，独立自主地编制企业定额。企业独立自主地编制定额，主要是自主地确定定额水平，自主地划分定额项目，自主地根据需要增加新的定额项目。

7. 动态管理原则

当前建筑市场新材料、新工艺层出不穷，施工机具及人工市场变化也日新月异。同时，企业自身的技术水平在逐步提高，生产工艺在不断改进，企业的管理水平也在不断提升。要根据企业新技术、新材料的应用更新企业定额，使定额处于动态管理状态，保证企业定额体现企业实力并加强企业竞争力。

### （二）企业定额的编制依据

根据目前大部分建筑施工企业的定额管理水平和建设工程项目的特点，企业定额的编制依据主要有以下几个方面。

① 国家的有关法律、法规，政府的价格政策，现行劳动保护法律、法规。

② 现行的建筑安装工程施工及验收规范、安全技术操作规程、国家设计规范。

③ 各种类型的具有代表性的标准图集、施工图样。

④ 全国性或地方性消耗定额、清单计价规范、计价规则、取费标准等。

⑤ 企业技术与管理水平，工程施工组织方案，现场实际调查和测定的有关数据，以及采用新工艺、新技术、新材料、新方法的情况等。

⑥ 企业历年施工积累的经验资料等。

## 三、企业定额的编制

### （一）企业定额的编制步骤

1. 成立企业定额编制领导和实施机构

企业定额编制一般应由专业分管领导全权负责，抽调各专业骨干成立企业定额编制组。以公司定额编制组为主，工程管理部、材料机械管理部、财务部、人力资源部以及各现场项目经理部配合，进行企业定额的编制工作，编制完成后归口部门对相关内容进行相应的补充和不断的完善。

2. 制定企业定额编制详细方案

根据企业经营范围及专业分布确定企业定额编制大纲和范围，合理选择定额各分项及其工作内容，确定企业定额各章节及定额说明，确定工程量计算规则，确定子目调节系数及相关参数等。

3. 确定定额子目的实物消耗量

① 由定额编制专家组根据《建设工程工程量清单计价标准》《全国统一建筑工程基础定额》《建筑工程消耗量定额》，结合企业自身的施工管理模式、内部核算方式和惯例、投标报价方式和惯例确定所需编制定额的步距和工程内容。

② 由定额编制组根据《建设工程工程量清单计价标准》《全国统一建筑工程基础定额》《建筑工程消耗量定额》，结合定额编制专家组确定的所需编制定额的步距和工程内容，对《全国统一建筑工程基础定额》《建筑工程消耗量定额》中的定额子目进行拆分或整合，形成初步的企业定额。

③ 将企业定额子目的实物消耗量报送工程技术管理专家和企业内各工程处征求意见并将各方面的意见进行汇总，提交定额编制组讨论。

④ 定额编制组对各方面的意见进行讨论后拿出修订方案，定额编制人员对企业定额子目消耗量进行修订后报定额编制专家组审定，企业领导审批。

4. 确定费用定额指标

由定额编制组根据近期本企业不同类型工程的竣工结算和财务成本情况对各项费用指标进行测算，产生不同类型工程的各项费用指标。

5. 开发定额管理应用软件

在本企业信息管理专家或软件开发公司的专业人员的支持下，企业定额软件的开发工作与定额的编制工作同步进行。

6. 企业定额的补充完善

企业定额的补充完善是企业定额体系中的一个重要内容，也是一项必不可少的内容。

① 当设计图样中某个工程采用了新的工艺和材料，而在企业定额中未编制此类项目时，为了确定工程的完整造价，就必须编制补充定额。

② 当企业的经营范围扩大时，为满足企业经营管理的需要，就应对企业定额进行补充、完善。

③ 在应用过程中，企业定额所确定的各类费用参数与实际有偏差时，需再对企业定额进行调整修改。

### （二）企业定额的编制方法

编制企业定额最关键的工作是：确定人工、材料和机械台班的消耗量，计算分项工程单价或综合单价。企业定额的编制一般有以下五种方法。

1. 定额修正法

定额修正法是依据全国定额、行业定额，结合企业的实际情况和工程量清单计价规范的要求，调整定额的结构、项目范围等，在自行测算的基础上形成企业定额。这种方法的优点是继承了全国定额、行业定额的精华，使企业定额有模板可依，有改进的基础。这种方法既简单易行，又相对准确，是补充企业一般工程项目人工、材料、机械台班和管理费标准的较好方法之一。在实际编制企业定额的过程中，对一些企业实际施工水平与传统定额所反映的平均水平相近的定额项目，也可采用该方法，结合企业现状对传统定额进行调增或调减。

2. 经验统计法

经验统计法是依据已有的施工经验，综合企业已有的经验数据，运用抽样统计的方法，对有关项目的消耗数据进行统计测算，最终形成自己的定额消耗数据。运用这种方法，首先要建立一系列数学模型，对以往不同类型的样本工程项目成本降低情况进行统计、分析，然后得出同类型工程成本的平均值或平均先进值。由于典型工程的经验数据权重不断提高，其统计数据资料越来越完善、真实、可靠。此方法的特点是积累过程长，但统计分析细致，使用时简单易行、方便快捷。缺点是模型中考虑的因素有限，而工程实际情况则要复杂得多，对各种变化情况不能一一适应，准确性也不够，因此这种方法对设计方案较规范的一般住宅民用建筑工程的常用项目的人工、材料、机械台班消耗及管理费测定较适用。

3. 现场观察测定法

现场观察测定法是以研究工时消耗为对象，以观察测时为目标，通过密集抽样和粗放抽样等技术手段进行直接的实践研究，确定人工、材料和机械台班消耗量的方法。该方法以研究消耗量为对象、观察测定为手段，深入施工现场，在项目相关人员的配合下，通过分析研究，获得该工程施工过程中的技术组织措施和人工、材料、机械消耗量的基础资料，从而确定人工、材料、机械定额消耗水平。这种方法的特点是能够把现场工时消耗情况和施工组织条件联系起来加以观察、测时、计量和分析，以获得一定技术条件下工时消耗的基础资料。这种方法技术简便、应用面广、资料全面，适用于对工程造价影响大的主要项目及新技术、新工艺，常用于测定工时和设备的消耗水平。

4. 理论计算法

理论计算法是依据施工图纸、施工规范及材料规格，用理论计算的方法求出定额中的理论消耗量，将理论消耗量加上合理的损耗，得出定额实际消耗水平的方法。

采用该方法编制企业定额有一定的局限性。但这种方法可以节约大量的人力、物力和时间。适用于计算主要材料的消耗等与图纸数量相差很小的项目，在工程计算中较为常用。

5. 造价软件法

造价软件法是使用计算机编制和维护企业定额的方法。由于计算机具有运行速度快、计算准确、能对工程造价和资料进行动态管理的优点，因此不仅可以利用工程造价软件和有关的数字建筑网站，快速、准确地计算工程量、工程造价，查出各地的人工、材料价格，还能够通过企业长期的工程资料的积累形成企业定额。条件不成熟的企业可以考虑在保证数据安全的情况下与专业公司签订协议进行合作开发或委托开发。

以上五种方法各有优缺点，它们不是绝对独立的，企业要从实际工作情况出发，通过综合运用上述编制方法，确定适合自己的方法体系来完成企业定额的编制。

### (三) 企业定额的编制实例

某企业定额 $\phi 8$ 钢筋制作安装工程项目编制实例如下。

1. 编制依据

① 全国统一劳动定额。

② 全国性或地方性房屋建筑与装饰工程消耗量定额有关资料。

③ 企业内部实测数据。

2. 确定施工工艺

① 施工现场统一配料，集中加工，配套生产，流水作业。

② 机械制作：在一个工地有调直机或卷扬机、切断机、弯曲机全部机械设备。

a. 平直：采用调直机或卷扬机拉直（冷拉）。

b. 切断：采用切断机。

c. 弯曲：采用弯曲机。钢筋弯曲程度以弯曲钢筋占构件钢筋总量的60%为准。

③ 绑扎采用一般工具，手工操作。

④ 原材料及半成品的水平运输，用人力或双轮车搬运。机械垂直运输不分塔吊、机吊。

3. 工作内容

（1）钢筋制作

① 平直：取料、解捆、开拆及钢筋必要的切断、分类堆放到指定地点及30m以内的原材料搬运等（不包括过磅）。

② 切断：配料、划线、标号、堆放及操作地点的材料取放和清理钢筋头等。

③ 弯曲：放样、划线、捆扎、标号、堆放、覆盖等以及操作地点30m以内材料和半成品的取放。

（2）钢筋绑扎

① 清理模内杂物、木屑等。

② 按要求将钢筋绑扎成型并放入模内。捣制构件除另有规定外，均包括安放垫块。

③ 捣制构件包括搭拆施工高度在3.6m以内的简单架子。

④ 包括地面60m以内的水平运输和取放半成品，并包括人力一层和机械六层（或高度20m）以内的垂直运输，以及建筑物底层或楼层的全部水平运输。

4. 工料机消耗量计算和说明

（1）人工消耗量计算和说明

① 除锈：按钢筋总量的25%计算。除锈用工以劳动定额为基础综合计算，见表5.22。

表5.22 $\phi 8$ 钢筋除锈用工计算表

| 施工工序名称 | 数量/t | 劳动定额 | | 工日数/工日 |
|---|---|---|---|---|
| | | 工种 | 时间定额/(工日/t) | |
| $\phi 8$ 钢筋除锈 | 钢筋总量×0.25 | 钢筋工 | 2.94 | 0.735 |

② 平直：按机械平直100%计算，用工计算详见《全国建筑安装工程统一劳动定额编制说明》附录一，时间定额取定1.19工日/t。

③ 钢筋切断用工以劳动定额为基础，按企业内部调查资料确定的综合权数综合计算，见表5.23。

表5.23 现浇构件钢筋切断用工计算表

| 钢筋直径 | 劳动定额 | 切断长度 | | | | | | 综合取定 |
|---|---|---|---|---|---|---|---|---|
| | | 1m以内 | 2m以内 | 3m以内 | 4.5m以内 | 6m以内 | 9m以内 | |
| $\phi 8$ | 时间定额 | 0.704 | 0.528 | 0.433 | 0.376 | 0.380 | 0.316 | 0.525 |
| | 内部综合权数 | 20 | 50 | 15 | 10 | 3 | 2 | |

④ 现浇构件钢筋弯曲用工以劳动定额为基础，按企业内部调查资料确定的综合权数综合计算，见表5.24。

**表5.24 现浇构件钢筋弯曲用工计算表**

<table>
<tr><th rowspan="2">钢筋直径</th><th colspan="3">项目</th><th colspan="5">长度</th><th rowspan="2">综合(一)</th><th rowspan="2">综合权数</th><th rowspan="2">综合</th></tr>
<tr><th colspan="3">弯头在2、6、8个以内</th><th>1m以内</th><th>2m以内</th><th>3m以内</th><th>4.5m以内</th><th>6m以内</th></tr>
<tr><td rowspan="6">ϕ8</td><td rowspan="6">机械弯曲</td><td rowspan="2">2</td><td>时间定额</td><td>1.534</td><td>0.874</td><td>0.703</td><td>0.664</td><td>0.641</td><td rowspan="2">0.821</td><td rowspan="2">50</td><td rowspan="6">1.27</td></tr>
<tr><td>内部综合权数</td><td>10</td><td>30</td><td>25</td><td>25</td><td>10</td></tr>
<tr><td rowspan="2">6</td><td>时间定额</td><td>2.988</td><td>1.810</td><td>1.620</td><td>1.408</td><td>1.405</td><td rowspan="2">1.671</td><td rowspan="2">40</td></tr>
<tr><td>内部综合权数</td><td>5</td><td>30</td><td>30</td><td>25</td><td>10</td></tr>
<tr><td rowspan="2">8</td><td>时间定额</td><td>4.288</td><td>2.532</td><td>2.110</td><td>1.762</td><td>1.688</td><td rowspan="2">1.946</td><td rowspan="2">10</td></tr>
<tr><td>内部综合权数</td><td>0</td><td>10</td><td>35</td><td>35</td><td>20</td></tr>
</table>

⑤ ϕ8钢筋不同部位绑扎用工以劳动定额为基础，按企业内部调查资料确定的综合权数综合计算，见表5.25。

**表5.25 ϕ8钢筋绑扎用工计算表**

| 项目 | 单位 | 数量 | 内部权数 | 劳动定额 | | | | 备注 |
|---|---|---|---|---|---|---|---|---|
| | | | | 定额编号 | 工种 | 时间定额 | 工日数 | |
| (1) | (2) | (3) | (4) | (5) | (6) | (7) | (8)=(3)×(4)×(7)÷100 | |
| 地面 | t | 1.0 | 5 | 地-37 | 钢筋 | 3.03 | 0.152 | |
| 墙面 | t | 1.0 | 10 | 地-94 | 钢筋 | 6.25 | 0.625 | |
| 电梯井、通风道等 | t | 1.0 | 5 | 地-102 | 钢筋 | 8.33 | 0.417 | |
| 平板、屋面板(单向) | t | 1.0 | 5 | 地-107 | 钢筋 | 4.35 | 0.218 | |
| 平板、屋面板(双向) | t | 1.0 | 8 | 地-110 | 钢筋 | 5.56 | 0.445 | |
| 筒形薄板 | t | 1.0 | 2 | 地-114 | 钢筋 | 7.14 | 0.143 | |
| 楼梯 | t | 1.0 | 35 | 地-120 | 钢筋 | 9.26 | 3.241 | |
| 阳台、雨篷等 | t | 1.0 | 15 | 地-126 | 钢筋 | 12.30 | 1.845 | |
| 栏板、扶手 | t | 1.0 | 3 | 地-129 | 钢筋 | 20.00 | 0.600 | |
| 暖气沟等 | t | 1.0 | 2 | 地-131 | 钢筋 | 9.09 | 0.182 | |
| 盥洗池、槽 | t | 1.0 | 3 | 地-140 | 钢筋 | 10.00 | 0.300 | |
| 水箱 | t | 1.0 | 2 | 地-142 | 钢筋 | 6.25 | 0.125 | |
| 化粪池 | t | 1.0 | 2 | 地-146 | 钢筋 | 7.46 | 0.149 | |
| 墙压顶 | t | 1.0 | 3 | 地-149 | 钢筋 | 10.00 | 0.300 | |
| 小计 | | | | | | | 8.742 | |

⑥ 钢筋成品保护用工：经过实际测定，每吨钢筋取定0.45工日。

⑦ 定额项目人工消耗量计算，见表5.26。

**表 5.26　定额项目人工消耗量计算表**

章名称　钢筋工程　节名称　现浇构件　项目名称　圆钢筋　子目名称$\phi$8

<table>
<tr><td colspan="4">工作内容</td><td colspan="4">钢筋除锈、制作、绑扎、安装</td></tr>
<tr><td colspan="4">质量要求</td><td colspan="4">满足质量规范要求</td></tr>
<tr><td colspan="4">施工操作工序名称及工作量</td><td rowspan="2">用工计算</td><td rowspan="2">工种</td><td rowspan="2">时间定额</td><td rowspan="2">工日数</td></tr>
<tr><td colspan="2">名称</td><td>单位</td><td>数量</td></tr>
<tr><td rowspan="8">劳动力计算</td><td>(1)</td><td>(2)</td><td>(3)</td><td>(4)</td><td>(5)</td><td>(6)</td><td>(7)=(3)×(6)</td></tr>
<tr><td>除锈</td><td>t</td><td>0.25</td><td>详见表 5.22</td><td>钢筋</td><td>2.940</td><td>0.735</td></tr>
<tr><td>平直</td><td>t</td><td>1.00</td><td>详见人工消耗量计算和说明第 2 条</td><td>钢筋</td><td>1.190</td><td>1.190</td></tr>
<tr><td>切断</td><td>t</td><td>1.00</td><td>详见表 5.23</td><td>钢筋</td><td>0.525</td><td>0.525</td></tr>
<tr><td>弯曲</td><td>t</td><td>1.00</td><td>详见表 5.24</td><td>钢筋</td><td>1.270</td><td>1.270</td></tr>
<tr><td>绑扎</td><td>t</td><td>1.00</td><td>详见表 5.25</td><td>钢筋</td><td>8.742</td><td>8.742</td></tr>
<tr><td>成品保护</td><td>t</td><td>1.00</td><td>详见人工消耗量计算和说明第 6 条</td><td>钢筋</td><td>0.450</td><td>0.450</td></tr>
<tr><td colspan="6">小计</td><td>12.912</td></tr>
<tr><td colspan="3">人工幅度差 10%</td><td>1.29</td><td colspan="2">合计</td><td colspan="2">14.2</td></tr>
</table>

年　　月　　日　　　　　　　　　　复核者：　　　　　　　　　　　　计算者：

(2) 材料消耗量计算和说明

① 钢筋绑扎用材料用量的计算。

a. 材料：22#镀锌铁丝。

b. 依据企业内部多项工程实测数据综合取定镀锌铁丝用量为 156.28kg。

c. 钢筋绑扎用镀锌铁丝长度为 220mm/根，钢筋绑扎用镀锌铁丝用量计算表见表 5.27。

**表 5.27　钢筋绑扎用 22#镀锌铁丝用量计算表**

| 钢筋规格 | 综合取定钢筋重量/t | 22#镀锌铁丝总用量/kg | 每吨钢筋的 22#镀锌铁丝用量/kg |
|---|---|---|---|
| $\phi$8 | 17.75 | 156.28 | 8.80 |

② 钢筋用量的计算：在根据图纸计算出的净用量的基础上，结合企业内部多项工程实测数据，增加 1.5%的损耗作为企业定额材料消耗用量。

③ 定额项目材料消耗量计算，见表 5.28。

**表 5.28　定额项目材料消耗量计算表**

<table>
<tr><td colspan="3">计算依据或说明</td><td colspan="3">实测数据</td></tr>
<tr><td colspan="2">名称</td><td>规格</td><td>计算量</td><td>损耗率/%</td><td>使用量</td></tr>
<tr><td rowspan="2">主要材料</td><td>圆钢筋</td><td>$\phi$8</td><td>1.0t</td><td>1.5</td><td>1.015t</td></tr>
<tr><td>镀锌铁丝</td><td>22#</td><td></td><td></td><td>8.800kg</td></tr>
</table>

年　　月　　日　　　　　　　　　　复核者：　　　　　　　　　　计算者：

(3) 机械台班消耗量计算和说明

① 有关数据。

调直机、切断机、弯曲机械台班使用量=1t 钢筋×(1÷钢筋制作每工日产量×小组成员人数)

小组成员人数取定：

平直：采用调直机，人数3。

切断：采用切断机，人数3（切断长度6m）。

弯曲：采用弯曲机，人数2。

② 钢筋平直机械台班使用量以劳动定额为基础计算，见表5.29。

**表5.29 钢筋平直机械台班使用量**

| 预算定额 | 劳动定额 | | | | |
|---|---|---|---|---|---|
| 钢筋直径 | 定额编号 | 每工日产量/t | 小组人数 | 台班产量 | 台班使用量计算(台班) |
| φ8 | 地-308(一) | 0.84 | 3 | 2.52 | 1/2.52=0.40 |

③ 钢筋切断机械台班使用量以劳动定额为基础计算，见表5.30。

**表5.30 钢筋切断机械台班使用量**

| 预算定额 | 劳动定额 | | | | |
|---|---|---|---|---|---|
| 钢筋直径 | 定额编号 | 每工日产量/t | 小组人数 | 台班产量 | 台班使用量计算(台班) |
| φ8 | 地-308(二) | 1.54 | 3 | 4.62 | 1/4.62=0.22 |

④ 钢筋弯曲机械台班使用量以劳动定额为基础计算，见表5.31。

**表5.31 钢筋弯曲机械台班使用量**

| 预算定额 | 劳动定额 | | | | |
|---|---|---|---|---|---|
| 钢筋直径 | 定额编号 | 每工日产量/t | 小组人数 | 台班产量 | 台班使用量计算(台班) |
| φ8 | 地-308(三) | 1 | 2 | 2 | 1÷2×60%=0.30 |

注：φ8机械弯曲比例按60%计算。

⑤ 定额项目机械台班消耗量计算表见表5.32。

**表5.32 定额项目机械台班消耗量计算表**

<table>
<tr><td colspan="2">工程内容</td><td colspan="5">钢筋制作</td></tr>
<tr><td colspan="4">施工操作</td><td rowspan="2">机械名称</td><td rowspan="2">台班用量</td><td rowspan="2">机械使用量/台班</td></tr>
<tr><td rowspan="4">台班<br>消耗量</td><td>工序</td><td>数量</td><td>单位</td></tr>
<tr><td>钢筋调直</td><td>1.0</td><td>t</td><td>调直机</td><td>见表5.29</td><td>0.40</td></tr>
<tr><td>钢筋切断</td><td>1.0</td><td>t</td><td>切断机</td><td>见表5.30</td><td>0.22</td></tr>
<tr><td>钢筋弯曲</td><td>1.0</td><td>t</td><td>弯曲机</td><td>见表5.31</td><td>0.30</td></tr>
<tr><td>备注</td><td colspan="6"></td></tr>
</table>

年　月　日　　　　复核者：　　　　计算者：

汇总以上数据，现浇构件φ8钢筋工程工料机消耗量企业定额见表5.33。

表 5.33 现浇构件 $\phi 8$ 钢筋工程工料机消耗量企业定额

工作内容：钢筋配置、绑扎、安装。 单位：t

| 定额编号 | | | | 5-2 |
|---|---|---|---|---|
| 项目 | | 单位 | 单价 | 现浇混凝土构件 |
| | | | | 圆钢筋直径/mm |
| | | | | $\phi 8$ |
| 预算价格 | | 元 | | |
| 其中 | 人工费 | 元 | | |
| | 材料费 | 元 | | |
| | 施工机具使用费 | 元 | | |
| 人工 | 钢筋工 | 工日 | | 14.20 |
| 材料 | 圆钢 $\phi 8$ | t | | 1.015 |
| | 镀锌铁丝(22＃) | kg | | 8.80 |
| 机械 | 钢筋调直机 | 台班 | | 0.40 |
| | 钢筋切断机 | 台班 | | 0.22 |
| | 钢筋弯曲机 | 台班 | | 0.30 |

注：上述消耗量定额中人工、材料、施工机具单价以当期市场价计入，合成当期企业定额单价。

## 任务三 工期定额

**引例 2** Ⅰ类地区某商业建筑，±0.000 以下为 2 层地下室，建筑面积 11000m²。±0.000 以上 1~2 层为整体部分现浇混凝土框架结构商场，建筑面积 10000m²。3 层以上分为两个独立部分，分别为：12 层现浇混凝土剪力墙结构公寓，建筑面积 9000m²；18 层现浇混凝土框架结构写字楼，建筑面积 15000m²。试根据工期定额，求该商业建筑的施工工期。

## 一、工期定额的概念

工期定额是指在一定的经济和社会条件下，在一定时期内建设行政主管部门制定并发布的工程项目建设消耗的时间标准。工程质量、工程进度、工程造价是工程项目管理的三大目标，工程进度的控制必须依据工期定额。工期定额是具体指导工程建设项目工期的法律性文件。

工期定额为各类工程项目规定的施工期限的定额天数，包括建设工期定额和施工工期定额两个层次。

1. 建设工期定额

建设工期定额一般指建设项目中构成固定资产的单项工程、单位工程从正式破土动工至按设计文件建成，能施工验收交付使用的全过程所需要的时间标准。

2. 施工工期定额

施工工期定额是指单项工程从基础破土动工（或自然地坪打基础桩）起至完成建筑安装工程施工全部内容，并达到国家验收标准之日止的全过程所需的日历天数。工期定额以日历天数为计量单位，而不是有效工作天数，也不是法定工作天数。正式开工日期：

① 没有桩基础的工程，以正式破土挖槽为准。

② 有桩基础的工程，以自然地坪打正式桩为准。

**特别提示** 以下情况不能算正式开工日期：

① 在单项工程正式开工以前的各项准备工作，如平整场地，地上地下障碍物的处理，定位放线等。

② 在自然地坪打试验桩、护坡桩。

## 二、工期定额的作用与编制原则

### (一) 工期定额的作用

① 工期定额是编制招标文件的依据。

工期在招标文件中是主要内容之一，是业主对拟建工程时间上的期望值。工期定额可以帮助业主有效确定工程工期。

② 工期定额是签订建筑安装工程施工合同、确定合同工期的基础。

建设单位与施工单位在签订合同时确定的工期可以是定额工期，也可以与定额工期不一致，因为确定工期的条件、施工方案都会影响工期。工期定额是按社会平均建设管理水平、施工装备水平和正常建设条件来制定的，它是确定合同工期的基础。合同工期一般会围绕工期定额上下波动来确定。

③ 工期定额是施工企业编制施工组织设计、确定投标工期、安排施工进度的参考依据。

④ 工期定额是施工企业进行工期索赔的基础。

⑤ 工期定额是工程提前竣工验收后计算赶工措施费的依据。

### (二) 工期定额的编制原则

1. 合理性与差异性原则

工期定额从有利于国家宏观调控，有利于市场竞争以及当前工程设计、施工和管理的实际出发，既要坚持定额水平的合理性，又要考虑各地区的自然条件等差异对工期的影响。

2. 地区类别划分的原则

由于我国幅员辽阔，各地气候条件差别较大，同类工程在不同地区的实物工程量和所采用的建筑机械设备等存在差异，所需的施工工期也就不同。为此工期定额根据各地区近十年的平均气温和最低气温，将全国划分为Ⅰ、Ⅱ、Ⅲ类地区。

Ⅰ类地区：上海、江苏、浙江、安徽、福建、江西、湖北、湖南、广东、广西、四川、贵州、云南、重庆、海南、台湾。

Ⅱ类地区：北京、天津、河北、山西、山东、河南、陕西、甘肃、宁夏。

Ⅲ类地区：内蒙古、辽宁、吉林、黑龙江、西藏、青海、新疆。

同一省、自治区、直辖市内由于气候条件不同，也可按工期定额地区类别划分原则，由省、自治区、直辖市建设行政主管部门在本区域内再进行划分，报住房和城乡建设部批准后执行。

3. 定额水平应遵循平均、先进、合理的原则

确定工期定额水平，应从正常的施工条件、多数施工企业装备程度、合理的施工组织及劳动组织、社会平均时间消耗水平的实际出发，又要考虑近年来设计、施工技术的进步情况，进而确定合理工期。

4. 定额结构要做到简明适用的原则

定额的编制要遵循社会主义市场经济原则，从有利于建立全国统一市场，以及有利于市场竞争出发，简明适用，规范建筑安装工程工期的计算。

## 三、工期定额的内容

### （一）章节划分

《建筑安装工程工期定额》（TY 01-89—2016）适用于民用与一般工业建筑的新建、扩建工程。定额根据工程类别，分为四大部分：第一部分民用建筑工程，第二部分工业及其他建筑工程，第三部分构筑物工程，第四部分专业工程。共列有 2638 个项目。工期定额主要内容及项目划分见表 5.34。

表 5.34 工期定额主要内容及项目划分

| 部分 | 各章内容 | 项目个数 |
|---|---|---|
| 第一部分 民用建筑工程 | 一、±0.000 以下工程 | 63 |
| | 二、±0.000 以上工程 | 946 |
| | 三、±0.000 以上钢结构工程 | 37 |
| | 四、±0.000 以上超高层建筑 | 24 |
| 第二部分 工业及其他建筑工程 | 一、单层厂房工程 | 16 |
| | 二、多层厂房工程 | 29 |
| | 三、仓库 | 56 |
| | 四、辅助附属设施 | 114 |
| | 五、其他建筑工程 | 70 |
| 第三部分 构筑物工程 | 一、烟囱 | 10 |
| | 二、水塔 | 37 |
| | 三、钢筋混凝土贮水池 | 8 |
| | 四、钢筋混凝土污水池 | 8 |
| | 五、滑膜筒仓 | 44 |
| | 六、冷却塔 | 5 |
| 第四部分 专业工程 | 一、机械土方工程 | 57 |
| | 二、桩基工程 | 789 |
| | 三、装饰装修工程 | 102 |
| | 四、设备安装工程 | 113 |
| | 五、机械吊装工程 | 67 |
| | 六、钢结构工程 | 43 |
| 总计 | | 2638 |

### （二）各章节基本结构和内容

1. 民用建筑工程工期定额基本结构和内容

民用建筑工程包括±0.000 以下工程、±0.000 以上工程、±0.000 以上钢结构工程和±0.000 以上超高层建筑四部分。

① ±0.000 以下工程划分为无地下室和有地下室两部分。无地下室项目按基础类型及首层建筑面积划分；有地下室项目按地下室层数、地下室建筑面积划分。其施工内容包括±0.000 以下全部工程内容，但不含桩基工程。

② ±0.000 以上工程按工程用途、结构类型、层数及建筑面积划分。其施工内容包括±0.000 以上结构、装修、安装等全部工程内容，如表 5.35 所示。

表 5.35 民用建筑工程工期定额节选

6. 教育建筑

结构类型：砖混结构

| 编号 | 层数 | 建筑面积/m$^2$ | 工期/天 | | |
|---|---|---|---|---|---|
| | | | Ⅰ类 | Ⅱ类 | Ⅲ类 |
| 1-646 | 3 以下 | 1000 以内 | 90 | 100 | 110 |
| 1-647 | | 2000 以内 | 100 | 110 | 120 |
| 1-648 | | 3000 以内 | 115 | 125 | 135 |
| 1-649 | | 3000 以外 | 130 | 140 | 150 |
| 1-650 | 4 | 2000 以内 | 120 | 130 | 140 |
| 1-651 | | 3000 以内 | 135 | 145 | 155 |
| 1-652 | | 4000 以内 | 145 | 155 | 165 |
| 1-653 | | 4000 以外 | 160 | 170 | 180 |
| 1-654 | 5 | 3000 以内 | 155 | 170 | 190 |
| 1-655 | | 4000 以内 | 165 | 180 | 200 |
| 1-656 | | 5000 以内 | 175 | 190 | 210 |
| 1-657 | | 5000 以外 | 190 | 205 | 225 |
| 1-658 | 6 | 4000 以内 | 185 | 200 | 220 |
| 1-659 | | 5000 以内 | 195 | 210 | 230 |
| 1-660 | | 6000 以内 | 220 | 235 | 255 |
| 1-661 | | 6000 以外 | 235 | 250 | 270 |

2. 工业及其他建筑工程工期定额基本结构和内容

本部分包括单层厂房、多层厂房、仓库、降压站、冷冻机房、冷库、冷藏间、空压机房、变电室、开闭所、锅炉房、服务用房、汽车房、独立地下室工程、室外停车场、园林庭院工程。

① 本部分所列的工期不含地下室工期，地下室工期执行±0.000 以下工程相应项目乘以系数 0.70。

② 工业及其他建筑工程施工内容包括基础、结构、装修和设备安装等全部工程内容。

③ 本部分厂房指机加工、五金、一般纺织（粗纺、制条、洗毛等）、电子、服装车间及无特殊要求的装配车间。

④ 冷库工程不适用山洞冷库、地下冷库和装配式冷库工程。

3. 构筑物工程工期定额基本结构和内容

本部分包括烟囱、水塔、钢筋混凝土贮水池、钢筋混凝土污水池、滑膜筒仓、冷却塔等工程。

① 烟囱工程工期是按照钢筋混凝土结构考虑的，如采用砖砌体结构工程，则其工期按

相应高度钢筋混凝土烟囱工程工期定额乘以系数 0.8。

② 水塔工程按照不保温结构考虑，如增加保温内容，则工期应增加 10 天。

4. 专业工程工期定额基本结构和内容

本部分包括机械土方工程、桩基工程、装饰装修工程、设备安装工程、机械吊装工程、钢结构工程。

① 机械土方工程工期按不同挖深、土方量列项，包含土方开挖和运输。

② 桩基工程包括预制混凝土桩、钻孔灌注桩、冲孔灌注桩、人工挖孔桩和钢板桩。

③ 装饰装修工程按照装饰装修空间划分为室内装饰装修工程和外墙装饰装修工程。

④ 设备安装工程包括变电室、开闭所、降压站、发电机房、空压站、消防自动报警系统、消防灭火系统、锅炉房、热力站、通风空调系统、冷冻机房、冷库、冷藏间、起重机和金属容器安装工程。其工期是从专业安装工程具备连续施工条件起，至完成承担的全部设计内容止所需要的日历天数。

⑤ 机械吊装工程包括构件吊装工程和网架吊装工程。

⑥ 钢结构工程工期是指钢结构现场拼装和安装、油漆等施工工期，不包括建筑现浇混凝土结构和其他专业工程（如装修、设备安装等）的施工工期，不包括钢结构深化设计、构件制作工期。

## 四、民用建筑工程工期定额的应用

### （一）民用建筑工程工期定额应用说明

1. 工期定额的表现形式

① 工程使用功能：主要指本工程属于居住建筑、办公建筑、旅馆酒店建筑、商业建筑、文化建筑、教育建筑、体育建筑、卫生建筑、交通建筑、广播电影电视建筑等。

② 结构类型：主要指砖混、现浇剪力墙、现浇框架、装配式混凝土等。

③ 层数：分为地上和地下的层数。

④ 建筑面积：根据计算，将建筑面积按整数进行分类，分为以内和以外，覆盖所有建筑面积。

⑤ 地区类别：分Ⅰ、Ⅱ、Ⅲ类。

2. 民用建筑工程工期计算的一般方法

① ±0.000 以下工程：无地下室工程按首层建筑面积计算，有地下室工程按地下室建筑面积总和计算。

② ±0.000 以上工程：按±0.000 以上部分建筑面积总和计算。

③ 总工期：按±0.000 以下与±0.000 以上工期之和计算。

④ 单项工程±0.000 以下由 2 种或 2 种以上类型组成时，按不同类型部分的面积查出相应工期，然后相加。

⑤ 单项工程±0.000 以上结构相同，使用功能不同：无变形缝时，按使用功能占建筑面积比重大的计算工期；有变形缝时，先按不同使用功能的面积查出工期，再以其中一个最大工期为基数，另加其他部分工期的 25%计算。

⑥ 单项工程±0.000 以上由 2 种或 2 种以上结构组成：无变形缝时，先按全部面积查出不同结构的相应工期，再按不同结构各自的建筑面积加权平均计算；有变形缝时，先按不同结构各自的面积查出相应工期，再以其中一个最大工期为基数，另加其他部分工期的 25%计算。

⑦ 单项工程±0.000以上层数不同，有变形缝时，先按不同层数各自的面积查出相应工期，再以其中一个最大工期为基数，另加其他部分工期的25%计算。

⑧ 单项工程中±0.000以上分成若干个独立部分时，参照工期定额总说明第十二条同期施工的群体工程计算工期。如果±0.000以上有整体部分，将其并入工期最大的单项（位）工程中计算。

⑨ 工业化建筑中的装配式混凝土结构施工工期仅计算现场安装阶段，工期按照装配率50%编制。装配率40%、60%、70%的按本定额相应工期分别乘以系数1.05、0.95和0.90计算。

⑩ 钢-混凝土组合结构的工期，参照相应项目的工期乘以系数1.10计算。

⑪ ±0.000以上超高层建筑单层平均面积按主塔楼±0.000以上总建筑面积除以地上总层数计算。

3. 工期定额总说明中关于民用建筑工程工期计算的要点

① 关于施工工期调整的说明。

a. 施工过程中，遇不可抗力、极端天气或政府政策影响施工进度或暂停施工的，按照实际延误的工期顺延。

b. 施工过程中发现实际地质情况与地质勘查报告出入较大的，应按照实际地质情况调整工期。

c. 施工过程中遇到障碍物或古墓、文物、化石、流砂、溶洞、暗河、淤泥、石方、地下水等需要进行特殊处理且影响关键线路时，工期相应顺延。

d. 合同履行过程中，因非承包人原因发生重大设计变更的，应调整工期。

e. 其他非承包人原因造成的工期延误应予以顺延。

② 同期施工的群体性工程中，一个承包商同时承包2个以上（含2个）单项（位）工程时，工期的计算：以一个最大工期的单项（位）工程工期为基数，加其他单项（位）工程工期总和乘以相应系数计算。

a. 加1个单项（位）工程乘以系数0.35。

$$总工期\ T=T_1+T_2\times0.35 \qquad (5.4)$$

b. 加2个单项（位）工程乘以系数0.2。

$$总工期\ T=T_1+(T_2+T_3)\times0.20 \qquad (5.5)$$

c. 加3个单项（位）工程乘以系数0.15。

$$总工期\ T=T_1+(T_2+T_3+T_4)\times0.15 \qquad (5.6)$$

d. 加4个及以上单项（位）工程不另增加工期。总工期计算公式见式（5.6）。

其中：$T_1$、$T_2$、$T_3$、$T_4$为所有单项（位）工程中工期最大的前四个，且$T_1\geqslant T_2\geqslant T_3\geqslant T_4$。

③ 工期定额建筑面积按照国家标准《建筑工程建筑面积计算规范》计算；层数以建筑自然层数计算，设备管道层计算层数，出屋面的楼（电）梯间、水箱间不计算层数。

④ 定额子目中凡注明"××以内（下）"者，均包括"××"本身；凡注明"××以外（上）"者，则不包括"××"本身。

### （二）民用建筑工程工期定额应用实例

**【例5.2】** Ⅰ类地区某单项工程±0.000以上被变形缝划分为两部分：一部分为6层现浇框架结构商场，建筑面积为6500m²；另一部分为6层砖混结构办公楼，建筑面积为6200m²。求该建筑工程的建筑工期。

**【解】** 本住宅工程属于商场和办公楼一体化建筑，结构类型均为框架结构。单项工程±

0.000 以上由 2 种或 2 种以上结构类型组成，有变形缝时，先按不同结构各自的面积查出相应工期，再以其中一个最大工期为基数，另加其他部分工期的 25％计算。工期计算步骤如下。

1. 查定额编号

6 层以下现浇框架结构商场，查工期定额，见表 5.36。

表 5.36 商业建筑现浇框架结构工期定额节选

4. 商业建筑

结构类型：现浇框架结构

| 编号 | 层数 | 建筑面积/$m^2$ | 工期/天 | | |
|---|---|---|---|---|---|
| | | | Ⅰ类 | Ⅱ类 | Ⅲ类 |
| 1-514 | 4 层以下 | 2000 以内 | 170 | 180 | 195 |
| 1-515 | | 4000 以内 | 185 | 195 | 210 |
| 1-516 | | 6000 以内 | 200 | 210 | 225 |
| 1-517 | | 6000 以外 | 220 | 230 | 245 |
| 1-518 | 6 层以下 | 3000 以内 | 210 | 220 | 235 |
| 1-519 | | 6000 以内 | 230 | 240 | 255 |
| 1-520 | | 9000 以内 | 245 | 255 | 270 |
| 1-521 | | 9000 以外 | 260 | 270 | 285 |

查编号 1-520，6 层以下现浇框架结构商业建筑建筑面积 9000$m^2$ 以内，工期需要 245 天。

6 层砖混结构办公楼，查工期定额，见表 5.37。

表 5.37 办公建筑砖混结构工期定额节选

2. 办公建筑

结构类型：砖混结构

| 编号 | 层数 | 建筑面积/$m^2$ | 工期/天 | | |
|---|---|---|---|---|---|
| | | | Ⅰ类 | Ⅱ类 | Ⅲ类 |
| 1-224 | 6 层 | 4000 以内 | 155 | 165 | 185 |
| 1-225 | | 5000 以内 | 170 | 180 | 200 |
| 1-226 | | 6000 以内 | 185 | 195 | 215 |
| 1-227 | | 7000 以内 | 200 | 210 | 230 |
| 1-228 | | 7000 以外 | 220 | 230 | 250 |

查编号 1-227，6 层砖混结构办公建筑建筑面积 7000$m^2$ 以内，工期需要 200 天。

2. 计算工期

该工程±0.000 以上工期＝245＋200×25％＝295（天）

**【例 5.3】** Ⅰ类地区某市某建筑公司同时承包 3 栋住宅工程，其中一栋为现浇剪力墙结构，±0.000 以上 22 层，建筑面积 28000$m^2$，±0.000 以下一层，建筑面积 1220$m^2$。另两栋均为现浇剪力墙结构，18 层，无地下室，筏板基础，每栋建筑面积均为 20000$m^2$，其中首层建筑面积为 1167$m^2$。求完成 3 栋住宅工程所需的施工工期。

【解】本住宅工程属于一般民用建筑，施工工期为±0.000 以下和±0.000 以上两部分工期之和。另外本工程有三栋住宅，一栋有地下室，两栋无地下室，无地下室建筑采用筏板基础，所以三栋建筑物需要分开计算施工工期。

1. 查定额编号

| 编号 | 结构部位 | 建筑面积 | 工期 |
|---|---|---|---|
| 1-26 | 一层地下室 | 3000$m^2$ 以内 | 105 天 |
| 1-124 | 30 层以下现浇剪力墙结构 | 30000$m^2$ 以内 | 495 天 |
| 1-11 | 筏板基础 | 2000$m^2$ 以内 | 51 天 |
| 1-118 | 18 层现浇剪力墙结构居住建筑 | 20000$m^2$ 以内 | 360 天 |

2. 计算现浇剪力墙结构工程总工期

105＋495＝600（天）

3. 计算一栋现浇剪力墙结构居住建筑总工期

51＋360＝411（天）

一个承包人同时承包 2 个及以上的单项（位）工程时，工期的计算：以一个最大工期的单项（位）工程工期为基数，另加其他单项（位）工程工期总和乘以相应系数计算。加 1 个乘以系数 0.35；加 2 个乘以系数 0.2；加 3 个乘以系数 0.15；加 4 个及以上的单项（位）工程不另增加工期。

4. 计算完成 3 栋住宅建筑的总工期

600＋（411＋411）×0.2＝765（天）

**引例 2 分析** 工期计算如下。

查定额编号：

| 编号 | 结构部位 | 建筑面积 | 工期 |
|---|---|---|---|
| 1-36 | 2 层地下室 | 15000$m^2$ 以内 | 210 天 |
| 1-109 | 12 层以下现浇混凝土剪力墙结构居住建筑 | 10000$m^2$ 以内 | 255 天 |
| 1-296 | 20 层以下现浇混凝土框架结构办公建筑 | 20000$m^2$ 以内 | 485 天 |

18 层现浇混凝土框架结构写字楼工期 485 天为最大工期。将±0.000 以上 1～2 层整体部分现浇混凝土框架结构商场的建筑面积 10000$m^2$，并入到 18 层现浇混凝土框架结构写字楼的建筑面积 15000$m^2$ 中，共计 25000$m^2$。

查定额编号：

1-297，20 层以下现浇混凝土框架结构办公建筑，25000$m^2$ 以内，510 天。

该工程总工期= 210+ 510+ 255×0.25= 784(天)

二维码 5-2

## 小结

本单元的学习目标是掌握费用定额的费用组成、费用定额的取费方法，理解企业定额的概念、作用及其编制方法，掌握工期定额的概念、作用与编制原则，能利用工期定额完成建设项目建设工期的计算。能根据建设项目的不同要求，结合项目实际需要灵活使用上述定额，会根据工程造价的计价要求编制符合市场需求与造价规律的企业定额。

本单元思维导图如下：

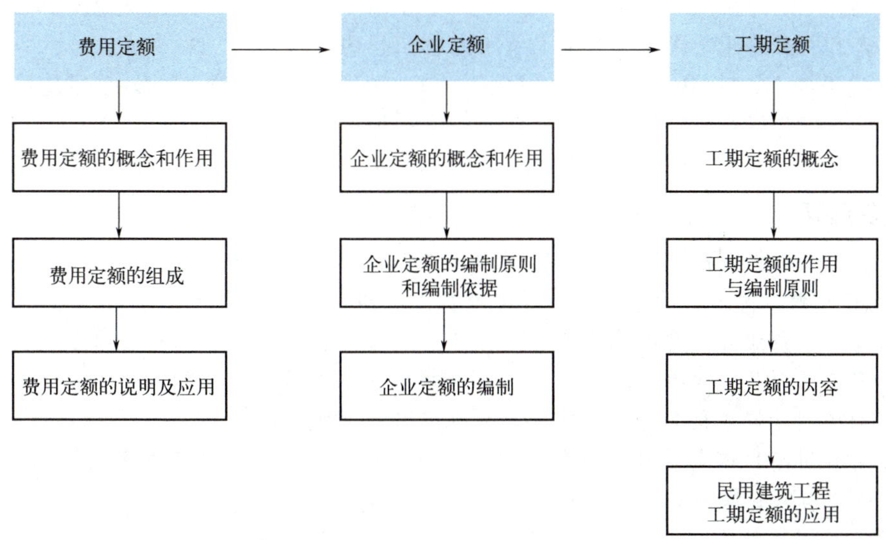

## 能力训练题

二维码 5-3

### 一、单选题

1. 根据现行建筑安装工程费用项目组成的规定，下列费用项目中，属于施工机具使用费的是（　　）。

A. 仪器仪表使用费　　B. 施工机械财产保险费

C. 大型机械进出场费　　D. 大型机械安拆费

2. 关于建筑安装工程费中建筑业增值税的计算，下列说法中正确的是（　　）。

A. 当事人可以自主选择一般计税法或简易计税法计税

B. 一般计税法和简易计税法中建筑业增值税税率均按9%计

C. 采用简易计税法时，税前造价不包含增值税的进项税额

D. 采用一般计税法时，税前造价不包含增值税的进项税额

3. 以下不能作为取费基数的是（　　）。

A. 人工费　　B. 人工费＋材料费＋施工机具使用费

C. 人工费＋材料费　　D. 人工费＋施工机具使用费

4. 使用费用定额进行清单计价时，下列计算式正确的是（　　）。

A. 分部分项工程费＝Σ分部分项工程量×分部分项工程量工料单价

B. 措施项目费＝Σ措施项目工程量×措施项目工程量工料单价

C. 其他项目费＝暂列金额＋暂估价＋计日工＋总承包服务费

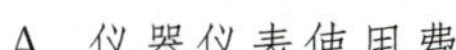

D. 单项工程造价=分部分项工程费+措施项目费+其他项目费+增值税

5. 企业定额编制应以（ ）来确定消耗量。

A. 社会平均先进水平　B. 社会平均水平

C. 企业自身生产消耗水平　D. 社会必要劳动消耗水平

6. 企业施工定额以（ ）为测算对象。

A. 工序　B. 项目　C. 工作过程　D. 综合工作过程

7. 工期定额以（ ）天数为计量单位。

A. 日历　B. 有效工作　C. 法定工作　D. 正常工作

8. 建筑工程正式开始施工的日期，有桩基础工程的应以（ ）为准。

A. 场地平整　B. 定位放线　C. 地下障碍物处理　D. 自然地坪打正式桩

9. 现行工期定额将全国划分为（ ）个类别地区。

A. 2　B. 3　C. 4　D. 5

## 二、多选题

1. 以下关于湖北省费用定额相关内容的说法中，正确的有（ ）。

A. 费用定额包括两种计税方法，每种计税方法都包含三种计价模式

B. 取费时，企业管理费和利润都以“人工费+施工机具使用费”为计算基础

C. 计算工程项目造价时甲供材不计入综合单价和工程造价中

D. 定额中用于取费的费率是固定不变的，不能进行调整

E. 使用费用定额取费时其他项目费中的暂列金额和暂估价一律采用含税价

2. 企业定额编制原则有（ ）。

A. 平均先进性原则　B. 简明适用原则

C. 按社会必要劳动时间原则　D. 独立自主原则

E. 量、价、费分离原则

3. 企业定额编制方法有（ ）。

A. 理论计算法　B. 工程概算法

C. 实验室试验法　D. 定额修正法

E. 经验统计法

4. 现行工期定额主要包括（ ）部分。

A. 民用建筑工程　B. 工业及其他建筑工程

C. 构筑物工程　D. 水利工程

E. 铁路工程

5. 装修工程工期定额套用主要取决于（ ）等因素。

A. 使用功能　B. 结构类别　C. 装修标准

D. 建筑面积　E. 地区类别

## 三、简答题

1. 什么是建筑安装工程费用定额？费用定额的主要作用是什么？

2. 湖北省费用定额中，建筑安装工程费用项目由哪些费用组成？

3. 企业定额的作用有哪些？

4. 企业定额的编制依据有哪些？

5. 工期定额的编制原则有哪些？

**四、计算题**

1. 某框架六层住宅工程采用工程量清单招标。根据工程所在地武汉市的计价依据规定，经计算该工程分部分项工程费总计为6300000元，其中人工费为1200000元，施工机具费为160000元；单价措施费合计为560000元，其中人工费为150000元，施工机具费为30000元。招标文件中载明，该工程其他项目费中暂列金额为330000元、材料暂估价为100000元、计日工费用为20000元、总承包服务费为20000元，人工费为5500元，施工机具费为2900元。

试依据《建设工程工程量清单计价标准》(GB/T 50500—2024) 及现行《湖北省建筑安装工程费用定额》的规定，结合工程背景资料，用一般计税法计算该建筑工程的最高投标限价。

2. 某建筑公司承包了一住宅工程，为现浇框架结构。±0.000以上18层，局部19层为电梯机房，建筑面积15000m$^2$。±0.000以下为1层地下室，建筑面积850m$^2$。该工程处于Ⅰ类地区，土壤类别为三类土。地基处理采用$\phi$500、长18m的预应力管桩180根。试计算该工程的施工工期。

# 单元六 工程造价计量

## 内容提要

本单元主要介绍两个方面的内容：一是从工程量的概念、工程量计算依据、工程量计算方法几个方面介绍工程计量的基本内容；二是从建筑面积计算规则出发，结合建筑面积计算案例，介绍建筑面积的计算方法。

## 学习目标

通过对工程造价计量的学习，熟悉工程量的概念、工程量计算依据，理解工程量计算规则，掌握工程量计算方法；熟悉建筑面积计算规则，掌握建筑面积计算方法，能进行案例工程建筑面积的计算。

## 素质拓展

在古代大型建筑工程中，如埃及金字塔、中国的万里长城等，虽然没有现代意义上的工程造价计量概念，但在工程建设过程中，必然涉及对材料、人力等资源的估算和管理。 建造者们需要根据工程的规模和要求，大致计算所需的石块、木材、劳动力等的数量，以确保工程能够顺利进行。 这可以看作是工程造价计量的原始雏形。 这些历史上的工程建设事件都体现了人们对资源合理利用和成本控制的不断追求，也为现代工程造价计量的发展奠定了基础。

## 任务一 工程计量概述

### 一、工程计量的概念

工程计量是指建设工程项目以工程设计图纸、施工组织设计或施工方案及有关技术经济文件为依据，按照国家相关工程标准的计算规则、计量单位等规定，进行工程数量的计算的活动。它是工程计价活动的重要环节。工程计量具有阶段性和多次性的特点，工程计量工作在不同计价过程中有不同的具体内容，工程计量的结果就是工程量。

工程量是指按一定规则并以物理计量单位或自然计量单位所表示的建设工程各分部分项工程、措施项目或结构构件的数量。

物理计量单位是指以公制度量表示的长度、面积、体积和重量等计量单位。如砌筑墙体以“$m^3$”为计量单位，钢筋工程以“t”为计量单位。自然计量单位指建筑成品表现在自然状态下的简单点数所表示的个、条、樘、块等计量单位。如门窗工程可以以“樘”为计量单位。

## 二、工程量计算的依据

工程量计算的主要依据如下。

1. 工程量计算规范和消耗量定额

国家发布的工程量计算规范的工程量计算规则主要用于工程计量、编制工程量清单等方面。国家、地方和行业发布的消耗量定额及其工程量计算规则主要用于工程计价（或组价）。故工程计量不能采用消耗量定额中的计算规则。

**特别提示**　工程量计算规范和消耗量定额的联系与区别

消耗量定额是工程量清单计价的依据，因此消耗量定额和工程量计算规范之间既有区别也有联系。以湖北省2024版消耗量定额为例，其章节划分、工程量计算规则与工程量计算规范基本保持一致。但两者在用途、工作内容、计算口径以及计量单位等方面有明显的区别。

2. 施工设计图纸

经审定的施工图纸能全面反映建筑物的结构构造、各部位的尺寸及工程做法，是工程量计算的基础资料和基本依据。另外还应配合有关的标准图集进行工程量计算。

3. 施工组织设计或施工方案

在计算工程量时，往往还需要明确分项工程的具体施工方法及措施。比如计算挖基础土方工程工程量时，施工方法是采用人工开挖还是机械开挖，是采用放坡还是支撑防护，都会影响工程量的计算结果。

4. 其他有关的技术经济文件

工程施工合同、招标文件的商务条款等经审定的相关技术经济文件也会影响工程量计算范围及结果。

## 三、工程量计算的方法

在工程量计算过程中，为了防止错算、漏算和重算，应遵循一定的计算原则和顺序。

### （一）工程量计算原则

1. 计算口径一致

二维码 6-1

计算工程量时，所列项目包括的工作内容和范围，必须与依据的计量规范或消耗量定额的口径一致。比如在计算土方开挖的工程量时，计量规范的工作内容包括土方开挖、运输、基底钎探等多项内容，因此按“土方开挖”列一项计算清单工程量，与计量规范的计算规则口径一致；而在组价时，消耗量定额中土方开挖、运输、基底钎探均属于不同的定额子目，因此需要分别列项计算定额工程量，与消耗量定额计算规则口径一致。

2. 计量单位一致

计算工程量时，所采用的单位必须与计量规范或消耗量定额相应项目中的计量单位一致。例如计算砖砌台阶清单工程量时，应以计量规范规定的“$m^2$”为单位计算；而在组价时，应以消耗量定额规定的“$m^3$”为单位计算。

3. 计算规则一致

计算工程量时，必须严格遵循计量规范或消耗量定额的工程量计算规则，才能保证工程量的准确性。例如楼地面的整体面层按主墙间净空面积计算，而块料面积按饰面的实铺面积计算。

4. 与设计图纸一致

工程量计算项目必须与图纸规定的内容保持一致，不得随意修改内容去高套或低套定额；计算数据必须严格按照图纸所示尺寸计算，不得任意改变。各种数据在工程量计算过程中一般保留三位小数，计算结果通常保留两位小数，以保证计算的精度。

### (二) 工程量计算顺序

1. 单位工程工程量计算顺序

一个单位工程，其工程量计算顺序一般有以下几种。

(1) 按图纸顺序计算　计算工程量时，可以根据图纸排列的先后顺序，由建施到结施；每个专业图纸由前向后，按“先平面、再立面、再剖面，先基本图、再详图”的顺序计算。例如先计算场地平整、室内回填土、楼地面装饰工程量，再计算墙柱面装饰、墙体工程量。

(2) 按工程量计算规范或消耗量定额的顺序计算　计算工程量时，按照工程量计算规范或消耗量定额的章、节、子目次序，逐项对照计算。例如由土石方工程开始，逐步进行桩基础、砌筑墙体、混凝土工程、屋面防水、装饰工程量的计算。

(3) 按施工顺序计算　计算工程量时，按先施工的先算、后施工的后算的方法进行。例如，由平整场地、基础挖土算起，再到基础、框架梁柱板，最后进行装饰工程量的计算。

(4) 统筹顺序计算　单独按照图纸顺序、施工顺序或计算规范顺序计算工程量，往往不适应工程量计算规则的要求，容易造成重算、漏算，浪费时间和精力，还易出现计算错误。统筹顺序是运用统筹法原理来合理安排工程量的计算顺序，达到节约时间、简化计算、提高工效的目的。例如，对于框架结构建筑物的工程量，可以统筹安排为先计算混凝土工程，再计算模板工程、墙体工程、土方工程、屋面防水工程，最后再计算装饰工程。

2. 单个分部分项工程工程量计算顺序

(1) 按顺时针方向计算　即先从平面图的左上角开始，顺时针方向依次进行工程量计算。在计算外墙、外墙基础等分项工程量时，可按这种顺序计算。

(2) 按“先横后竖、先上后下、先左后右”的顺序计算　即在平面图上从左上角开始，按“先横后竖、先上后下、先左后右”顺序计算工程量。在计算房屋的条形基础土方、砖石基础、砖墙砌筑、门窗过梁、墙面抹灰等分部分项工程量时，可按这种顺序计算。

(3) 按构件编号顺序计算　即按图纸上所标注的结构构件、配件的编号顺序进行计算。在计算混凝土构件、门窗等分项工程量时，可按这种顺序计算。

(4) 按轴线编号顺序计算　即可以根据施工图纸轴线编号来确定工程量的计算顺序，例如某房屋墙体分项，可按Ⓐ轴上①～③轴、③～④轴这样的顺序进行工程量的计算。

**特别提示**　工程量计算中信息技术的应用

工程量计算是编制工程计价的基础工作，其工作量占工程计价工作量的 50%~70%，计算精度和速度直接影响工程计价文件的质量。随着计算机技术的发展，出现了利用软件表格法算量的计量工具，之后逐渐发展到自动计算工程量软件，近年来又发展到 BIM 和云计算等更为先进的信息技术。

## 任务二　建筑面积

**引例 1**　请大家思考，图 6.1 中凸出建筑物二层外墙部分，应按照阳台计算建筑面积还是按照雨篷计算建筑面积。

图 6.1　某建筑物示意图

### 一、建筑面积概述

#### （一）建筑面积的概念

建筑面积主要是墙体围合的楼地面面积（包括墙体的面积），因此计算建筑面积时，首先以外墙结构外围水平面积计算。建筑面积还包括附属于建筑物的室外阳台、雨篷、檐廊、室外走廊、室外楼梯等建筑部件的面积。

二维码 6-2

#### （二）建筑面积的构成

建筑面积可以分为使用面积、辅助面积和结构面积。

1. 使用面积

使用面积是指建筑物各层平面布置中，可直接为生产和生活使用的净面积的总和。起居室净面积在民用建筑中，一般称为“居住面积”。例如，住宅建筑中的使用面积主要包括起居室、客厅、书房等面积。

2. 辅助面积

辅助面积是指建筑物各层平面布置中，为辅助生产或生活所占净面积的总和。例如，住宅建筑中的辅助面积包括楼梯、走道、卫生间、厨房等面积。使用面积和辅助面积之和称为“有效面积”。

3. 结构面积

结构面积是指建筑物各层平面布置中的墙体、柱等结构所占面积的总和，但不包括抹灰厚度所占面积。

### (三) 建筑面积的作用

1. 作为确定建设规模的重要指标

根据项目立项批准文件所核准的建筑面积，是初步设计的重要控制指标。对于国家投资的项目，施工图的建筑面积不得超过初步设计建筑面积的 5%，否则必须重新报批。

2. 作为确定各项技术经济指标的基础

建筑物的单方造价、单方人材机消耗指标是工程造价的重要技术经济指标，它们的计算都需要建筑面积这一关键数据。

3. 作为评价设计方案的依据

建筑设计和建筑规划中，经常使用建筑面积控制某些指标，比如容积率、建筑密度等。在评价设计方案时，统筹采用居住面积系数、土地利用系数、单方造价等指标，这些指标也都与建筑面积密切相关。

4. 作为计算有关分项工程量的依据和基础

在计算工程量时，一些分项的工程量是按照建筑面积确定的，例如平整场地等。还有一些分项的工程量可以利用建筑面积计算，例如利用底层建筑面积，可以方便地推算出室内回填土的体积。

5. 作为选择概算指标和编制概算的基础数据

概算指标通常以建筑面积为计量单位。用概算指标编制概算时，要以建筑面积为计算基础。

## 二、建筑面积的计算

建筑面积的计算是工程计量的基础工作。建筑面积是工程计价的一项重要技术经济指标，对于相关分项的工程量计算、工程造价的技术经济分析、建筑设计和施工管理等方面都有着重要的意义。

建筑面积计算的依据是《建筑工程建筑面积计算规范》(GB/T 50353—2013)。该规范包括总则、术语、计算建筑面积的规定和条文说明四部分，规定了计算全部建筑面积、计算部分建筑面积和不计算建筑面积的情形及计算规则。该规范适用于新建、扩建和改建的工业与民用建设全过程的建筑面积计算，但是该规范不适用于房屋产权面积计算。

1. 应计算建筑面积的范围及规则

(1) 建筑面积计算总则　建筑物的建筑面积应按自然层外墙结构外围水平面积之和计算。结构层高在 2.20m 及以上的，应计算全面积；结构层高在 2.20m 以下的，应计算 1/2 面积。

自然层是按楼地面结构分层的楼层。

结构层高是指楼面或地面结构层上表面至上部结构层上表面的垂直距离。上下均为楼面时，结构层高是相邻两层楼板结构层上表面之间的垂直距离。建筑物最底层，从“混凝土构造”的上表面，算至上层楼板结构层上表面；建筑物最顶层，从楼板结构层上表面算至屋面板结构层上表面。

围护结构是指围合建筑空间的墙体、门、窗。建筑面积计算以围护结构外围计算，不考虑勒脚所占面积。当外墙结构本身在一个层高范围内不等厚时（不包括勒脚，外墙结构在该层高范围内材质不变），以楼地面结构标高处的外围水平面积计算。建筑物为轻钢厂房（图6.2）时，当 $h<0.45$m 时，建筑面积按彩钢板外围水平面积计算；当 $h\geqslant 0.45$m 时，建筑面积按下部砌体外围水平面积计算。

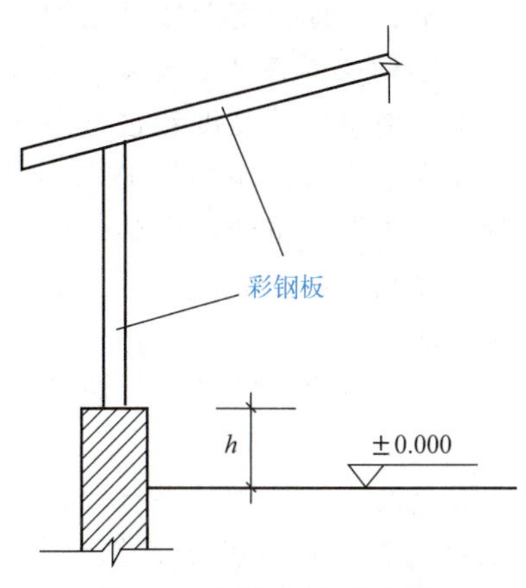


图 6.2 轻钢厂房示意图

（2）建筑物内设有局部楼层 建筑物内设有局部楼层时，对于局部楼层的二层及以上楼层，有围护结构的应按其围护结构外围水平面积计算，无围护结构的应按其结构底板水平面积计算。结构层高在 2.20m 及以上的，应计算全面积；结构层高在 2.20m 以下的，应计算 1/2 面积。

在计算建筑面积时，只要是在一个自然层内设置的局部楼层，其首层建筑面积已包括在原建筑物中，不能重复计算，应从二层以上开始计算局部楼层的建筑面积。计算方法是有围护结构按围护结构计算；没有围护结构有围护设施（栏杆、栏板）的，按结构底板计算；如果既无围护结构也无围护设施，则不属于楼层，不计算建筑面积。

（3）坡屋顶 形成建筑空间的坡屋顶，结构净高在 2.10m 及以上的，应计算全面积；结构净高在 1.20m 及以上、2.10m 以下的，应计算 1/2 面积；结构净高在 1.20m 以下的，不应计算建筑面积。

建筑空间是具备可出入、可利用条件（设计中可能标明了使用用途，也可能没有标明使用用途或使用用途不明确）的围合空间。可出入是指人能够正常出入，即通过门或楼梯等进出，必须通过窗、栏杆、人孔、检修孔等出入的不算可出入。这里的坡屋顶指的是与其他围护结构能形成建筑空间的坡屋顶。

结构净高是指楼面或地面结构层上表面至上部结构层下表面的垂直距离。

（4）场馆看台下的建筑空间 场馆看台下的建筑空间，结构净高在 2.10m 及以上的，应计算全面积；结构净高在 1.20m 及以上、2.10m 以下的，应计算 1/2 面积；结构净高在 1.20m 以下的，不应计算建筑面积。室内单独设置的有围护设施的悬挑看台，应按看台结构底板水平投影面积计算建筑面积。有顶盖无围护结构的场馆看台应按其顶盖水平投影面积的 1/2 计算面积。

看台下的建筑空间因其上部结构多为斜板，所以采用净高的尺寸划定建筑面积的计算范围。此项规定对“场”（顶盖不闭合）和“馆”（顶盖闭合）都适用。

室内单独设置的有围护设施的悬挑看台，因其看台上部设有顶盖且可供人使用，所以按看台的结构底板水平投影面积计算建筑面积。此项规定仅对“馆”适用。

场馆看台上部空间建筑面积的计算，取决于看台上部有无顶盖。计算范围应是看台与顶盖重叠部分的水平投影面积。对有双层看台的，各层分别计算建筑面积，上层顶盖及上层看台均视为下层看台的顶盖。无顶盖的看台不计算建筑面积，看台下的建筑空间按相关规定计算建筑面积。此项规定仅对“场”适用。

（5）地下室、半地下室　地下室、半地下室应按其结构外围水平面积计算。结构层高在2.20m及以上的，应计算全面积；结构层高在2.20m以下的，应计算1/2面积。

地下室是指室内地平面低于室外地平面的高度超过室内净高的1/2的房间。半地下室是指室内地平面低于室外地平面的高度超过室内净高的1/3，但不超过1/2的房间。

当外墙为变截面时，按地下室、半地下室楼地面结构标高处的外围水平面积计算。地下室的外墙结构不包括找平层、防水（潮）层、保护墙等。地下空间未形成建筑空间的，不属于地下室或半地下室，不计算建筑面积。

（6）出入口　出入口外墙外侧坡道有顶盖的部位，应按其外墙结构外围水平面积的1/2计算面积。

出入口坡道计算建筑面积应满足两个条件：一是有顶盖；二是有侧墙，但侧墙不一定封闭。计算建筑面积时，有顶盖的部位按外墙（侧墙）结构外围水平面积计算；无顶盖的部位，即使有侧墙，也不计算建筑面积。

本条规定不仅适用于地下室、半地下室出入口，也适用于坡道向上的出入口。由于坡道是从建筑物内部一直延伸到建筑物外部的，建筑物内的部分随建筑物正常计算建筑面积，建筑物外的部分按本条规定执行。建筑物内、外的划分以建筑物外墙结构外边线为界。

对于地下车库工程，无论出入口坡道如何设置，无论坡道下方是否加以利用，地下车库均应按设计的自然层计算建筑面积。出入口坡道按本条规定另行计算后，并入该工程建筑面积。

（7）建筑物架空层及吊脚架空层　建筑物架空层及吊脚架空层，应按其顶板水平投影计算建筑面积。结构层高在2.20m及以上的，应计算全面积；结构层高在2.20m以下的，应计算1/2面积。

架空层指仅有结构支撑而无外围护结构的开敞空间层，即架空层是没有围护结构的。此条规则适用于建筑物吊脚架空层、深基础架空层，也适用于目前部分住宅、学校教学楼等工程在底层架空或在二楼或以上某个甚至多个楼层架空，作为公共活动、停车、绿化等空间的情况。

顶板水平投影面积是指架空层结构顶板的水平投影面积，不包括架空层主体结构外的阳台、空调板、通长水平挑板等外挑部分。

（8）门厅、大厅　建筑物的门厅、大厅应按一层计算建筑面积，门厅、大厅内设置的走廊应按走廊结构底板水平投影面积计算建筑面积。结构层高在2.20m及以上的，应计算全面积；结构层高在2.20m以下的，应计算1/2面积。

走廊是指建筑物中的水平交通空间。

（9）架空走廊　建筑物间的架空走廊，有顶盖和围护结构的，应按其围护结构外围水平面积计算全面积；无围护结构、有围护设施的，应按其结构底板水平投影面积计算1/2面积。

架空走廊指专门设置在建筑物的二层或二层以上，连接不同建筑物的水平交通空间。无围护结构的架空走廊如图6.3所示，有围护结构的架空走廊如图6.4所示。

图 6.3　无围护结构的架空走廊（有围护设施）示意图

1—栏杆；2—架空走廊

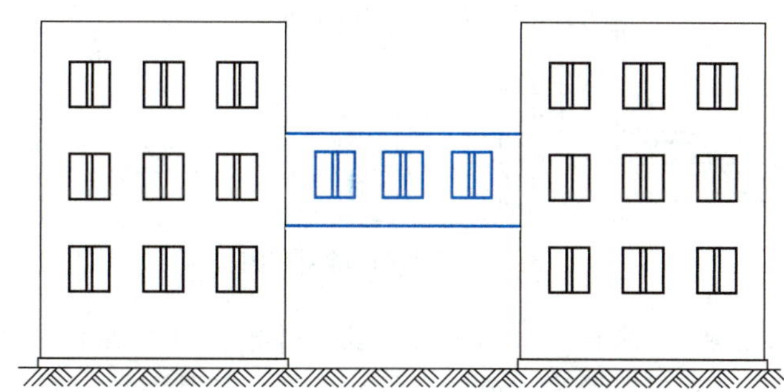

图 6.4　有围护结构的架空走廊示意图

架空走廊建筑面积计算分为两种情况：一是有围护结构且有顶盖，计算全面积；二是无围护结构、有围护设施，无论是否有顶盖，均计算 1/2 面积。

（10）立体书库、立体仓库、立体车库　立体书库、立体仓库、立体车库，有围护结构的，应按其围护结构外围水平面积计算建筑面积；无围护结构、有围护设施的，应按其结构底板水平投影面积计算建筑面积。无结构层的应按一层计算，有结构层的应按其结构层面积分别计算。结构层高在 2.20m 及以上的，应计算全面积；结构层高在 2.20m 以下的，应计算 1/2 面积。

结构层是指整体结构体系中承重的楼板层，包括板、梁等构件，而非局部结构起承重作用的分隔层。立体车库中的升降设备、仓库中的立体货架、书库中的立体书架都不属于结构层，不计算建筑面积。

（11）舞台灯光控制室　有围护结构的舞台灯光控制室，应按其围护结构外围水平面积计算。结构层高在 2.20m 及以上的，应计算全面积；结构层高在 2.20m 以下的，应计算 1/2 面积。

（12）橱窗　附属在建筑物外墙的落地橱窗，应按其围护结构外围水平面积计算。结构层高在 2.20m 及以上的，应计算全面积；结构层高在 2.20m 以下的，应计算 1/2 面积。

落地橱窗是指凸出外墙面且根基落地的橱窗，若不落地，可按凸（飘）窗规定执行。

（13）凸（飘）窗　窗台与室内楼地面高差在 0.45m 以下且结构净高在 2.10m 及以上的凸（飘）窗，应按其围护结构外围水平面积计算 1/2 面积。

凸（飘）窗是指凸出建筑物外墙面的窗户。凸（飘）窗需同时满足两个条件方能计算建筑面积：一是结构高差在 0.45m 以下；二是结构净高在 2.10m 及以上。图 6.5 中，窗台与室内楼地面高差为 0.3m，小于 0.45m，并且结构净高 2.2m＞2.1m，两个条件同时满足，故该凸（飘）窗应计算建筑面积。

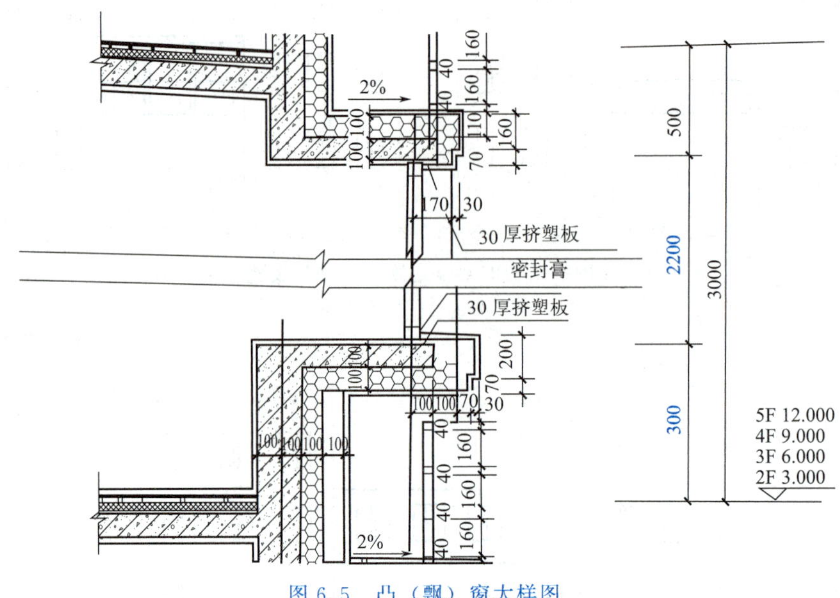


图 6.5 凸（飘）窗大样图

（14）室外走廊（挑廊）、檐廊 有围护设施的室外走廊（挑廊），应按其结构底板水平投影面积计算 1/2 面积；有围护设施（或柱）的檐廊，应按其围护设施（或柱）外围水平面积计算 1/2 面积。

室外走廊（挑廊）、檐廊都是室外水平交通空间。室外走廊是悬挑的水平交通空间；檐廊是底层的水平交通空间，由屋檐或挑檐作为顶盖，且一般有柱或栏杆、栏板等。底层无围护设施但有柱的室外走廊可参照檐廊的规则计算建筑面积。

无论哪一种廊，除了必须有地面结构外，还必须有栏杆、栏板等围护设施或柱，缺少任何一个条件都不计算建筑面积。室外走廊（挑廊）、檐廊都按 1/2 计算建筑面积，但取定的部位不同：室外走廊（挑廊）按结构底板计算，檐廊按围护设施（或柱）外围计算。

（15）门斗 门斗应按其围护结构外围水平面积计算建筑面积。结构层高在 2.20m 及以上的，应计算全面积；结构层高在 2.20m 以下的，应计算 1/2 面积。

门斗是建筑物出入口两道门之间的空间，它是有顶盖和围护结构的全围合空间。门斗是全围合的，门廊、雨篷至少有一面不围合。

（16）门廊、雨篷 门廊应按其顶板的水平投影面积的 1/2 计算建筑面积；有柱雨篷应按其结构板水平投影面积的 1/2 计算建筑面积；无柱雨篷的结构外边线至外墙结构外边线的宽度在 2.10m 及以上的，应按雨篷结构板的水平投影面积的 1/2 计算建筑面积。

门廊是指在建筑物出入口，无门，三面或二面有墙，上部有板（或借用上部楼板）围护的部位。门廊分为全凹式、半凹半凸式、全凸式。

雨篷是指建筑物出入口上方、凸出墙面、为遮挡雨水而单独设立的建筑部件。雨篷分为有柱雨篷（包括独立柱雨篷、多柱雨篷、柱墙混合支撑雨篷、墙支撑雨篷）和无柱雨篷（悬挑雨篷），如图 6.6 所示。有柱雨篷，不受出挑宽度的限制，也不受跨越层数的限制，均计算建筑面积。无柱雨篷，其结构板不能跨层，并受出挑宽度的限制，设计出挑宽度≥2.10m 时才计算建筑面积。出挑宽度，系指雨篷结构外边线至外墙结构外边线的宽度，当雨篷的形状为弧形或异形时，取最大宽度。

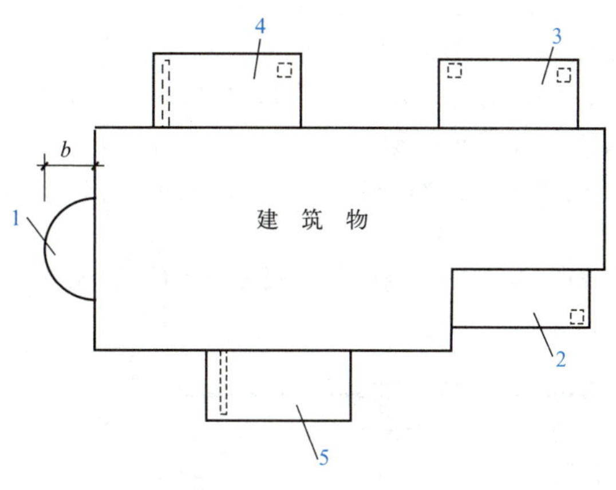


图 6.6　雨篷示意图

1—悬挑雨篷；2—独立柱雨篷；3—多柱雨篷；4—柱墙混合支撑雨篷；5—墙支撑雨篷

不单独设立顶盖，利用上层结构板（如楼板、阳台底板）进行遮挡，不视为雨篷，不计算建筑面积。

**引例 1 分析**　根据本条款规定，图 6.1 中凸出建筑物二层外墙部分，应按照阳台计算建筑面积。

（17）建筑物顶部楼梯间、水箱间、电梯机房　设在建筑物顶部的、有围护结构的楼梯间、水箱间、电梯机房等，结构层高在 2.20m 及以上的，应计算全面积；结构层高在 2.20m 以下的，应计算 1/2 面积。

建筑物顶部的建筑部件属于建筑空间的可以计算建筑面积，不属于建筑空间的则归为屋顶造型（装饰性结构构件），不计算建筑面积。

（18）围护结构不垂直的建筑物　围护结构不垂直于水平面的楼层，应按其底板面的外墙外围水平面积计算。结构净高在 2.10m 及以上的，应计算全面积；结构净高在 1.20m 及以上、2.10m 以下的，应计算 1/2 面积；结构净高在 1.20m 以下的，不应计算建筑面积。

目前很多建筑设计造型越来越复杂多样，很多时候无法明确区分什么是围护结构，什么是屋顶。如果认定是斜围护结构，则围护结构应计算建筑面积；如果认定是斜屋顶，屋面结构不计算建筑面积。所以对围护结构向内倾斜的情况做如下划分。

多（高）层建筑物顶层，楼板以上部位的外侧视为屋顶，按相应规定计算建筑面积；多（高）层建筑物其他层，倾斜部位均视为斜围护结构，底板面处的围护结构应计算全面积。对于单层建筑物，计算原则同多（高）层建筑物其他层，即倾斜部位均视为围护结构，底板面处的围护结构应计算全面积。

围护结构不垂直既可以是向内倾斜，也可以是向外倾斜，各个标高处的外墙外围水平面积可能是不同的，依据本条规定取定为结构底板处的外墙外围水平面积。

（19）建筑物室内楼梯、电梯井、提物井、管道井、通风排气竖井、烟道　建筑物的室内楼梯、电梯井、提物井、管道井、通风排气竖井、烟道，应并入建筑物的自然层计算建筑面积。有顶盖的采光井应按一层计算面积。结构净高在 2.10m 及以上的，应计算全面积；结构净高在 2.10m 以下的，应计算 1/2 面积。

室内楼梯包括形成井道的楼梯（即室内楼梯间）和没有形成井道的楼梯（即室内楼梯）。建筑物大堂内的楼梯、跃层住宅的室内楼梯也应计算建筑面积。建筑物的楼梯间层数按建筑物自然层数计算。未形成楼梯间的室内楼梯按楼梯水平投影面积计算建筑面积。对于室内楼梯，只要在图纸中画出了楼梯，无论是否用户自理，均按楼梯水平投影面积计算建筑面积；如图纸中未画出楼梯，仅以洞口符号表示，则计算建筑面积时不扣除该洞口面积。利用室内楼梯下部的建筑空间不重复计算建筑面积。

跃层房屋的室内公共楼梯间，按两个自然层计算建筑面积；复式房屋的室内公共楼梯间，按一个自然层计算建筑面积。

当室内公共楼梯间两侧自然层数不同时，以楼层多的层数计算，图 6.7 中的楼梯间应按 6 个自然层计算建筑面积。

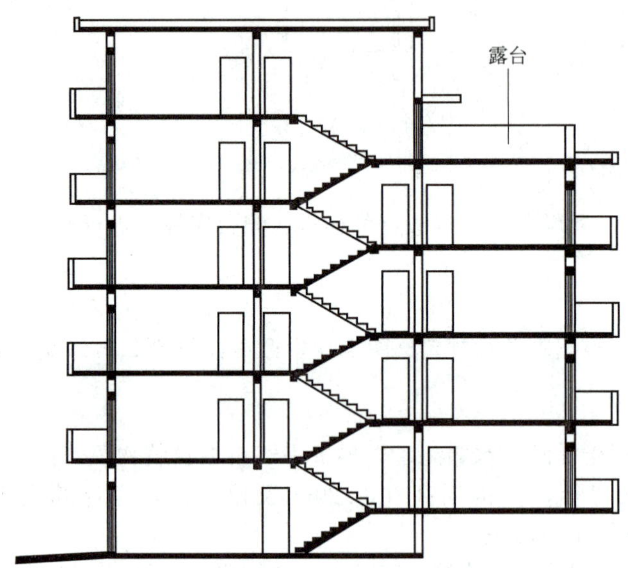


图 6.7 室内公共楼梯间两侧自然层数不同示意图

设备管道层，尽管通常设计描述的层数中不包括，但在计算楼梯间建筑面积时，应算一个自然层。

井道不论在建筑物内外，均按自然层计算建筑面积，如附墙烟道。但是独立烟道不计算建筑面积。井道按建筑物的自然层计算建筑面积，如果自然层结构层高在 2.2m 以下，楼层本身计算 1/2 面积，相应的井道也应计算 1/2 面积。

有顶盖的采光井包括建筑物中的采光井和地下室采光井，不论多深，采光多少层，均只计算一层建筑面积。无顶盖的采光井不计算建筑面积。

(20) 室外楼梯　室外楼梯应并入所依附建筑物自然层，并应按其水平投影面积的 1/2 计算建筑面积。

室外楼梯不论是否有顶盖都需要计算建筑面积，层数为室外楼梯所依附的楼层数，即梯段部分投影到建筑物范围的层数。利用室外楼梯下部的建筑空间不得重复计算建筑面积；利用地势砌筑的为室外踏步，不计算建筑面积。

(21) 阳台　在主体结构内的阳台，应按其结构外围水平面积计算全面积；在主体结构外的阳台，应按其结构底板水平投影面积计算 1/2 面积。

二维码 6-3

阳台是附设于建筑物外墙，设有栏杆或栏板，可供人活动的室外空间。判断阳台是在主体结构以内还是主体结构以外是计算建筑面积的关键。主体结构是接受、承担和传递建设工程所有上部荷载，维持上部结构整体性、稳定性和安全性的构造。判断主体结构要依据建筑平、立、剖面图，并结合结构图纸一起进行。一般判断原则如下。

① 砖混结构。通常以外墙（即围护结构，包括墙、门、窗）来判断，外墙以内为主体结构内，外墙以外为主体结构外。

② 框架结构。柱梁体系之内为主体结构内，柱梁体系之外为主体结构外。

③ 剪力墙结构。如阳台在剪力墙包围之内，则属于主体结构内；如相对两侧均为剪力墙，也属于主体结构内；如相对两侧仅一侧为剪力墙，属于主体结构外；如相对两侧均无剪力墙，属于主体结构外。

④ 阳台处剪力墙与框架混合时，分两种情况：一是角柱为受力结构，根基落地，则阳台为主体结构内；二是角柱仅为造型，无根基，则阳台为主体结构外。

图 6.8 中，以柱外侧为界，阳台有两部分：上面部分属于主体结构内，计算全面积；下面部分属于主体结构外，计算 1/2 面积。

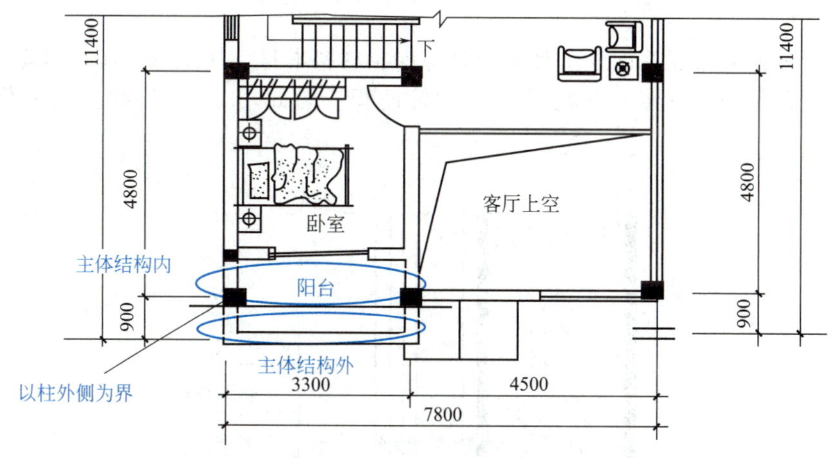


图 6.8　阳台二层平面图

阳台在主体结构外时，按结构底板计算建筑面积，此时无论围护设施是否垂直于水平面，都按结构底板计算建筑面积，同时应包括底板处突出的檐。

（22）车棚、货棚、站台、加油站、收费站　有顶盖无围护结构的车棚、货棚、站台、加油站、收费站，应按其顶盖水平投影面积的 1/2 计算建筑面积。

有顶盖无围护结构的车棚、货棚、站台、加油站、收费站，不分顶盖材质，不分单、双排柱，不分矩形柱、异形柱，均按顶盖水平投影面积的 1/2 计算建筑面积。顶盖下有其他能计算建筑面积的建筑物时，仍按顶盖水平投影面积计算 1/2 面积，顶盖下的建筑物另行计算建筑面积。

（23）幕墙　以幕墙作为围护结构的建筑物，应按幕墙外边线计算建筑面积。

幕墙以其在建筑物中所起的作用和功能来区分。直接作为外墙起围护作用的幕墙，按其外边线计算建筑面积；设置在建筑物墙体外起装饰作用的幕墙，不计算建筑面积，如图 6.9 所示。智能呼吸式玻璃幕墙，是由两层幕墙及两层幕墙之间的空间构成的外墙结构，因此应以外层幕墙外边线计算建筑面积。

（24）外墙外保温层　建筑物的外墙外保温层建筑面积，应按其保温材料的水平截面积计算，并计入自然层建筑面积。

当建筑物外墙有外保温层时，应先按外墙结构计算，外保温层的建筑面积另行计算，并

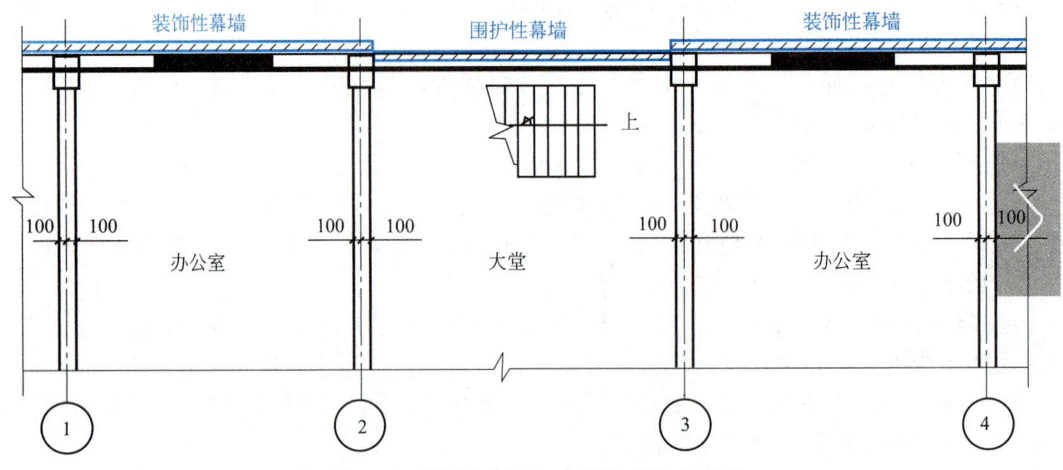


图 6.9 围护性幕墙与装饰性幕墙示意图

入建筑面积。外保温层建筑面积的计算仅计算保温材料本身，抹灰层、防水（潮）层、黏结层（空气层）及保护层（墙）等均不计入建筑面积。图 6.10 为建筑物外墙外保温结构示意图。

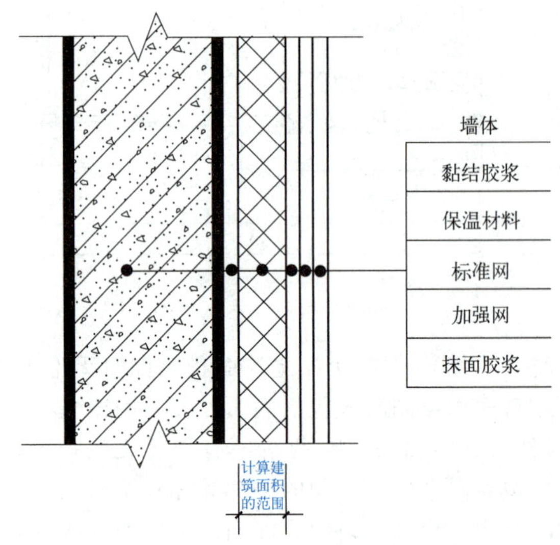


图 6.10 建筑物外墙外保温结构示意图

建筑物外墙外保温层以保温材料的净厚度乘以外墙结构外边线长度按建筑物的自然层计算建筑面积，其外墙外边线长度不扣除门窗和建筑物外已计算建筑面积构件（如阳台、室外走廊、门斗、落地橱窗等部件）所占长度。当建筑物外已计算建筑面积的构件（如阳台、室外走廊、门斗、落地橱窗等部件）有保温隔热层时，其保温隔热层也不再计算建筑面积。

当围护结构不垂直于水平面时，仍应按保温材料本身厚度计算，而不是斜厚度。

外墙外保温以沿高度方向满铺为准，某层外墙外保温铺设高度未达到全部高度时（不包括阳台、室外走廊、门斗、落地橱窗、雨篷、飘窗等），不计算建筑面积。

复合墙体不属于外墙外保温层，整体视为外墙结构，按外围面积计算。

（25）变形缝　与室内相通的变形缝，应按其自然层合并在建筑物建筑面积内计算。对于高低联跨的建筑物，当高低跨内部连通时，其变形缝应计算在低跨面积内。

变形缝是防止建筑物在某些因素作用下引起开裂甚至破坏而预留的构造缝，是伸缩缝、沉降缝和抗震缝的总称。

与室内相通的变形缝，是指暴露在建筑物内，在建筑物内可以看得见的变形缝，应计算建筑面积；与室内不相通的变形缝不计算建筑面积。高低联跨的建筑物，当高低跨内部连通或局部连通时，其连通部分变形缝的面积计算在低跨面积内；当高低跨内部不相连通时，其变形缝不计算建筑面积。

(26) 设备层、管道层、避难层　对于建筑物内的设备层、管道层、避难层等有结构层的楼层，结构层高在 2.20m 及以上的，应计算全面积；结构层高在 2.20m 以下的，应计算 1/2 面积。

设备层、管道层虽然其具体功能与普通楼层不同，但在结构上及施工消耗上并无本质区别，因此设备、管道楼层归为自然层，其计算规则与普通楼层相同。在吊顶空间内设置管道的，则吊顶空间部分不能被视为设备层、管道层，不计算建筑面积。

2. 不计算建筑面积的范围及规则

(1) 与建筑物内不相连通的建筑部件　与建筑物内不相连通的建筑部件是指依附于建筑物外墙外，不与户室开门连通，起装饰作用的敞开式挑台（廊）、平台，以及不与阳台相通的空调室外机搁板（箱）等设备平台部件。“与建筑物内不相连通”是指没有正常的出入口；通过门进出的，视为“连通”；通过窗或栏杆等翻出去的，视为“不连通”。

(2) 骑楼、过街楼底层的开放公共空间和建筑物通道

① 骑楼是指建筑底层沿街面后退且留出公共人行空间的建筑物，骑楼凸出部分一般是沿建筑物整体凸出，而不是局部凸出。

② 过街楼指跨越道路上空并与两边建筑相连接的建筑物。建筑物通道指为穿过建筑物而设置的空间。

(3) 舞台及后台悬挂幕布和布景的天桥、挑台等　这里指的是影剧院的舞台及为舞台服务的可供上人维修、悬挂幕布、布置灯光及布景等搭设的天桥和挑台等构件设施。

(4) 露台、露天游泳池、花架、屋顶的水箱及装饰性结构构件　露台是指设置在屋面、首层地面或雨篷上的供人室外活动的有围护设施的平台。露台应满足四个条件：一是位置，设置在屋面、地面或雨篷顶；二是可出入；三是有围护设施；四是无盖。这四个条件必须同时满足。如果设置在首层并有围护设施的平台，且其上层为同体量阳台，则该平台应视为阳台，按阳台的规则计算建筑面积。

(5) 建筑物内的操作平台、上料平台、安装箱和罐体的平台　建筑物内不构成结构层的操作平台、上料平台（包括工业厂房、搅拌站和料仓等建筑中的设备操作控制平台、上料平台等），是为满足室内构筑物或设备的上人需求而设置的独立上人设施。

(6) 勒脚、附墙柱、垛、台阶、墙面抹灰、装饰面、镶贴块料面层、装饰性幕墙、主体结构外的空调室外机搁板（箱）、构件、配件、挑出宽度在 2.10m 以下的无柱雨篷和顶盖高度达到或超过两个楼层的无柱雨篷　结构柱应计算建筑面积，不计算建筑面积的“附墙柱”是指非结构性装饰柱。

台阶是指联系室内外地坪或同楼层不同标高而设置的阶梯形踏步，室外台阶还包括与建筑物出入口连接的平台。台阶可能是利用地势砌筑的；也可能利用下层能计算建筑面积的建筑物屋顶砌筑（但下层建筑物应按规定计算建筑面积）；还可能架空，但台阶的起点至终点的高度在一个自然层高以内。

楼梯是楼层之间垂直交通的建筑部件，故起点至终点的高度达到该建筑物的一个自然层

高及以上的称为楼梯。阶梯形踏步下部架空，起点至终点的高度达到一个自然层高，应视为室外楼梯。

(7) 窗台与室内地面结构高差在 0.45m 以下且结构净高在 2.10m 以下的凸（飘）窗，窗台与室内地面结构高差在 0.45m 及以上的凸（飘）窗　当飘窗与室内地面结构高差≥0.45m 时，飘窗仅起到增加采光、美化造型的作用，不计算建筑面积。当飘窗与室内地面结构高差<0.45m，同时飘窗结构净高≤2.1m 时，不满足建筑面积计算条件，不计算建筑面积。

(8) 室外爬梯、室外专用消防钢楼梯　专用的消防钢楼梯是不计算建筑面积的，当钢楼梯是建筑物通道，兼有消防用途时，应计算建筑面积。

(9) 无围护结构的观光电梯　无围护结构的观光电梯轿厢直接暴露，外侧无井壁，此时不计算建筑面积。如果观光电梯在电梯井内运行（井壁不限材质），则观光电梯井按自然层计算建筑面积。自动扶梯应按自然层计算建筑面积。自动人行道在建筑物内时，建筑面积不用扣除自动人行道所占的面积。

(10) 建筑物以外的地下人防通道，独立的烟囱、烟道、地沟、油（水）罐、气柜、水塔、贮油（水）池、贮仓、栈桥等构筑物　独立烟道、独立贮油（水）池属于构筑物，不计算建筑面积，但附墙烟道应按自然层计算建筑面积。

## 三、建筑面积的计算规则文件差异对比

### (一)《建筑工程建筑面积计算规范》(GB/T 50353—2013) 与《民用建筑通用规范》(GB 55031—2022) 的差异

1. 总体计算原则方面

2013 版《建筑工程建筑面积计算规范》：建筑物的建筑面积应按自然层外墙结构外围水平面积之和计算。

2022 版《民用建筑通用规范》：建筑面积应按建筑每个自然层楼（地）面处外围护结构外表面所围空间的水平投影面积计算。

2. 具体部分方面

(1) 2.2m 及以下建筑空间

① 2013 版《建筑工程建筑面积计算规范》：建筑物内设有局部楼层时，局部楼层的二层及以上楼层，有围护结构的应按其围护结构外围水平面积计算，无围护结构的应按其结构底板水平面积计算。层高在 2.20m 及以上的，应计算全面积；结构层高在 2.20m 以下的，应计算 1/2 面积。形成建筑空间的坡屋顶，结构净高在 2.10m 及以上的，应计算全面积；结构净高在 1.20m 及以上、2.10m 以下的，应计算 1/2 面积；结构净高在 1.20m 以下的，不应计算建筑面积。

② 2022 版《民用建筑通用规范》：结构层高或斜面结构板高度小于 2.20m 的建筑空间，不计入建筑面积。

(2) 部分建筑空间

① 2013 版《建筑工程建筑面积计算规范》：对于建筑物间的架空走廊，有顶盖和围护结构的，应按其围护结构外围水平面积计算全面积；无围护结构、有围护设施的，应按其结构底板水平投影面积计算 1/2 面积。有围护设施的室外走廊（挑廊），应按其结构底板水平投影面积计算 1/2 面积。有围护设施（或柱）的檐廊，应按其围护设施（或柱）外围水平面积计算 1/2 面积。门斗应按其围护结构外围水平面积计算建筑面积，且结构层高在 2.20m

及以上的，应计算全面积；结构层高在 2.20m 以下的，应计算 1/2 面积。门廊应按其顶板的水平投影面积的 1/2 计算建筑面积。有柱雨篷应按其结构板水平投影面积的 1/2 计算建筑面积；无柱雨篷的结构外边线至外墙结构外边线的宽度在 2.10m 及以上的，应按雨篷结构板的水平投影面积的 1/2 计算建筑面积。

② 2022 版《民用建筑通用规范》：无围护结构，以柱围合，或部分围护结构与柱共同围合，不封闭的建筑空间，应按其柱或外围护结构外表面所围空间的水平投影面积计算；无柱雨篷等不再计算建筑面积。

(3) 阳台面积的界定

① 2013 版《建筑工程建筑面积计算规范》：在主体结构内的阳台，应按其结构外围水平面积计算全面积；在主体结构外的阳台，应按其结构底板水平投影面积计算 1/2 面积。

二维码 6-4

② 2022 版《民用建筑通用规范》：阳台建筑面积应按围护设施外表面所围空间水平投影面积的 1/2 计算；当阳台封闭时，应按其外围护结构外表面所围空间的水平投影面积计算。

### (二)《建筑工程建筑面积计算规范》(GB/T 50353—2013) 与《建筑工程建筑面积计算标准（征求意见稿）》的差异

1. 总体计算原则方面

2013 版《建筑工程建筑面积计算规范》：建筑物的建筑面积应按自然层外墙结构外围水平面积之和计算。

《建筑工程建筑面积计算标准（征求意见稿）》：建筑工程建筑面积应按各自然层楼面或地面处围护结构外表面的水平面积之和计算；无围护结构的，按围护设施外表面的水平面积之和计算。

2. 具体部分方面

(1) 结构层高相关

① 2013 版《建筑工程建筑面积计算规范》：结构层高在 2.20m 及以上的，应计算全面积；结构层高在 2.20m 以下的，应计算 1/2 面积。

②《建筑工程建筑面积计算标准（征求意见稿）》：新规中对于结构层高在 2.2m 以下（或结构净高 2.1m 以下）的建筑空间不再计算建筑面积，包括局部楼层、地下室及半地下室、架空层、架空走廊连廊、斜屋面楼层等。

(2) 飘窗相关

① 2013 版《建筑工程建筑面积计算规范》：窗台与室内地面结构高差在 0.45m 以下且结构净高在 2.10m 及以上的凸（飘）窗均计算 1/2 面积。

②《建筑工程建筑面积计算标准（征求意见稿）》：对窗台高度在 0.4m 以下且结构净高在 2.1m 及以上的凸（飘）窗，应按照围护结构外表面计算建筑面积；其中窗台高度在 0.15m 及以下的情况，计算全面积；窗台高度在 0.15～0.4m 之间的，计算 1/2 面积；窗台高度在 0.4m 以上的凸（飘）窗不计算面积。

(3) 阳台相关

① 2013 版《建筑工程建筑面积计算规范》：在主体结构内的阳台，应按其结构外围水平面积计算全面积；在主体结构外的阳台，应按其结构底板水平投影面积计算 1/2 面积。

②《建筑工程建筑面积计算标准（征求意见稿）》：封闭阳台按照全面积计算，开敞阳台按照 1/2 面积计算，改变了旧规中以阳台位于主体结构内外计算面积的方式，与房产测量

规范的相应规定一致。

(4) 地下室和半地下室相关

① 2013 版《建筑工程建筑面积计算规范》：室内地平面低于室外地平面的高度超过室内净高的 1/2 的房间为地下室；室内地平面低于室外地平面的高度超过室内净高的 1/3，但不超过 1/2 的房间为半地下室。

②《建筑工程建筑面积计算标准（征求意见稿）》：室内地平面低于室外设计地平面的高度超过室内净高的 1/2 的空间为地下室；室内地平面低于室外设计地平面的高度超过室内净高的 1/3，但不超过 1/2 的空间为半地下室（增加了“设计”二字，明确是低于室外设计地平面）。

(5) 不计算建筑面积的部分

① 2013 版《建筑工程建筑面积计算规范》：勒脚、附墙柱、垛、台阶、墙面抹灰、装饰面、镶贴块料面层、装饰性幕墙等不计入建筑面积。

②《建筑工程建筑面积计算标准（征求意见稿）》：与建筑物内不相连通的建筑部位不计算面积；骑楼、过街楼底层公共通行空间、通道不计算面积；舞台及后台悬挂幕布和布景的天桥、挑台等不计算面积；无顶盖的场馆看台和采光井及露台、花架、屋顶装饰性构件、泳池、水箱不计算面积；建筑物的设备平台，操作平台，上料平台，建筑物中的箱、罐平台不计算面积；台阶、无柱雨篷、空调室外机搁板（箱）、爬梯不计算面积；窗台与室内楼面或地面结构高差在 0.40m 以下且结构净高在 2.10m 以下的凸（飘）窗，窗台与室内楼面或地面结构高差在 0.4m 及以上的凸（飘）窗不计算面积；建筑物以外的地下人防通道，独立的烟囱、烟道、竖井、地沟、油（水）罐、气柜、水塔、贮油（水）池、贮仓、栈桥等构筑物不计算面积。

## 小结

本单元主要介绍工程量的概念、工程量计算依据、工程量计算方法等工程计量的基本内容以及建筑面积的计算规则和计算方法，为后期进行的工程计量和工程计价学习和工作打下基础。

本单元思维导图如下：

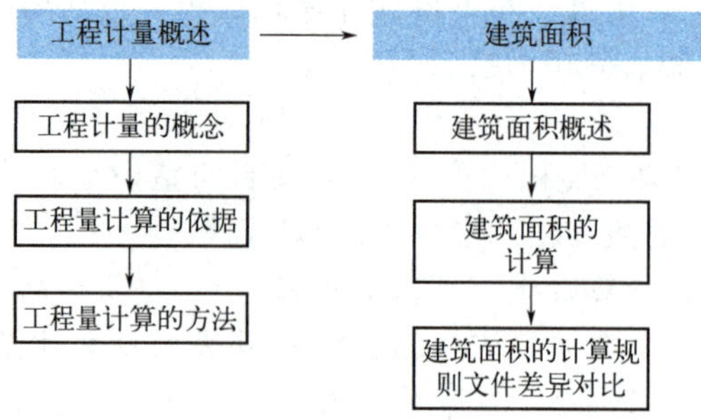


## 能力训练题

### 一、单选题

二维码 6-5

1. 建筑物各层平面布置中，可直接为生产或生活使用的净面积的总和，称为建筑物的（　　）。

A. 有效面积　　B. 辅助面积　　C. 使用面积　　D. 结构面积

2. 依据《建筑工程建筑面积计算规范》（GB/T 50353—2013）规定，建筑物的建筑面积应按（　　）计算。

A. 外墙勒脚以上各层水平面积之和　　B. 外墙勒脚以下各层水平面积之和

C. 外墙中心线水平面积之和　　D. 外墙外边线水平面积之和

3. 依据《建筑工程建筑面积计算规范》（GB/T 50353—2013）规定，（　　）应计算全面积。

A. 层高不足 2.20m 的地下室

B. 层高在 2.20m 及以上的有永久性顶盖的架空走廊

C. 有永久性顶盖无围护结构的场馆看台

D. 结构层高在 2.20m 以下的坡屋顶内的空间

4. 建筑物外有永久性顶盖无围护结构的走廊，其建筑面积（　　）。

A. 按结构底板水平面积的一半计算　　B. 按顶盖水平投影面积计算

C. 按结构底板水平面积计算　　D. 不计算

5. 依据《建筑工程建筑面积计算规范》（GB/T 50353—2013）规定，关于有柱雨篷与无柱雨篷的建筑面积，下列说法正确的是（　　）。

A. 二者计算方法不同　　B. 有柱雨篷按柱外围面积计算建筑面积

C. 二者计算方法一致　　D. 无柱雨篷不计算建筑面积

6. 依据《建筑工程建筑面积计算规范》（GB/T 50353—2013）规定，建筑物的阳台均按（　　）计算建筑面积。

A. 水平投影面积　　B. 水平投影面积的 1/2

C. 围护结构外围水平面积　　D. 围护结构外围水平面积的 1/2

7. 依据《建筑工程建筑面积计算规范》（GB/T 50353—2013）规定，以幕墙作为围护结构的建筑物，应按（　　）计算建筑面积。

A. 建筑物外墙外围水平面积　　B. 幕墙内侧围护面积

C. 幕墙中心线围护面积　　D. 幕墙外边线围护面积

8. 依据《建筑工程建筑面积计算标准（征求意见稿）》规定，以下关于建筑面积的说法，正确的是（　　）。

A. 阳台应按其围护结构外表面水平面积计算 1/2 面积

B. 有顶盖无围护结构的车棚、货棚、加油站等，应按其顶盖水平投影面积的 1/2 计算

C. 屋顶有围护结构的水箱间层高超过 2.1m 时计算全面积

D. 无柱雨篷挑出宽度超过 2.1m 时应计算全面积

9. 依据《建筑工程建筑面积计算标准（征求意见稿）》规定，某建筑工程地下 1 层，地上 9 层，外墙轴线尺寸为 60m×15m，外墙均为一砖厚，地下室层高为 2.1m，首层层高为 3.6m，其他层高均为 3m，入口处有一有柱雨篷，尺寸为 6m×2.4m，则该建筑物的建筑面积为（　　）。

A. 8269.72$m^2$　　B. 9187.78$m^2$　　C. 8728.75$m^2$　　D. 8735.95$m^2$

10. 依据《建筑工程建筑面积计算标准（征求意见稿）》规定，关于设计不加以利用的深基础架空层、坡地吊脚架空层、多层建筑坡屋顶内场馆看台下的空间的建筑面积的计算，下列说法正确的是（　　）。

A. 按全面积计算　　B. 按 1/2 面积计算　　C. 不计算　　D. 无规定

## 二、多选题

1. 依据《建筑工程建筑面积计算规范》(GB/T 50353—2013)规定，下列关于建筑面积计算的说法，正确的有(　　)。

A. 建筑物的建筑面积应按自然层外墙结构外围水平面积之和计算

B. 建筑物内的变形缝，应按其自然层合并在建筑物面积内计算

C. 以幕墙作为围护结构的建筑物，应按幕墙外边线计算建筑面积

D. 建筑物外墙外侧有保温隔热层的，应按保温隔热层外边线计算建筑面积

E. 建筑物室内外楼梯应按自然层合并在建筑物面积内计算

2. 依据《建筑工程建筑面积计算规范》(GB/T 50353—2013)规定，关于建筑特殊部位建筑面积的计算，下列说法正确的有(　　)。

A. 建筑物间的架空走廊，有顶盖和围护结构的，应按其围护结构外围水平面积计算全面积

B. 立体书库、立体仓库、立体车库，有围护结构的，应按其围护结构外围水平面积计算建筑面积

C. 有永久性顶盖的室外楼梯，应按建筑物自然层的水平投影面积的1/2计算建筑面积

D. 窗台与室内楼地面结构高差在0.45m以下且结构净高在2.10m及以上的凸(飘)窗，应按其围护结构外围水平面积计算1/2面积

E. 雨篷应按其结构板水平投影面积的1/2计算建筑面积

3. 依据《建筑工程建筑面积计算规范》(GB/T 50353—2013)规定，对于场馆相关建筑面积的计算，下列说法正确的有(　　)。

A. 对于场馆看台下的建筑空间，结构净高在2.10m及以上的，应计算全面积

B. 对于场馆看台下的建筑空间，结构净高在1.20m及以上、2.10m以下的，应计算1/2面积

C. 对于场馆看台下的建筑空间，结构净高在1.20m以下的，不应计算建筑面积

D. 室内单独设置的有围护设施的悬挑看台，应按看台结构底板水平投影面积的1/2计算面积

E. 有永久性顶盖无围护结构的场馆看台应按其顶盖水平投影面积计算建筑面积

4. 按照《建筑工程建筑面积计算标准(征求意见稿)》的规定，下列各项中不计算建筑面积的有(　　)。

A. 建筑物内的提物井

B. 屋顶露台

C. 有围护结构、不垂直于水平面且结构净高不足2.1m的建筑物

D. 建筑物顶部有围护结构且层高不足2.20m的楼梯间

E. 有永久性顶盖的室外楼梯

5. 按照《建筑工程建筑面积计算规范》的规定，下列各项中计算建筑面积的有(　　)。

A. 建筑物外有围护结构的落地橱窗　　B. 室外检修爬梯

C. 建筑物内宽度为200mm的变形缝　　D. 无围护结构的屋顶水箱

E. 舞台后台上的挑台

6. 根据《建筑工程建筑面积计算规范》，按建筑物自然层计算建筑面积的有(　　)。

A. 穿过建筑物的通道　　B. 电梯井

C. 建筑物顶部的楼梯间　　D. 提物井

E. 通风排气竖井

## 三、简答题

1. 什么是工程量?
2. 工程量计算的主要依据有哪些?
3. 工程量计算应遵循哪些原则?
4. 工程量计算顺序一般有哪几种?
5. 计算建筑面积的作用有哪些?
6. 建筑面积的计算原则是什么?

# 参考文献


[1] 全国造价工程师职业资格考试培训教材编审委员会．建设工程计价．北京：中国计划出版社，2023.

[2] 全国造价工程师职业资格考试培训教材编审委员会．建设工程造价管理．北京：中国计划出版社，2023.

[3] 湖北省建设工程标准定额管理总站．湖北省房屋建筑与装饰工程消耗量定额及全费用基价表（2004). 武汉：长江出版社，2024.

[4] 湖北省建设工程标准定额管理总站．湖北省建设工程公共专业消耗量定额及全费用基价表（2004). 武汉：长江出版社，2024.

[5] 湖北省建设工程标准定额管理总站．湖北省装配式建筑工程消耗量定额及全费用基价表（2004). 武汉：长江出版社，2024.

[6] 湖北省建设工程标准定额管理总站．湖北省建筑安装工程费用定额（2004). 武汉：长江出版社，2024.

[7] 住房和城乡建设部标准定额研究所．建筑安装工程工期定额．北京：中国计划出版社，2016.

[8] 住房和城乡建设部．民用建筑通用规范：GB 55031—2022. 北京：中国建筑工业出版社，2022.

[9] 住房和城乡建设部标准定额研究所．《建筑工程建筑面积计算规范》宣贯辅导教材．北京：中国计划出版社，2015.

[10] 何辉，吴瑛．工程建设定额原理与实务．4版．北京：中国建筑工业出版社，2024.

[11] 中国建设工程造价管理协会．工程造价数字化管理．北京：中国计划出版社，2023.

[12] 吴佐民．工程造价概论．北京：中国建筑工业出版社，2023.

[13] 住房和城乡建设部标准定额研究所．全国统一建筑工程基础定额．北京：中国计划出版社，2007.

[14] 广西壮族自治区建设工程造价站．广西壮族自治区建筑装饰装修工程消耗量定额（征求意见稿). 2024.

[15] 四川省建设工程造价总站．四川省建设工程工程量清单计价定额．成都：四川科学技术出版社，2020.